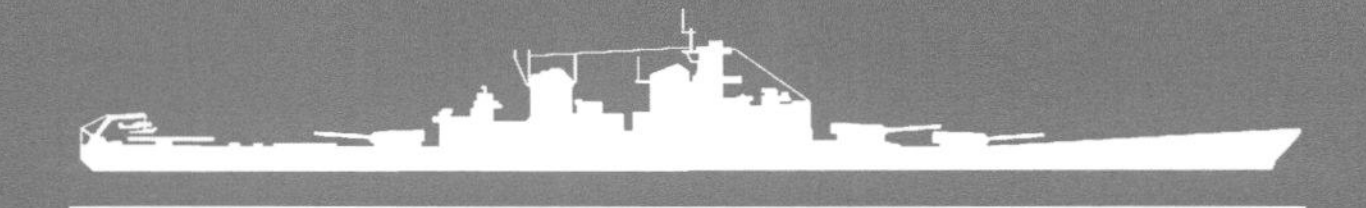

海軍戦略500年史

シー・パワーの戦い

堂下哲郎（元海将）

並木書房

はじめに

海上における戦いは、人間が武器を持って船で移動するようになった時から始まったとされる。はじめは海賊と海軍の境界線はあいまいで、船も兵士を運ぶだけだったが、やがて大砲を据えて武装するようになると軍艦としての進歩が始まる。戦いを制するために様々な戦法が編み出されたが、多数の軍艦で陣形を組んで戦うようになると艦隊としての戦術が発達する。

その進歩は、風まかせの帆走海軍の時代においては、陸戦に比べて遅れたものだった。距離を行軍歩数に換算できる陸軍に比べ、海軍では距離を日数に換算できなかったからだ。しかし、蒸気機関が導入され汽走海軍になると進歩は早まった。迅速に移動し、洋上で長期間にわたり作戦を展開できる海軍は、戦闘だけではなく外交の一手段としても活用されるようになる。それは海洋国家の自然なふるまいだったが、大陸国家も海上の覇権争いに加わるようになると同様に海軍を活用し、それぞれの国家戦略と海軍戦略を競い合うことになった。

本書は、大航海時代から現代までの海上覇権の興亡(こうぼう)をたどり、海上貿易や漁業、技術革新や海洋法などとの関係も含めて海軍戦略の発展の歴史を描き出すことをめざしている。

日本は、近代になって軍艦も制度も兵術思想もすべて丸ごとイギリスなどから輸入して海軍というものを建設した。そこからスタートした先人たちはみごとな日本の海軍を作り上げたが、太平洋戦争に敗れて国土を灰燼（かいじん）にし、心血を注いだ帝国海軍を73年あまりで消滅させてしまった。

戦後、日本は軽武装路線で米国との同盟を選択し「西側の一員」として冷戦を戦った。ソ連の封じ込めには米海軍を中心とする西側海軍が大きな役割を果たし、米ソの軍拡競争はついにソ連の国家経済を破綻に追い込む。冷戦が終結してソ連海軍が崩壊すると、西側諸国は「平和の配当」とばかり軍備の縮小を急いだ。世界の海上貿易は拡大し続けたが、海軍が主役となるような大きな国際紛争もなかったため、シー・パワーの重要性も低下したかに思われた。

しかし、中国の台頭と急速な海洋進出を受け、米中の大国間競争が本格化すると、シー・パワーは再び大国の覇権争いの主役となった。「シー・パワーの時代」の再来だ。

アメリカの国力が低下する一方で、中国が台頭しロシアが復活した。北朝鮮の脅威も相変わらずだ。このような国々に囲まれた日本は、日米豪印四カ国の「クアッド」やＮＡＴＯ諸国との連携を強めて「自由で開かれたインド太平洋」の実現を目指している。

２０２２年は海上自衛隊創設から70周年にあたるが、ロシアのウクライナ侵略という第二次世界大戦後最大といわれる危機の只中にある。帝国海軍の歴史を超えて海の平和を守っていくために５００年の歴史から何を学ぶか、海上覇権の興亡をたどりながら考えるのが本書の目的である。

堂下哲郎

※本書は、メルマガ「軍事情報」で『海軍戦略500年史』として連載（2021年6月～2022年11月）したものに図版を加えて大幅に加筆・整理したものである。

※「英国」のカタカナ表記については、基本的に1707年までを「イングランド」、それ以降を「イギリス」とした。ほかの国々の国名も変遷しているが、基本的に現在の国名をそのまま用いた。

※マイルとノットはそのまま表記した。1マイル＝1852メートル、1ノット＝1マイル／時なので、マイル（ノット）数を2倍して1割引くとキロメートル（キロメートル／時）に略換算できる。

目次

第23章 冷戦後のシー・パワー 309

序章　海と海軍とシー・パワー

海の特質

コミュニケーションの場としての海

はじめに海軍戦略を展開する「場」としての海の特質とその「手段」としての海軍の始まりをみておこう。

海は交通や通信などのコミュニケーションの場であると同時に、食糧、鉱物、エネルギーなどの資源獲得の場ともなっており、人類は限りない恩恵を受ける一方で、その恩恵をめぐってしばしば争いも起こしてきた。

日本がシー・パワーとしての歩みを始めたのは大航海時代以来の西洋との「出会い」からだったことは、海のコミュニケーション機能を象徴している。高坂正堯は『海洋日本の構想』において次のように述べている。

それまで日本は東洋と西洋のコミュニケーションのルートのもっとも端に位置し、したがって西洋文明の影響を直接に受けるということはなかった。新航路の開拓は、海を渡ってきた西洋諸国に日本が直接触れることを可能にしたのである。やがて、蒸汽船が発達し、海洋交通が発達するにつれて、日本はこの世界的な交通の影響をより激しく受けるようになった。

海上輸送の特徴は、陸上・航空輸送に比べると低速であるが、重量・距離あたりのコストが格段に低く、重量物や大型の貨物の輸送も容易であることだ。海上輸送能力は、経済発展に必要な効率的な物流を支えるために極めて重要である。日本では、貿易量（輸出入合計）の99・6パーセント（2019年度、トンベース）を海上輸送が占めており、このうち約6割の輸送を日本商船隊（日本船社が運航する船）が担っている。

もう一つの役割は通信である。海底ケーブルによる通信は、海上覇権を支えるうえでも重要な役割を果たしてきた。19世紀半ばに実用化された海底ケーブルは、イギリスの植民地統治などに威力を発揮したが、20世紀に入るとアメリカも参入して太平洋をカバーするケーブル網が完成する。１９７０年代後半からは一時期、衛星通信優位の時代となるが、１９８９年以降は新たに開発された光海底ケーブルが敷設され、国際データ通信の99パーセントを担うようになっている（２０１９年現在）。

資源の供給源としての海

海洋資源の観点からは、人類と海との最も古くからの関わりだった漁業があげられる。漁業が産業として確立したのは、14世紀のオランダのニシン漁からであり、その後タラ漁、捕鯨などと発展した。19世紀には蒸気船が導入され、漁法の改良とあいまって漁獲量の飛躍的な増加につながった。

漁業国と沿岸国の漁業資源をめぐる摩擦の歴史は長く、古くは英蘭戦争（１６５２～７４年）の例がある。第二次世界大戦後はタラ戦争（１９５８～７６年）などが起きており、最近もイギリスのＥＵ離脱交渉（２０２０年）で漁業権の問題が最後まで論点となったのは記憶に新しい。

日本周辺は世界三大漁場の一つであり、漁業は日本人の食生活を支えてきた。日本の食料自給率は38パーセント（２０１９年、カロリーベース）に過ぎないが、魚介類は56パーセント（２０１９年、重量ベース）となっている。日本は明治以降、世界有数の遠洋漁業国となったが、国際的な水産資源管理の流れや捕鯨の禁止、操業コストの上昇などから近年は衰退の傾向にある。水産資源以外の海洋資源としては石油・天然ガスなどのエネルギー、鉱物資源、再生可能エネルギーなどがあげられる。特に海底油田の埋蔵量は世界の油田の約四分の一を占め、大陸棚など浅海に多いことから、沿岸国間の利権争いが起きやすい。

日本では、近年、周辺海域で海底熱水鉱床やコバルト・リッチ・クラストなどの鉱物資源、メタン・ハイドレードなどのエネルギー資源が発見され有望視されている。波力・潮力・風力などの再生可能エネルギーの開発も可能になりつつあるが、いずれの資源も商業的な活用には、開発技術の実用化に加えて資源価格の変動が大きく影響している。

軍事活動の場としての海

海はまた、大昔から軍事活動の場でもあった。大海原は一見、何の障害物もなく活動しやすそうに見えるが、強い卓越風（ある期間最も吹きやすい風）や海流、天候の急変、暗礁などの航海上の危険を秘めており、無数の船乗りの命を奪ってきた暴虐さは帆船時代から変わらない海の本質だ。現代の海軍は、水中、上空、宇宙を含む三次元の空間で活動するようになったが、刻々変化する海の環境条件をどう克服して活用できるかが作戦成功のカギであることは帆走海軍時代と何ら変わっていない。

船の航跡はすぐに消えて陸地のような轍（わだち）は残らない。しかし、港や基地を結ぶ線、岬、海峡、中継地となる島など、海上交通の集中する航路やチョーク・ポイントは存在し、戦略的に重要な海域となる。水陸両用作戦など沿海域の作戦では、陸地に囲まれた湾や閉鎖海、その出入口の海峡、列島や群島によって区切られる海域の存在、さらには港や基地の後背地の状況、上陸する海岸の広さや傾斜などが重要になる。

日本は、世界第6位の広さの排他的経済水域を持つ一方で、南北に長い国土は縦深に乏しく、中国の2倍以上の長大な海岸線、６８００余りの島があり、安全保障上の脆弱性は高い。また、日本列島は大陸に対してオホーツク海、日本海、東シナ海といった閉鎖性の海域を形作っているため、周辺海域は大陸勢力と海洋勢力のせめぎ合う場所となっている。

海軍とは

海上戦闘の起源

現代の海軍を簡単に定義すれば、「海上において活動する国家に属する軍事組織」といえるだろう。海軍は、有事には海上において戦闘力を発揮し、平時には抑止力として用いられるほか、警察力や外交手段として活用されることも多い。国によっては、海軍とは別にコースト・ガード（沿岸警備隊）を持つところもあるが、その場合の海軍との任務の切り分けかたは様々である。

そもそも海上における戦闘や海軍はどのように始まったのだろうか。青木栄一は二つの起源を示している（『シーパワーの世界史①』）。

一つは商品を運ぶ船や沿岸の町を襲い、掠奪をする海賊との戦いである。ハイリスク・ハイリターンの海賊稼業は、人間が武器を持って船で自由に移動できるようになったと同時に始まったと考えられている。海賊に対抗するために武装した海上商人がほかの船を襲う海賊となることもあり、「海上商人ときどき海賊」といった感じで両者の境界線はあいまいだった。また海賊が沿岸の町々を襲ったように、陸上の武装勢力も沿岸や港にいる海上商人の船を襲うこともしばしばで、こうした歴史の中で、海上独特の戦闘方法や武器が発達していった。

もう一つは海を隔てた国家同士が戦う場合である。船は陸兵の運搬手段として使われたほか、海上での戦闘力として敵味方の船団が戦うこともあった。国家は、普段から多くの船を保有していたわけではなく、必要に応じて急造したり商人たちから徴用することも多かった。戦いが終われば商人の船は返され、使いみちのなくなったその他の船は放置されて朽ち果てるのが普通だった。

海軍の始まり

国家が多数の船を保有するようになったのは、ヴェネチアやジェノバのような海洋都市国家が始まりだ。12世紀に国営造船所を設置したヴェネチアは多数の国有の船を商人に貸し出すとともに、植民地警備のためにガレー船の常備艦隊も保有していた。これらガレー船の大部分は、平時には商人に貸し出され、有事になると戦闘用に艤装されて容易に軍艦となった。

その他の国では経費のかかる常備海軍を持つ代わりに、有力な海賊を勢力下に入れて自国に忠誠を誓わせ、敵国や異教徒の商船を襲うことを公認した例がある。16世紀、マルタ島の聖ヨハネ騎士団の「海軍」は海賊そのものであり、対イスラム戦の尖兵の役割を果たしたし、同時期のトルコ「海軍」は忠誠を誓う北アフリカのバーバリー海賊が主力となりキリスト教徒の商船を襲ったのだった。このように近世の地中海世界では、平時の商船隊や海賊が戦時には容易に「海軍」になるものであり、海賊と海軍はしばしば同義語として用いられたのである。

大航海時代になると探検航海が始まるが、これは国家的事業というよりは野心満々の冒険家がポルトガルのエンリケ航海王子やカスティリアのイサベラ女王といった有力者をスポンサーとして、船などの支援や出資、成功した場合の利益配分などを定めた私的な契約に基づくものだった。

イギリスでもドレークがマゼラン艦隊に次ぐ2回目の世界一周航海（１５７７～８０年）に成功した際の利益は莫大で、出資者に対して実に４８００パーセントもの配当を行なったという。エリザベス1世もこの出資者の一人だったが、あくまでも個人としての出資でありイギリスの国家的な事業ではなかった。イギリスは、１５８８年にスペインのアルマダ（無敵艦隊）を迎え撃ったが、この時の「艦隊」１９７隻のうち王室所有船は34隻のみで残りは商人たちの船であり、海戦が終わると解散される臨時編成の「艦隊」だった。

イギリスに強力な常備艦隊ができるのは、約60年後の第一次英蘭戦争（１６５２～５４年）の頃で、国家としてシー・パワーの意義を認め、その発展を国家目標とするようになってはじめてヨーロッパ諸国に次々と近代的な海軍が誕生するのである。

シー・パワーとは何か

マハンは「シー・パワー」の元祖か？

今日広く使われている「シー・パワー」という言葉の元祖は、アメリカの海軍士官アルフレッド・セイヤー・マハン（1840～1914年）であるとされている。

彼は著書『海上権力史論』（1890年）において、イギリスの覇権を作り上げたのは世界の海での「シー・パワー」の確立がもとになっていたとして、若き海洋国家アメリカが「見習うべき最善の先例」をイギリスの歴史の中に求めてその進むべき針路を論じたのである。ちょうどアメリカが南北戦争後に高度経済成長を遂げ、海洋国家として大きな影響力を及ぼすようになっていた頃だ。

マハンは「シー・パワー」を厳密に定義せず、「海洋ないしはその一部分を支配する海上の軍事力のみならず、平和的な通商及び海運をも含むもの」という広い意味で論じている。したがって「シー・パワー」とは、もっぱら海軍力を指す「ネイヴァル・パワー」よりも広義で、単に軍事力にとどまらず、海運業や商船隊、またその拠点として必要な海外基地や植民地をも含むものと考えられる。

また、マハンはシー・パワー理論そのものについて、エリザベス女王の寵臣（ちょうしん）ウォルター・ローリー卿が「海の支配者は通商の支配を通じて世界を制覇する」と述べているように自分のオリジナルではないとし、偉大な先人たちが行なわなかった緻密な史的分析の「機会がまわってきたのだ」とも述べている。

マハンは著書の中で、繰り返しアメリカの現状に言及して海洋支配国としての可能性に考察を加えている点からみても、自国の海軍拡張や海外発展を主眼としていたことは間違いない。事実、彼は有力な「膨張主義者」ロッジ米上院議員への書簡で「自分の能力の及ぶ限り、過去の経験が現在の思想、そして将来の政策に影響を与えるよう」念願して著述したと述べている。

1889年、トレイシー海軍長官は世論を「啓蒙」するプロパガンディスト（宣伝者）としてマハンを海軍大学の校長として呼び戻した。そして、マハン流の戦艦を中心とした攻勢作戦を任務とする戦闘艦隊の構想を描き、翌年には画期的な海軍予算案を通過させることに成功した。米国議会は帝国主義、拡張主義的な方向で「大海軍主義」を支援するようになったのだ。

しかし、この「大海軍主義」もマハンのオリジナルというわけではなく、麻田貞雄によれば、1880年代に海軍部内や議会にあった「ニュー・ネイヴィー」建設論を反映したものだった（『アルフレッド・T・マハン』）。「通商拡大→商船隊復活の必要→海軍拡張の急務→遠洋艦隊の傘の下での貿易伸長」という循環論法的な大海軍主義の主張が、80年代を通じて広く国民にアピールするようになっていたのだ。

蛇足ながら、『海上権力史論』で展開される有名な六つのシー・パワーの要因は、1882年度の米海軍協会懸賞論文に入選したW・G・デイビット海軍少尉による「米国の商船隊：衰退の原因と復活のためにとるべき方策」で論じられていることが知られている。少尉は、歴史上の海洋国家の興亡を分析して大海運国になるための必須条件を、①有利な地理的位置、②低コストで船舶を運航できる能力、③強力な海軍としたうえで、望ましい条件に、④通商が盛んなこと、⑤良好な港湾、⑥海を志向する国民性、⑦資源の豊かな植民地をあげている。

マハン自身、1880年頃の書簡などで大海軍建設の重要性を主張しているが、少尉のような考え方も広く取り込んで、自著の中で実質的に海軍の立場を代表して意見を表明したのであろう。このように、マハンのシー・パワー論は1890年になって突如現れた新説ではなく、それに先立つ10年間になされた議論をふまえ、それらを集大成したものといえる。貧弱な米海軍の再建を目指して活発化した海軍ロビーは、その主張を貿易拡大や海外市場確保の必要に結びつけて対外膨張政策を説いたのだが、そこにマハンも一役買っていたということだ。

日本における「シー・パワー」の理解

マハンは日本でも高く評価された。彼の著作がアメリカで名声を博すと、1893年の『水交社記事』に「近来傑出の一大海軍書にして（中略）必読の書」であると紹介され、1896年には『海上権力史論』として全訳が出版された。この本が高く評価されたのは、日本が国を挙げて海軍建設を開始した時期にあたったからでもある。なにしろ、明治天皇自ら宮廷費の一部を軍艦建造費として使わせたほどの時代だ。全訳は一、二日のうちに数千冊も売れたという。

この出版にあたり明治の和訳者は「sea power」を「海上権力」と訳したのだが、これが曲者(くせもの)だった。当時の日本海軍は、シー・パワーを「もっぱら自己の実力から生じる海上を支配する力」と理解していたが、「権(力)」と訳された「sea power」が、何か一段高い権威者なりから与えられる権利や権限のように誤解される恐れが出てきたと考えたのだ。

また「command of the sea」も「制海権」と訳されたため、日本海軍の考える「実力をもって海上を制圧する」という意味が「影響力を及ぼす範囲の確保」のように受け取られ、海戦の目的が敵の主力を撃滅し屈服させるのではなく、海上交通を維持できるに足る「海上権」さえ獲得すればよいと理解されかねないと危惧された。

このような海軍としての懸念があったので、海軍大学校は『兵語界説第四版』（1907年）において「sea powerを海上権力と訳したのは誤訳である」とし、新たな訳語を「海上武力」とした。これと同時に「制海権」という言葉からは「権」を外し「command of the sea」というのは「制海」ということにしたのだ。

こうした「sea power」を「海上武力」とする考え方は、日本の海軍部内で敵艦隊を撃滅する海戦を中心に論じるにはよいとしても、マハンが考えたように海を「一大公道」ととらえ貿易や海運を含めた広い意味のことは議論の範囲外となりかねない狭い考え方といえる。それは、長期の鎖国から脱したばかりの明治海軍には、通商保護や通商破壊の重要性が理解されていないことの証しでもあり、このことは日本の貿易や海運が拡大してもなかなか変わらなかった。

この『兵語界説』の定義ぶりに象徴されるような日本海軍のシー・パワーについての視野の狭さは、戦闘については熱心に研究するが総力戦の時代の戦争そのものの研究を怠ったり、貿易や海運を含む国家のマクロ経済を軽視して無謀な太平洋戦争に突入する遠因ともなっていった。

現代における「制海」

「シー・パワー」論における重要な概念である「制海(command of the sea)」は、今日「制海」もしくは「制海権」と特に区別されることなく使われている。マハンも著書の中で「command of the sea」「control of the sea」などの用語を厳密な使い分けや定義を示すことなく使用している。彼は、海上作戦の目的は敵の艦隊を撃破し制海権を得ることであり、重装備の戦列艦、戦艦こそが艦隊の主力であると論じていたことから、「単純で完全な制海権」として「敵艦隊を撃滅して自己の目的のために海洋を自由に利用できること」と考えていたことがうかがわれる。

今日、世界の海はマハンが唱えたように主力艦隊によって制圧できるような「広大な共有地」ではなくなっているし、敵艦隊の撃滅という意味での単純な制海権を行使しようにも極めて困難だ。コーベットは「制海は、通商目的であるか軍事目的であるかを問わず、海洋交通の管制だけを意味するのだ。海の戦いの目標は交通の管制であり、陸の戦いのように領土の征服ではない」と述べている（『コーベット海洋戦略の諸原則』）。

考えてみると、領土に対する国家の支配権が排他的でかなりの程度絶対的であるのに対して、人のいない広大な海域に対する支配力は、結局のところ他国との相対的な力関係によって決まるものだ。マハンの論じた帆走海軍の時代に比べると、現代海軍の作戦海域は広大で、作戦のスピードやテンポも比較にならないほど速い。

このことから、制海の「程度」も不安定で流動的とならざるを得ず、海上作戦の観点からも必要な海域で必要な期間のみ「制海」状態を維持すればよい、むしろそうすることが合理的であるという考え方が一般化してきている。つまり現代の「制海」とは局地性、相対性、流動性を前提とする考え方になっている。

このような理由から、現代の海軍では「制海(command of the sea)」という言葉は戦略的、一般的な文脈で使われることが多く、作戦、戦術を具体的に論じたり計画を立てたりする場合には、「Sea Control（海域管制）」とか「Area（Sea）Denial（領域〔海域〕拒否）」という用語を使うことが多い。

制海・海域管制・海域拒否

現代の海軍では、「制海（Command of the sea）」とは「自己の目的を達成するために海洋を利用し、敵の利用を拒否すること」と一般的に理解されているが、「海域管制（Sea control）」や「海域拒否（Sea denial）」との関係はどうなっているのか。

現代の米海軍や日本を含む同盟国海軍の考え方は、米軍が作った『JP3-32』というドキュメントが基本になっている。その考え方によれば、「海域管制」とは「重要な海域における局地的な優勢を獲得すること。このため味方の海上連絡線を防護しつつ、敵の海上部隊を撃破し海上交易を阻止すること」と定義されている。

一方、このドキュメントでは「海域拒否」について明確に定義していない。これは米海軍などが基本的に優勢な海軍であり「海域拒否」作戦をとる必要がないこと、言い換えると劣勢の敵海軍がとる「海域拒否」を「拒否」するのが「海域管制」と考えることができる。このように「海域管制」と「海域拒否」は、基本的にそれぞれ優勢側、劣勢側の考え方であり、コインの裏表のような関係ともいえる。

たとえば米海軍のシー・パワーとしての五つの役割は、「アクセス、抑止、海域管制、戦力投射、海上警備」とされており、「海域管制」はその一つに過ぎない（『NDP-1』）。これに対して、海域拒否は中国のA2／AD（Anti access／Area denial：接近阻止／領域拒否）戦略にみるとおり、大陸国家の戦略の大きな柱になっている。

海洋国家の海軍の役割が「海域管制」であるのに対して、大陸国家が「海域拒否」の考え方をとるのは、それぞれの国の地政学的な特徴や海軍の主な役割を反映しているといえる。

第1章　大航海時代

ポルトガルとスペイン

イベリア半島から始まった大航海時代

地中海と大西洋にはさまれたヨーロッパの西端にあるイベリア半島は、キリスト教とイスラム教の勢力が交差する地域だった。中世のキリスト教徒によるレコンキスタ（国土回復運動）によりイスラム勢力が駆逐されると、ポルトガル王国（１１４３年～）やスペイン（イスパニア）王国（１４７９年～）が形成された。

15世紀以降の大航海時代の胎動は13世紀頃にさかのぼる。マルコ・ポーロ『東方見聞録』などによる商人らの東方への関心の高まり、ルネッサンス期に発達した科学、特に精巧なコンパス、大帆船の建造、球面三角法や天文学、海図作成技術は大きな要因だった。そして何より大きかったのは、ポルトガルのエンリケ航海王子の功績である。彼はインドへの新航路発見を生涯の事業ととらえて、世界中から地図や航海術の知識を集め、逆風でも風上に切り上がることのできる帆船を建造するなどして探検航海の大きな推進役となった。

両国は王室の支援のもと探検航海に乗り出し、幾多の失敗ののちに新たな領土や航路を発見していくが、発見地の領有権をめぐってしばしば衝突したため、ローマ教皇の布告（１４８１年）でカナリア諸島より南の新領土はポルトガル領とすることになった。

ポルトガル海上帝国

ポルトガルは、この布告を受けて大西洋を南下し続け、１４９８年にはヴァスコ・ダ・ガマがアフリカの南端（喜望峰）をまわってインドのカリカットに到達した。エンリケ航海王子の死後38年のことである。彼らのインド洋への進出の理由の第一は医薬品として珍重されていた胡椒や香辛料の獲得だった。

ポルトガルは、各地に拠点を築きながらオスマン帝国やヴェネチア共和国が支援する勢力と戦い、インド洋の海上覇権を握り、ヴェネチアが独占していた香辛料貿易を奪い取った。当時、ヴェネチアの香辛料貿易は、12カ所ほどの各地の商人を経由していたといわれており、中間マージンを除いて生産地から直接ヨーロッパに供給できるようになったポルトガルの利益は莫大だった。

ポルトガルはブラジルを植民地にすると（1500年）、サトウキビ栽培を持ち込んで奴隷制砂糖プランテーションを始めた。やがてヨーロッパの工業製品をアフリカに輸出し、アフリカから奴隷をアメリカ大陸や西インド諸島に運び、そこからヨーロッパへ砂糖、綿花、タバコなどを持ち帰るという悪名高き大西洋での三角貿易ができあがった。

ポルトガルは、東インドとの航路上の要衝に要塞を持つ港湾都市を作り、貿易を維持することを重視し、マラッカ占領（1511年）により東アジアに及ぶ世界的な交易システム「ポルトガル海上帝国」を作り上げた。日本には漂着したポルトガル人が鉄砲を伝えたほか（1543年）、平戸に商館を設立（1571年）し、日本との「南蛮貿易」の拠点とした。

16世紀後半になると香辛料価格の下落で香辛料貿易は徐々に衰退する。その後、モロッコの征服を企てた若き国王が戦死したことによりポルトガル王家は断絶（1580年）し、スペインに併合され停滞している間にオランダやイングランドといった新興海洋国家が登場する。オランダ・ポルトガル戦争（1602〜63年）で香辛料貿易を奪われ、世界の海で熾烈な植民地獲得競争が繰り広げられるなか、ポルトガルは徐々に衰退していった。ヴァスコ・ダ・ガマからわずか80年余りの栄光の時代だった。

ローマ教皇による世界領土分割

コロンブスが新大陸を「発見」（1492年）する

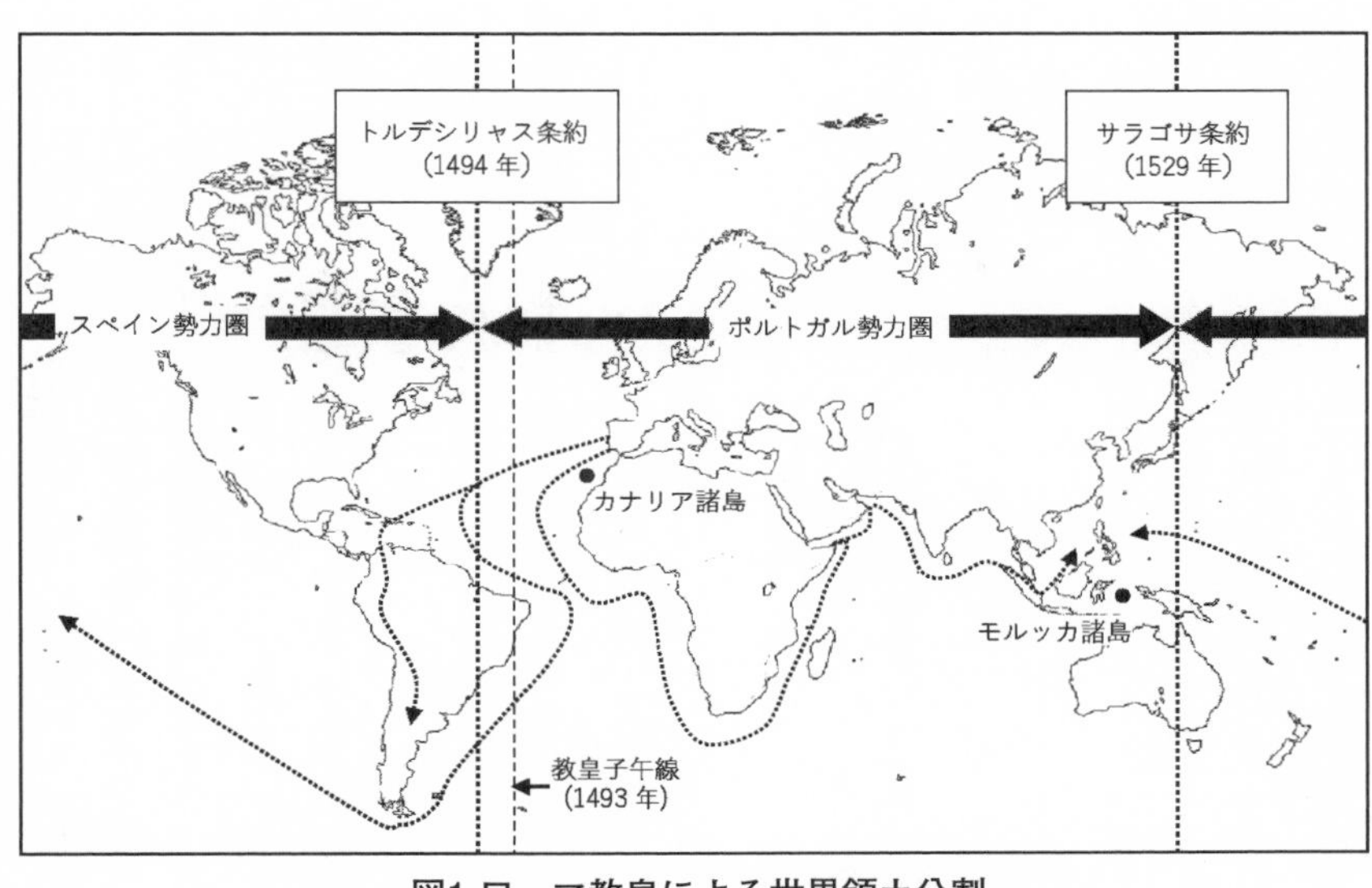

図1 ローマ教皇による世界領土分割

と、今度はスペイン出身のローマ教皇が「教皇子午線」を示して、それより西側の土地はすべてスペイン領としてしまった（１４９３年）。これを不満としたポルトガルはスペインと交渉して、教皇子午線をさらに西側（西経46度37分）にずらした（トルデシリャス条約、１４９４年）。

この条約により、教皇は世界を二分割して（デマルカシオン）、ポルトガルはアフリカやアジアへ、スペインはアメリカ大陸全域へ進出して自国領土とすることを認め、貿易と支配によって利益を得るだけでなく、カトリックの布教により世界を文明化するという大義のもと独善的な世界支配「事業」に乗り出した。これ以降、ポルトガルは前述のように喜望峰を回る東回り航路を開発し、スペインはマゼラン海峡を抜けて太平洋を横断する西回り航路をとって貪欲に勢力圏を広げていった。

太陽の沈まぬ帝国

スペインは、西インド諸島からアメリカ大陸に向かい、残虐な戦争を展開して中米の諸王国を征服し、1533年にはインカ帝国を滅ぼして植民地としている。中南米以外では、スペインに雇われたポルトガル人のマゼランがマゼラン海峡を発見し（1520年）、グアム島を経由してフィリピンのセブ島に到達した（1521年）。

こうして東回りのポルトガルと西回りのスペインが地球の裏側の東南アジアで再びまみえることになった。地球はやはり丸かったということなのだが、両国は各地でしばしば衝突を起こした。そこで両国はニューギニア島中央部を通る子午線（東経144度30分）を境界とする条約（サラゴサ条約、1529年）を結ぶ。このときスペインは賠償金をもらってモルッカ諸島から手を引くかわりに境界線の西にあるフィリピンを確保している。

サラゴサ条約の境界線は北に伸ばすと北海道を通るが、条約締結時には日本のことは十分に認識されていなかった。カトリックの宣教師たちは、ポルトガルはイエズス会、スペインはフランシスコ会などが中心となってアジアでの布教を強力に進めていくのだが、両国は日本での布教権をめぐって対立することになる。

スペインの植民地では原住民は奴隷として使われ、金銀などは徹底的に収奪された。これによりスペインは16世紀半ばからは「黄金の世紀」と呼ばれる繁栄をみたが、のちに富のほとんどは新興国オランダやイングランドに流出し、国内の産業形成はなされなかった。1580年には、前述のとおりポルトガルを併合（～1640年）して同君連合となったことにより、東アジアの植民地も手に入れて広大な海外領土を誇る「太陽の沈まぬ帝国」といわれるようになった。

オランダ・イングランドと日本との出会い

このようなカトリック世界の二大国により行なわれた海洋支配に挑戦したのが、プロテスタント国家で新興海洋国のオランダとイングランドである。

イングランドはアルマダの海戦（1588年）でスペインの無敵艦隊を破って英本土侵攻を阻止し、プロテスタント世界の盟主となった。オランダは、宗教戦争でもあった八十年戦争（1568～1648年）でスペインからの独立を勝ち取り、スペインの百年ほどの黄金時代にピリオドを打った。

スペインとの香辛料貿易が難しくなったオランダは、ジャワ島との独自ルートを確保、1602年に東アジア会社を設立して、ポルトガルや現地の小王国と戦いながらジャワ島に地盤を築いた。イングランドはこれより先、1600年に東アジア会社を設立して、インドや東アジア地域に拠点を開いている。

日本に初めてやってきたオランダ船は、1600年に豊後国に漂着した「リーフデ号」だ。その後、オランダは平戸に商館を設置し（1609年）、日本との貿易関係を強めていく。

イングランドも、「リーフデ号」に乗っていた英国人航海士ウィリアム・アダムス（三浦按針）の仲介で、1613年に国王の使者を派遣して、同地に商館を開いた。やがて両国は、先に日本に入っていたポルトガルやスペインとの競争を繰り広げることになる。

植民地のパターン

大航海時代以来19世紀にかけてヨーロッパ人は多くの植民地を作ってきたが、青木栄一はそれらを四つのパターンに分類している（『シーパワーの世界史①』）。

第一は、交易の拠点としての植民都市の建設である。この植民都市は港湾都市であり、現地内陸部の商品とヨーロッパの商品との交易の場だった。ヨーロッパからの植民者は基本的に商人であり、貿易の利益が保たれる限り、内陸部の政治体制や住民とは共存できた。これはポルトガル人が15世紀以降アフリカやアジアで作ってきた植民地のタイプであり、のちにオランダ人、イギリス人、フランス人などもこの方式を踏襲した。

第二は、植民者が農民として定住するものである。この場合は原住民を「駆逐」あるいは奴隷として使役して農地を内陸部へ拓いていく。スペイン人が新大陸で行なった植民地開拓の方式であり、当初は金銀などの鉱山開発の比重が大きかったが、のちに農業開発に中心が移った。イギリス人、フランス人もこの方式を繰り返した。

　これら15世紀以来の植民地の方式に加えて、ヨーロッパで産業革命が進展すると19世紀には第三の方式が生まれる。それは、食料や原料の供給地であると同時に製品の市場となる植民地である。そこではヨーロッパ人の資本と技術を投入して鉱山の開発や食料、工芸作物などの農場が拓かれ、原住民を労働力として用い、港湾や鉄道の整備も進められた。１８７０年代以降になると、イギリスとフランスが相互に対立しながら勢力を拡大し、新たにドイツとイタリアが植民地獲得競争に加わった。

　第四に、植民地は経済的には何の価値もないような大洋の孤島にも拡大した。これらは、艦隊の泊地や石炭の補給地として用いられ、19世紀末になると、海底ケーブルの中継地としての役割も生まれた。

　19世紀の植民地獲得の尖兵となったのは各国の海軍であり、手つかずの土地を求めて調査、探検を行なうとともに、圧倒的な武力をちらつかせながら、自国の権益確保に手段を選ばなかった。こうした新しいかたちの植民地の獲得と経営を進めていく政策は「帝国主義」と呼ばれた。

　これら四つのパターンに加えて、近年中国が展開する「新植民地主義」は第五のパターンといえるかもしれない。中国は「一帯一路」構想の名のもとで途上国のインフラ整備などを積極的に援助しているが、援助を受ける国に対して過大な融資を行ない、償還困難になったところで当該インフラの運営権を取得するような例が出てきた。いわゆる「債務の罠」である。追い詰められた債務国は、政治や軍事面で中国の不当な影響を受けざるを得ず、実質的に植民地化されるというものだ。

大航海時代と戦国時代の日本

中国の「海の帝国」

宋以来、明初期の海禁令（１３７１年から１５６７年の間、中国人が海上で交易することを禁じた）までの間、ジャンクを操る中国商人はイスラム商業圏と共存しながら東南アジア、インド洋海域に「海の帝国」として大商圏を形成しており、15世紀半ばまでの中国は世界最大の造船国でもあった。

強力な水軍を持ち、鄭和の大艦隊による南海遠征（1405～22年にかけて計6回）も行なわれたが、明（1368～1644年）は伝統的な農業帝国への回帰を目指しており、北京遷都にともなう財政難もあったことから、1431～33年の遠征を最後に「海の帝国」の時代は終わった。

戦国時代の日本とアジアの海

ポルトガルとスペインがアジアに到達した頃の日本は戦国時代で、海では14世紀頃の前期倭寇に続いて後期倭寇が全盛期を迎えていた。密貿易を「強行」する海賊だった後期倭寇は、明国の海禁令を逃れた中国人を中心に日本人やポルトガル人などを含んでおり、各地に拠点を設けて広く東シナ海や南シナ海で活動していたが、明国の倭寇討伐と海禁令の緩和とともに勢力を弱める。日本でも秀吉の海賊禁止令（1588年）で活動は沈静化した。

戦国時代が終わると、仕事を失った兵士たちは、高い戦闘能力を買われて契約に基づくヨーロッパ勢力の傭兵となり、植民地獲得をめぐる紛争や現地民の鎮圧などに活躍した。日本人の海外進出が本格化した16世紀以降、東南アジア各地の港町には日本人町ができたが、そのうち最大のアユタヤは造船業も盛んで、徳川幕府で始まった朱印船貿易で使われた日本の商船の多くはシャム製のジャンクだった。

ポルトガル人が日本に来たのは1543年、乗っていた倭寇のジャンクが種子島に漂着したのだが、鉄砲が伝えられたのもこの時だ。1549年にはマラッカで出会った日本人の案内で、イエズス会士フランシスコ・ザビエルが鹿児島に上陸、翌年には平戸にポルトガル船が入港し、領主の保護を受けてキリスト教が広まる。

スペイン人の日本来航は1584年であり、マニラを拠点にして対日貿易を始めた。やがてフランシスコ会の宣教師たちも布教を始めたが、教皇が日本布教をイエズス会にのみ認めていたため、争いとなる。それでもポルトガルを併合したスペインのフランシスコ会系は強気で押し、ついに1600年にはローマ教皇がイエズス会以外の日本布教も認めた。

スペインの明国征服論

戦国時代の日本におけるスペインの動きと秀吉の外交を、平川新著『戦国日本と大航海時代』にもとづいてたどってみると次のようになる。

アジアに進出してきたスペインは、明国との貿易を確保し布教を進めるために世界領土分割（デマルカシオン）体制のもと同国を征服すべきと考えていた。中南米と同様、わずかな兵力で征服できると考えたのだ。

一方、日本については、戦国時代の武士たちを見て、すぐに征服するのは困難だが、うまく使えば明国征服には非常に役立つだろうと考えた。その頃、キリシタンとなった大名たちは宣教師の指示に忠実だとみなされており、これらの大名を軍事的に支援すれば、ほかの諸大名の改宗（かいしゅう）が一挙に進んで日本を支配でき、神の名のもとに戦闘力の高い日本兵を明国侵略に駆り出すこともそう難しくないと考えられたのだ。

信長は、イエズス会は自らが敵対する仏教勢力のけん制に役立つと考えて好意的に接した。信長は、ポルトガルが伝えた鉄砲を巧みに使う自らの軍事力に自信を持ちつつも、献上された地球儀を前に宣教師たちから聞かされるポルトガルの世界進出に対しては対抗心を持っていたと思われ、諸大名を平定（へいてい）したら一大艦隊を仕立てて明国を征服すると大言した。明智光秀に討たれる2週間前のことだった。

秀吉の明国征服構想

秀吉は朝鮮出兵を行なったほか、明国、台湾、南蛮（東南アジア）、天竺（てんじく）（インド）の征服構想を語っていた。確かに明国征服は非現実的だったが、秀吉はポルトガルに軍事支援を依頼し、イエズス会もポルトガル船の提供やインドからの援軍を申し出ていた。

結局、朝鮮出兵は失敗し、秀吉の死により明国征服も幻となったが、その征服構想は海洋戦略としてみても興味深い。秀吉は、明国を征服したら天皇を北京に置き、自らは寧波（浙江省）を居所とするつもりでいた。

寧波は、古くは遣唐使や室町時代の日明貿易（勘合貿易）で日本船が出入りし、戦国時代には明人倭寇たちの拠点とポルトガルの対日貿易の中継地になった港である。ここからは東シナ海に面した朝鮮、琉球、台湾はもちろん、南シナ海を経てマカオやマラッカ、さらにはインドのゴアともつながることができた。明国を抑えるだけでなくシナ海交易も掌握し、さらにポルトガルの支配領域にまでにらみをきかすことができる港が寧波であり、東アジア全体を視野に、陸だけでなく海も支配する秀吉の強い意志を感じ取ることができる。

今日、寧波は中国海軍東海艦隊の本拠地となっている。東海艦隊といえば、台湾海峡や東シナ海などを担当し、日米などと対峙する重要な艦隊である。中国がその艦隊司令部を置いているということは、時代が変わっても地理とその戦略的価値の高さが変わらないことの証左といえる。

台湾をめぐる争奪戦

秀吉の死去により台湾出兵はなされなかったが、対外貿易に携わる大名からするとマニラやマカオなどとの交易路上に存在する台湾は確保しておきたい拠点だった。徳川幕府は、国内を平定すると台湾へ触手を伸ばし始め、1616年には台湾の支配を狙って13隻の船団を派遣したが、暴風のため失敗した。

台湾への関心はヨーロッパ勢力も同じで、オランダ東インド会社が澎湖諸島を占拠すると（1623年）、明軍と交戦となり、和議によりオランダ人は台湾南部に移ったが、今度はスペイン人が台湾北部を占拠してしまう（1626年）。1642年にはオランダが艦隊を派遣しスペイン勢力を駆逐して台湾を植民地に組み込んだが、1662年には鄭成功の攻撃を受けて台湾から撤退した。こうした争奪戦をみると寧波と同じように台湾の戦略的価値も理解される。

オランダとイングランド

家康の時代に入り、遅れてやってきたオランダやイングランドは、日本が軍事大国であるとの認識をもっていた。なにしろ日本は、自国の数倍の人口を擁し、鉄砲の数は30万挺で世界一、世界の銀の三分の一を産出していたのだ。

また両国は、家康がキリスト教を嫌っていることを知っていたので、ポルトガルやスペインが布教と征服を一体化させていることをしきりに吹き込んだ。そして、そう讒言（ざんげん）した以上、自分たちが布教行為をするわけにはいかなかった。

このようにオランダもイングランドも、スペイン・ポルトガルとの貿易戦争に勝つために将軍の機嫌を損ねないように、日本やその周辺での軍事的な行動はもちろんキリスト教（プロテスタント）の布教も自制したのだ。

日本が植民地にならなかったわけ

このあと幕府は禁教令（１６１６年）を出し、布教にこだわるスペイン・ポルトガルと断交する。スペイン船の来航禁止は１６２４年、ポルトガル船の来航禁止は島原の乱（１６３７~３８年）の後、１６３９年に通告された。そして、それをより万全なものとするために、幕府は海岸線に遠見番所（とおみばんどころ）や烽火台（のろしだい）を設けるとともに、長崎では有事に大名家の兵力を動員する仕組みを整備して、沿岸防備態勢を整えた。イングランドはオランダとの市場競争に敗れて１６２３年に日本から撤退するが、オランダは出島に封じ込められ日本の貿易管理に従った。

圧倒的な武力と策略をもって世界中を植民地化してきたスペイン、ポルトガルは追放され、新興勢力であるイングランドやオランダは幕府の指示に従った。ヨーロッパでは三十年戦争（１６１８~４８年）の真っ最中で、列強は世界中の海で戦いに明け暮れていたこともあっただろうが、戦国時代の日本がこれらの国々と対抗可能な軍事力と外交力を持っていたことは確かだった。それが、ヨーロッパ列強に征服された地域との大きな違いだった。

しばらくはヨーロッパから交易再開を求める船が来たが、それが途絶えると（1673年）、日米和親条約締結（1854年）までの二百年以上にわたって鎖国政策をとることになる。

第2章　新興海洋国家オランダとイングランド

オランダとイングランドの海上発展

ニシン漁で発展するオランダ

14世紀中頃、オランダでニシンを長期保存する方法が発明されるとヨーロッパ中に輸出されるようになり、北海での漁業はオランダの基幹産業となった。やがて漁業の発展は造船業の成長を促し、オランダの造船所は、風力製材機、大クレーンなどの機械化でずば抜けた建造能力を誇るようになっていく。

漁民たちは勇敢で優れた船乗りでもあり、漁期以外は海運や沿岸貿易にも携わっていた。やがて彼らは北海からバルト海の奥深くへ進出し、東方と直接交易するようになりハンザ同盟と対立する。

オランダの諸都市は「艦隊」を組んで戦いを挑み、ハンザ同盟を打ち破ることに成功し、オランダ経済は15世紀後半から急成長を遂げた。この頃からオランダでは官民一体となって自国の貿易や産業を支援するようになったが、英仏などが重商主義をとる二百年も前のことであり、オランダの繁栄につれ他国の妬(ねた)みを生む原因ともなった。

海乞食党――オランダ海軍の源流

オランダは、政略結婚の結果としてスペイン・ハプスブルク家の所領になった（１４７７年）。スペインは、新大陸から収奪した莫大な富と無敵の軍事力により専制と恐怖でヨーロッパを支配し、新教徒（利潤追求を求めるカルヴァン派）が多かったオランダでもカトリックを強制し、凄惨な異端迫害を大規模に行なった。

これに対して独立軍を率いて立ち上がるのが民族の英雄オランイェ公ウィレムである（１５６８年）。八十年戦争といわれる長いオランダ独立戦争の始まりだ。

陸上でオランダ独立軍が戦った一方、海ではウィレムから私掠(しりゃく)免許状を与えられた各地の商船や漁船の船主たちが「海乞食党（ワーテルヘーゼン）」という私掠船団を作って沿岸海域でのゲリラ戦を展開した。

「私掠（privateering）」というのは、自国の君主から特許を得て交戦相手国の船を襲う行為で、当時の慣習国際法も認める「私的な戦争行為」だったため、捕まっても戦時捕虜として扱われる。これに対して同じく私的な行為である「海賊（piracy）」は、平時から相手を選ばず掠奪するので、海洋の自由と安全に対する「世界共通の敵」とみなされ、捕まったら処刑された。

陸上での戦いが惨憺たる悪戦だったのに対して、海乞食党は自分の庭のようなオランダ近海で有利な戦いを進め、スペイン艦隊を相手に大きな戦果を上げオランダ海軍の源流となっていった。

オランダ存亡の危機

宗教などの違いからオランダの南部はスペインの影響下に入ってしまい、北部は「ユトレヒト連合」を結成した（1579年）。この連合は軍事同盟ではあるものの、各州の自治権を尊重し、軍事、外交、課税については全会一致を必要とする小回りのきかないもので、ウィレムの権威で何とかまとまっていたが、議会は富裕な商人貴族（レヘント）に支配されオランダの大きな弱点となっていく。

このあとオランダは存亡の危機を迎える。北部統合の中心だったウィレムはスペインによって暗殺され（1584年）、スペインの大軍は南部諸州を足場にして諸都市を次々に攻略、略奪して北上、残るはアントワープのみとなった。

切羽詰まったオランダは、生き残りのため自国の主権を受け渡すことと引き換えに英仏両国の支援を求めた。自国の主権を条件にするとは驚きだが、英仏に援軍を頼むには当時の常識としてカネが必要で、それを惜しむレヘントたちからは強く支持された。商人国家ならではの計算である。

一方、英仏にとってはスペイン大帝国を敵にまわすことはなかなか踏み切れるものではなく、カトリック国のフランスは拒否、結局貧しい島国だったイングランドがエリザベス女王の決断により支援に踏み切ることになる。

イングランド海軍の源流

中世のイングランドでは、国王は戦争のたびに商船をかき集めて「軍艦」に仕立てて、王室船とともに艦隊を編成して戦った。12世紀後半には、イギリス海峡に面した五つの港の領主たちが戦時には船舶を国王に提供する代わりに沿岸海域の司法取締りの権限を与えられるという「シンク・ポーツ（Cinque Ports、五つの港）」という組織ができたのだが、彼ら自身がこの権限を乱用して掠奪、密輸など好き勝手に振る舞うという問題もあった。この組織の加盟港は最盛期には42にも達した。

チューダー朝になり近世イングランドが始まるが

（1486年）、初代ヘンリー七世は、イングランド商人にそれまでの沿岸貿易から海外貿易に目を向けさせ、海上通商路の開拓と海外市場の獲得を目指した。このため、ポーツマスに英国最初の乾ドックを建設し、造船補助金制度により商船隊を大幅に拡充するとともに、商品積出しをイングランド船に限る保護主義的な「航海条例」を出した。彼の王室船が10隻を超えることはなかったが、そのすべてを海外交易に活用し、商人にも気前よく貸し出した。

ヘンリー八世──戦闘艦隊の創設者

チューダー朝二代目は、横暴で知られる専制君主ヘンリー八世だ。この頃のイングランドの戦略は、大陸の強国であるスペインとフランスのうちどちらか一国が覇権を握ってイギリス海峡の沿岸を支配しないようにするヨーロッパ勢力均衡政策だった。両大国間のバランスに気を配り、イングランドが加担する方が優勢になるようにすれば、まずまずの海軍で自国を守れるという考え方だ。

ヘンリーは敬虔なカトリック教徒だったが、王妃との離婚問題がもとでローマ教皇から破門されたうえに、教皇は「異教徒」ヘンリー討伐の「聖戦」をスペイン、フランス両国に対して呼びかけたので、イングランドはそれまでの戦略を根底から覆され、一挙に国家存亡の危機を迎えた。

ヘンリーは、カトリック両国の侵攻を撃退するために、海上商人たちに私掠免許状を与えてスペイン船を攻撃させるとともに王室海軍を増強することにした。商人たちは拿捕（だほ）したスペインの財宝船から莫大な利益が上がることがわかると、競って私掠船に出資するようになった。王室船は当時わずか10隻しかなかったので各地に王立造船所を設けて急造するとともに、カトリック修道院の財産を没収して財源に充てた。

当時の軍艦は、敵艦に接舷して兵士を斬り込ませる「ソルジャー・キャリア」だったが、イングランドの軍艦は新たに開発された大口径砲を艦載化した「ウェポン・キャリア」に進化していた。ヘンリーが死去（1547年）するまでに57隻からなる強力な「戦闘艦隊」が整備されたが、これを目の当たりにしたスペイン、フランス両国はイングランドへの侵攻を思いとどまらざるを得なかったのである。

ヘンリーは海軍組織の大改革にも取り組んだ。14世紀初頭、最先任のキャプテンが艦隊の指揮権を持つ「アドミラル（Admiral：提督）」として初めて任命され、その補佐のための組織として「アドミラリティ（Admiralty）」が置かれた。当時のアドミラルは、艦隊を指揮するといっても兵士の海上輸送程度だったので、もっぱら陸上にいて海上秩序の維持や捕獲賞金の分配などを取り扱っていた。

しかし、軍艦がウェポン・キャリアに進化して海戦の様相が変化してくると、アドミラルが海に出て作戦の陣頭指揮にあたる必要が出てきた。また、艦隊の規模が大きくなり、各地に設立された王立造船所などの管理体制の充実も求められるようになった。

このため、16世紀中頃、アドミラルたちを本来あるべき艦隊に戻し、その最先任者を国王直属の「ロード・アドミラル（Lord Admiral：大提督）」として艦隊の指揮と管理、海事審判などを担当させ、その下にのちに「ネイヴィー・ボード（Navy Board：海軍委員会）」となる艦隊の管理組織を置くことになった。これにより、国王と枢密院の政治的な統制を受けたロード・アドミラルが、作戦関係の「軍令」と艦隊の維持整備などの「軍政」を一元的に握る強力な仕組みが誕生したのだ。

このような一連の改革を行なったヘンリーはのちに「戦闘艦隊の創設者」と呼ばれた。しかし彼の死後、せっかくの軍政、軍令の一本化は形骸化し、ネイヴィー・ボードの腐敗と財政難から艦隊は衰退してしまう。

エリザベス一世──海外発展の黎明

ヘンリー八世が死去して11年、エリザベス一世は35隻に減ってしまった王室船を引き継いで即位した。この頃になると海外貿易が盛んとなり、それまでの北海やバルト海沿岸からアフリカやアメリカを含む大西洋全域、地中海へと貿易圏が広がった。女王は貿易相手先ごとの合資会社を設立させ、自らも出資して配当を得たり、船を貸し出したりした。この中にはアフリカとアメリカでの奴隷貿易も含まれた。

スペインとポルトガルは、教皇の世界領土分割に基づいてイングランドの交易をすべて密貿易として取り締まったので各地でトラブルが起きた。1568年にイングランドの奴隷貿易船がスペインに攻撃される事件が起こるとイングランド側も報復し、それまで良好だった両国の関係は悪化する。

スペインはポルトガルを併合し（1580年）、東インドの富を独占する大帝国となっていたが、女王は私掠免許状を次々と発行してスペイン船を攻撃させ、捕獲船からの利益の一部を王室に上納させて（1589年に定められた配分率は、国王が1割、残りの9割が船主と船長および乗組員の取り分とされた）財政難を補った。ホーキンスやドレークらをはじめとする私掠船船長たちは「エリザベスの海の猟犬」として恐れられ、エリザベスは「海賊女王」という異名をとった。

イングランドの私掠船の活躍は目覚ましく、ドレークはスペインが支配していた世界を荒らしまわり、マゼラン自身が果たせなかった世界一周を成し遂げて英国に帰国（1580年）して、国庫歳入を上回る巨額の利益を王室にもたらした。彼が出資者でもあったエリザベスから爵位を授けられたのもうなずける。こうして船乗りたちは海賊行為に駆り立てられ、海外探検、貿易圏拡大が大ブームとなり、農業国イングランドは海外発展の黎明期を迎えたのである。

アルマダの海戦

エリザベスがオランダに援軍を送り、スペインとの戦争（英西戦争1585～1604年）を決断したのはこのような背景があった。女王は直ちにドレークに艦隊を授け、スペインの西インド植民地を襲撃させた（1585年）ので、両国は宣戦布告なき交戦状態となった。そして1587年にエリザベスがカトリック教徒のスコットランド女王メアリを陰謀の嫌疑で処刑すると、スペインのフェリペ二世はローマ教皇の支持のもとイングランド侵攻を決意する。

エリザベスは、スペイン艦隊が集結していたカディス港を急襲（「スペイン王の髭焦がし」）させ、スペインの英国遠征を遅らせることに成功したが、翌1588年には再建された「無敵艦隊（アルマダ）」がイギリス海峡に姿を現した。ちなみに日本で使われる「無敵艦隊」という名称は、19世紀にスペインの海軍大佐が発表した論文のタイトルに由来するらしいが、英国海軍史では「Spanish Armada」としている。

スペインのアルマダは、ガレオン船65隻のほか武装商船や大西洋には不向きのガレー船を含む130隻もの大編成だったが、寄せ集めの陸兵の輸送船団であり戦闘艦隊というようなものではなかった。指揮官は海上経験皆無のシドニア公で、国王に「すぐに船酔いしてしまう」と交代を願い出たが、尻をたたかれ出撃した。艦隊は、カレーで1万7000人の兵士を乗せ、ドーバー海峡の制海権を握って一挙に英国を征服する計画だった。

迎え撃つ英国側は197隻、そのうち王室所有船は34隻に過ぎず、残りは私掠船の寄せ集めで、こちらの指揮官も海上経験はなかったが、ドレークを副司令官にして、操艦や砲戦などでスペイン側を圧倒した。

ドーバー海峡を東航し接舷、斬り込み戦法をもくろむ「ソルジャー・キャリア」からなるアルマダに対してイングランド側は「ウェポン・キャリア」として遠距離での砲戦を挑んだことは海戦史上、画期的なことだった。決着のつかないままスペイン側はカレーにたどり着いたが、乗り込んでくるはずの兵士がなかなか到着しない。オランダ海軍が150隻の艦艇により海岸に出るあらゆる水路でスペイン軍の移動を封鎖していたのだ。

泊地で待機を強いられたスペイン艦隊は、火船（かせん）の急襲を受けてバラバラに脱出したところを英国艦隊の攻撃に遭い大被害をこうむったため、上陸作戦をあきらめて退却した。両艦隊は折からの大嵐に襲われるが、英国艦隊が全艦なんとか帰港できたのに対して、スペイン艦隊は方々で難破するありさまだった。

スペイン艦隊の損失63隻のうち戦闘で喪失したのは

4隻に過ぎず、その他は荒天による難破、行方不明であり、指揮や練度が劣っていたために自滅した。英国海軍史はこの嵐を「Winds of God（神風）」と呼んでいる。イングランドは、降りかかった国難をオランダ海軍の助けを借りて切り抜けたのだ。

アルマダの海戦その後

アルマダの海戦に勝利したエリザベスは、プロテスタント世界の盟主として自らを宣言した。しかし、スペインのイングランドへの挑戦は止まず、さらに二度アルマダを派遣（1596年、97年）してきた。いずれも悪天候のため失敗したが、エリザベスはスペイン艦隊との対決を極力避け、イギリス海峡の制海権を拡大どころか維持しようともせず、海軍予算も大幅に削減してしまった。

また、エリザベスの「海の猟犬」によって荒らされた西インド諸島のスペイン植民地の守りは強化され、私掠船が簡単に掠奪できる時代は終わった。女王は国力を蓄えるために合資会社には存分に活動させたが、ドレークらの私掠活動には小心ともいえる慎重さで手綱を絞り、彼らを憤慨させた。こうしてスペインは以前にも増して多くの富をアメリカから略奪したのだった。

こうしたことからエリザベスは、シー・パワーを理解できなかった君主などと批判されることがあるのだが、彼女の常備艦隊はわずかなもので、増強するにもカネがなかったのだから仕方がない。当時のイングランドは海外発展期にさしかかった人口も少ない農業国であり、輸出品といえば毛織物くらいのもので、始まったばかりの植民地開拓も失敗続きだったので、アルマダの海戦以降もスペイン艦隊と戦い続けたら国家財政は破綻してしまっただろう。エリザベスはひとまず国難を脱したが、英国がトラファルガーの戦い（1805年）で海上覇権を握ることになるのはまだ二百年も先のことである。

繁栄するオランダ海上帝国

英国の伝統的戦略の形成

19年にわたった英西戦争を通じて、エリザベスは英国の伝統的戦略ともいうべきものを作り上げた。その第一は、大陸政策と海軍政策の難しいバランスをとって、大陸の脅威から島国を守ったことである。女王がオランダの支援にこだわったのは、大陸の一国が覇権を握ったり、イギリス海峡の沿岸を支配したりしないようにするためであり、これが大陸政策の基本だった。

私掠船船長のホーキンスら「海洋派」は、オランダの地上戦にこだわった結果、その気になればスペインを粉砕できたはずの海軍への予算が削減されたことや、スペインの銀の流れを遮断する作戦に十分な支援をしなかったことなどを強く批判している。

しかし、エリザベスはスペインを「粉砕」して、伝統的なライバルであるフランスを利するようなことは考えていなかったし、艦隊を遠征させると本国の守りが手薄になってしまうことを懸念していた。当時の財政難とイングランド海軍の勢力を考えれば、オランダ支援と海軍への支援を両立させることは困難だったのだ。

第二に、エリザベスは精いっぱいの海軍政策として、スペインに正面から挑戦するのではなくゲリラ的に攻撃することで、イギリス海峡において自国船舶を海賊や敵の私掠船から保護することに努めた。また、商船隊や漁船団を拡大するために、週に3日の「魚を食べる日」を定めたほか、造船用の木材資源を保護し、帆布(はんぷ)や索用の亜麻(あま)や麻の栽培を奨励した。

第三は、バルト貿易を重視し戦略物資の流れを管制したことだ。造船資材のマスト材、帆布、索類はバルト地方でしか産出しない帆船時代の戦略物資だったので、エリザベスも航海条例を改正してスペインを封じ込めて自国のバルト貿易を支援した。

第四に、エリザベスはスペインのイングランド侵攻に対して、地中海のトルコ艦隊を陽動に使おうとした。これは英国による地中海の戦略的活用の始まりといえる。

最後に、女王は死去する直前、財政難のため仕方なく王室艦を通商活動に使ってきたが、これは断じて本来の任務ではなく、本来、王室艦は商船を護衛すべきものだと述べており、海上交通路の防衛の重要性を理解していたことがわかる。

エリザベスの死と英国海軍の衰退

エリザベスが死去（1603年）すると、父子二代にわたるスチュアート朝となる。二人は正反対の海軍政策をとった。

初代ジェームズ一世は驚くほどの平和主義者で、すすんで英西戦争を終結させ（1604年）、私掠免許状を停止しスペイン船襲撃を厳しく取り締まった。多くの軍艦が除籍あるいは放置され、乗組員は訓練されず、給与の支払いも滞ったため士気は地に落ちてしまった。

こうした海軍が港で朽ち果て私掠船が姿を消すと、英国近海ではトルコ、アルジェリア、モロッコなどのイスラム教徒やフランスの海賊や私掠船が跳梁し、イギリス海峡や近傍の港湾でさえ安全ではなくなった。

英国海軍と商船隊の低迷によって大きな利益を得たのはオランダで、1620年代には実質的に大西洋の制海権を握るようになる。また、スペインが長年の戦争で衰えてくると、イングランドとオランダを結びつけていた戦略上、宗教上の結びつきは弱まり、代わりに敵対心が芽生えてくる。

オランダの転機

話をオランダの独立戦争に戻す。

エリザベスがオランダに派遣した援軍は、スペイン軍に敗戦を重ね期待外れに終わった。オランダ北部諸州は、ようやく外国頼みをあきらめ、ネーデルランド連邦共和国を誕生させた（1596年）。スペイン軍が手薄になった幸運もあり、オランダ独立軍は1598年までにほぼ現在のオランダに相当する地域を支配下に置くことができた。

オランダはハンザ同盟を打ち破って以来、北海、バルト海方面の貿易の主導権を握っていたが、そこでの商品は主に穀物や木材で、香料や銀などの金目になるものは扱っていなかった。また、独立戦争を始めてからは、スペインの経済封鎖を受けたので経済は窮していた。エリザベスに派兵を頼んだ時も現金で払えず、都市を担保に差し出したことなどは、後年の繁栄ぶりからは考えられないことである。

そんなオランダに転機が訪れた。アルマダが敗北したスペインは、艦隊再建用の造船資材調達のためオランダ禁輸を解除したのだ（1590年）。今や海におけるスペインの主敵は英国となり、陸においてはフランスへ武力介入を決意したことから、オランダのような一反乱州のことなどは大帝国にとって小事に過ぎなくなったのだ。

オランダは、圧倒的に豊かなスペインとの貿易のおかげで海運、貿易が急速に発展し始めた。この時期、ヨーロッパ外貿易はスペインが独占していたが、そのスペインとの貿易を英国は禁じられていたので、オランダは中継貿易でありながらも有利な条件で大きな商売をしてその後の飛躍につながった。

また、それまで英国が独占的だったロシア貿易でも、スペインからの砂糖、塩、香料、銀などを見返りに輸出できるオランダは有利な地位を獲得し、のちにはハンザ同盟が優位を保っていた地中海貿易をも手に入れた。

敵国オランダ——スペインの命取り

しかし、このようなオランダの恵まれた状況はわずか8年で終わる。フランスが「ナントの勅令」（1598年）でカトリックを国教とし、プロテスタントにも信仰の自由を認めたためスペインは軍事介入の口実を失い、フランスと平和条約を結んだのだ。こうなると、イングランド、スペインの海上覇権争いの漁夫の利を占めて経済は躍進し、そのうえ海上でしばしばイングランドと組んでスペイン船に敵対していたオランダはスペインにとって明らかな敵国となった。

そこでスペインは、オランダ繁栄の源である自国との中継貿易を封鎖して息の根を止めにかかったのだが、今度はこれがスペインの命取りとなった。

今や独立国となって繁栄し、海軍力も充実しているオランダである。海運、貿易なしにオランダは生存できず、最も重要な「母なる貿易」であるバルト海貿易で穀物、木材を輸入し続けるためにも、見返りとして砂糖、塩、香料は不可欠だった。そうした物資をスペイン、ポルトガルから入手できないとなれば、オランダは直接入手するために自らヨーロッパ外貿易に乗り出さなければならなくなったのだ。

驚嘆すべき海外進出

このようなわけでオランダはヨーロッパ外の世界へ大躍進する。オランダ船が塩を求めてはじめてカリブ海に向かったのは1599年だったが、それからの8年間で実に768隻が交易に向かっている。東インドへは、1598年からの4年間だけで13船団、60余隻が香料と胡椒を求めて赴いた。東インド会社を設立する前の段階で、すでにこれだけの船が行っていたのだ。

このような動きに対してスペイン、ポルトガルは、オランダ船の排除を狙ったが、オランダ船団は東アジア各地で優勢に戦い、スペイン、ポルトガルの艦隊は撃破され多くの財宝船が奪われてしまった。北海で鍛えられたオランダの船乗りたちは勇敢であり、他国の船乗りに恐れられた「吠える40度」といわれる南半球の偏西風海域を利用したジャワ島への追風高速航路を発見（1610年）したのも彼らだった。

オランダは、現地の政治、宗教については不干渉を約束したため、スペインの過酷なカトリック支配に恨みを持っていた現地の人々に歓迎され、ジャワ、スマトラ、モルッカ諸島、マレー半島だけでなく、セイロン、マカオでも友好通商関係を結んでいった。このうち現在のインドネシアに相当する地域は、オランダが第二次世界大戦まで領有を続ける重要な経済基盤となる。

オランダは時としてアメリカ大陸沿岸にまで進出しスペインの利権を脅かすようになったほか、ジブラルタル沖でオランダ艦隊がスペインに大勝して地中海の制海権を握った（ジブラルタル海戦、１６０７年）。この海戦を含め、世界の海におけるオランダ海軍の跳梁ぶりは、スペインに和平を求める大きな動機となり、１６０９年には12年間の休戦が成立した。

オランダ海上帝国

１６０２年、オランダは東インド会社を設立して植民地貿易を本格化させる。その権限は、喜望峰以東、マゼラン海峡以西における貿易の独占、要塞の建設、総督の任命、兵士の雇用、条約の締結、スペイン、ポルトガル船の捕獲など幅広く、スペインとポルトガルの植民地や貿易を次々に奪っていった。同じような性格を持つ西インド会社も１６２１年に設立された。

オランダは、東アジアだけでなく世界各地を広く探検し、植民地を建設した。ニューアムステルダム（のちのニューヨーク）を含む北米大陸の北東部を領有する一方で北部探検も行なった。ハドソン湾に名を残す英国人探検家ハドソンは、オランダ東インド会社の社員だった。ニューホラント（のちのオーストラリア）、タスマニア、ニューゼーラント（のちのニュージーランド）もオランダがイギリスよりも1世紀前に足跡を残している。こうしてオランダは、のちの大英帝国に劣らぬ「オランダ海上帝国」を作り上げ、西半球の富をアムステルダムに集めたのだった。

オランダ経済の躍進

スペインとの八十年戦争の戦費をまかないながら、なぜオランダ経済は大躍進して海上帝国を築き上げられたのか。

第一の理由は、植民地貿易に加えて、ヨーロッパの倉庫、貿易の中継地としての役割を果たしたことが大きい。東・中欧、ロシア全域に及ぶ大通商貿易地域であるバルト海と大西洋に面し、中欧貿易の幹線であるライン川の河口に位置するオランダは、ヨーロッパの中継貿易の中心地となるには最適だった。

第二は、外国人の移住を進め産業や技術の流入を図ったことである。オランダの外国人移住奨励策のおかげで、南部からの避難民に加えてヨーロッパ中の迫害から逃れた新教徒やユダヤ人が流入し、1609年の人口は350万人に達して英国とならび、経済が急成長したのだ。

造船、海運業の発展はいうまでもなく、年間2000隻の建造能力を誇る造船所とそれによって作られた商船隊は3万5000隻(1634年)に及び、オランダ一国の船舶数がほかのヨーロッパ諸国全部に匹敵するほどの大海運帝国でもあった。

さらに、農産品も安価な穀物を輸入できたため、より付加価値の高い酪農が発達し、チーズやバターの大輸出国になった。このような資本集中的な農業のおかげで、農業人口を海運、漁業、製造業に振り向けられるようになり、さらなる成長が可能になった。

オランダ――世界の商業の中心となる

これらの経済発展に加えてオランダを世界の商業の中心にしたのは、世界最大で最も進んだ資本と商品の取引の中心となったことが大きい。

1609年には中央銀行としてアムステルダム銀行が設立され、信用制度を確立したが、イングランド銀行に先立つこと75年である。1611年には、有力商人たちの集まる居酒屋、コーヒー・ハウスから発展した商品取引、両替、保険を扱う総合的な取引所が完成した。商品の相場表は1580年から毎週発行されており、先物取引も盛んに行なわれたため、アムステルダムは単なる商品の取引所ではなく世界貿易の価格と流れを調整する機能を果たした。

こうしてオランダが商業、金融の中心として独占的な地位を確保すると、物資の買占め、価格の操作などで独占利益を上げることも可能になった。各国が真似しようとしても、その独占は簡単には崩れなかった。

その背景には、オランダの政治経済の実権が各都市のレヘント層に握られていたことがある。こうした有力者たちは皆、船の共同所有者になっており、その数は1隻につきほかの国では多くても二、三人だったが、オランダでは数十人になることも珍しくなかった。これによりリスクが分散されることはもちろん、多様な業種の情報を活かし、それらの利益を横断的に代表する政策がとられやすくなり、国中が一体となって経済利益を追求する体制となっていたのである。

当時はまだ重商主義という考え方はなく、国の優先事項といえば国防と宗教であり経済などは二の次だったが、17世紀初頭のオランダは早くも近代的経済制度の原型を備えた他国とは異質の商業国家となっていた。

忘れられたダウンズ海戦

12年間の休戦期間が終わって1621年には戦闘が再開されたが、陸上の戦線が膠着した一方で、海においてはオランダとスペインは世界中で戦った。

1639年、スペインはかつてのアルマダに匹敵する百隻もの大艦隊を仕立て、オランダ艦隊を撃破して北海の制海権を握ろうとした。

これを迎え撃ったのは名提督トロンプが指揮するオランダ艦隊であり、当初わずか18隻の軍艦だったが、スペイン艦隊を英国海岸に向けて追い詰め、その後あらゆる船を戦闘用に艤装して艦隊を増強して大勝利を収めた（ダウンズ海戦）。

この時のスペイン艦隊は、海上覇権を維持するために振り絞った最後の力だった。この勝利により、ジブラルタル海戦に引き続いてオランダの海上覇権が証明され、スペインはヨーロッパ海域でのシー・パワー競争から脱落した。この意味で、半世紀前のアルマダの海戦の敗北よりも大きな歴史的意義があったダウンズ海戦であるが、その後、大英帝国が栄えてオランダが衰退したために、このトロンプの功績は忘れ去られたようだ。

植民地帝国となったスペインだったが、海外で収奪した金銀を財宝船で運ぶだけに終始し、植民地貿易や国内産業の育成はなされず、貴族中心の政治体制やカトリック信仰は近代的な資本主義社会の形成を妨げ、スペイン経済は停滞した。のちの英仏抗争での一連の戦争では、スペインは各地の領土や植民地を失い、艦隊も大損害をこうむり、そのシー・パワーは衰退した。

オランダの衰退

忍び寄る衰退の影

17世紀前半、まばゆいばかりに繁栄したオランダだったが、やがて滅亡の淵に立つようになる。岡崎久彦はその理由を、『繁栄と衰退と』において一章を割いて論じているが、大きく四つある。

第一は、行き過ぎた地方分権主義だ。オランダでは、七つの州と貴族代表の全会一致が必要で、一致できない時は総督が決定できることになっていた。アムステルダム商人が牛耳るホラント州は自らの発言力を保つために、総督の権限をできるだけ制限しようとして、外交、防衛政策の一貫性を妨げたのだ。

第二に、ホラント州の専横で統一国家の体を失ったことだ。「軍隊を強くすると戦争になる」と考えるホラント州のレヘントたちの合言葉は「平和と経済」であり、総督と軍司令官の廃止を唱え、軍備の一方的削減も主導した。1650年には、総督の急死と共和国軍の七つの州軍への分割により、オランダの国防を統一して担う仕組みのない無総督時代となった。

第三には、オランダという国や国民の信用が大きく失墜したことである。イングランドは、アントワープ攻略戦（1638年）でホラント州がアムステルダムの繁栄を守るため、敵のスペイン軍に武器、弾薬を供給してライバル都市アントワープを切り捨てたことに驚き呆れた。

また、エリザベスが1585年にオランダ出兵を決意した時には、英国はオランダの三都市を担保に借款を供与したが、オランダはジェームズ一世がこの手の取引に疎い（うと）のに乗じて、三分の一ほどの額を即金で払って三都市を取り戻してしまった。騙されたと気づいたジェームズはその後、決してオランダを許さなかったという。同じようなことはいくつもあり、英国人はオランダ人を背信、詐欺師の国民と考えるようになった。フランスもオランダの背信に遭っており、その報復はやがてルイ一四世のオランダ滅亡計画のかたちで現れてくることになる。

第四として、オランダ社会の退廃があった。繁栄のなか、ユトレヒトの盟約で謳った国民皆兵はいまや昔話となり、軍隊も大部分は外国人の傭兵になった。それでも海上での戦いはまだ人気があったが、それは大きな利益を上げられたからである。巨利を得るのに慣れた東インド会社は、地道な海運業をいやがり、もっぱら他国を妨害して貿易の独占に精力を費やした。

オランダは、口では自由貿易を標榜しながら、実際には世界各地でスペイン人を追い出した後、貿易の独占に腐心したのだ。日本との貿易でも、日本側では鎖国としているが、客観的にみればオランダが独占していたのであり、ポルトガルなどのカトリック国を誹謗中傷して追い出したのが真相だ。

英国人の疑問

世界に友人はなく、社会は退廃し、国の舵取りをする者がいなくなった、まさにこのタイミングで英蘭関係が危機を迎えることになる。三十年戦争（1618～48年）が終わり、宗教が国家間の問題でなくなりスペインの脅威が去った瞬間、国家間の経済的な利害対立が急に浮上してきたのだ。まさに、1989年の冷戦の終結にも匹敵する歴史的な転換点だった。

ヨーロッパ中が戦争にかかりきりの時期に、オランダだけがうまく立ち回って不当な利益を得ていたと英仏は不満を持った。フランスはオランダを標的とする強力な保護主義をとるようになる。英国では、繊維産業をめぐって経済戦争の様相を呈し始めていたが、何といっても最大の問題は英国沿岸で行なわれるオランダの漁業であり、英蘭戦争までの40年間の最大の懸案となった。

国際法理論と力の裏付け

この頃、国際法の祖とされるオランダのグロチウスは海洋の自由を論じた『海洋自由論』を発表した（1609年）。英国も、スペインとポルトガルによる世界の大洋分割に反対することではオランダと同じ立場だった。

しかし、自国沿岸の外国漁船の操業を取り締まろうとする英国としては新たな理論が必要となった。1617年にセルデンが発表した『閉鎖海論』がそれで、国家は領土を支配するように沿岸の一定海域を領有できるとして「領海」のもとになる考え方を主張した。

英国は初めのうちこそ無許可で操業するオランダ船を捕らえて身代金を取ったが、オランダが軍艦を出して漁船を保護するようになってからは海軍力でかなわないため止めてしまった。漁業問題に進展が見られるのは英蘭間で海軍力のバランスが変わってからである。

ちなみに、英国が再び海洋の自由を主張するようになるのは、英国海軍が世界の海を支配するようになって以降のことである。18世紀から19世紀初頭にかけて、海上輸送による自由貿易と海軍の行動の自由の確保の要求が高まるにつれ、徐々に沿岸国に当時の大砲の射程だった3マイルまでの「狭い領海」を認める一方で、その外側の「広い公海」では自由競争を容認するというところに落ち着き、「領海・公海の二元的海洋秩序」が慣習国際法となった。現在では、この考え方に基づいて海洋法が法典化されている。

英国海軍の再建

英国海軍はエリザベスの時代以降は荒廃し、チャールズ一世の時代は三十年戦争の真っ只中だったので、目の前のイギリス海峡の安全すら守れなくなったことは前述のとおりである。チャールズは不甲斐ない海軍の再建を図りたいが、金融街シティからの借金はすでに天文学的数字に達し、議会も戦費支出を拒否したため、「建艦税」（有事に軍艦を建造するために国王は議会の承認なしに沿岸都市に課税できた）による海軍力増強に乗り出した（1634年）。

これにより軍艦19隻、武装商船26隻という海軍力が出来上がると、チャールズはオランダ漁船に対する取締りを強化したため（1636年）、英蘭関係は一触即発の状況となった。一方で、有事でもないのにこの制度を乱用して毎年恒常的に税金を徴収したことなどからピューリタン革命（1642〜49年）につながり、当のチャールズは処刑されてしまい、クロムウェル率いる共和制に移行してしまう（1649年）。

第3章　英仏のオランダ潰し

イングランドのオランダ潰し

オランダ潰しの航海条例

共和制となった英国を率いるクロムウェルは驚くほどの寛大さで、オランダに新教国同士の連合を提案したが、オランダはもっぱら経済的利益の拡大にこだわったばかりか、英国私掠船の根拠地を攻撃したり、デンマークと組んでバルト貿易を独占しようとしたりした。

オランダは無総督時代を迎え、国家的立場から英蘭間の世論や海軍バランスの変化などを判断できず、もっぱら商人の頭で交渉をしていたのだ。こうしたオランダ側を見限った英国側は「航海条例」でオランダ潰しに出る（1651年）。

航海条例により、英国に輸入される商品は、生産国（出荷国）から直接に英国船か生産国船で運ばれなければならず、塩蔵魚、魚油などは、英国の船で捕獲され英国人が加工したもの以外は輸入できないとされ、さらに沿岸の貿易は英国人所有の船だけに許されることになった。中継貿易で栄えたオランダの海運業と漁業を狙い撃ちにしたもので、この背景には英国の海軍力の充実による自信があったことは言うまでもない。

この条例により英国も大きな損失をこうむったが、オランダにとっては破滅的だった。そして結果的に航海条例は英国の海運と漁業を発展させ、世界帝国の礎石を築くきっかけとなっていく。一方のオランダではレヘントたちの楽観論のせいで戦争準備を進めることができず、軍事的に優位に立った英国はオランダ船を次々と捕獲し、強硬な要求を押しつけ、気がついた時はもう戦争を避ける方法がないところまできていた。

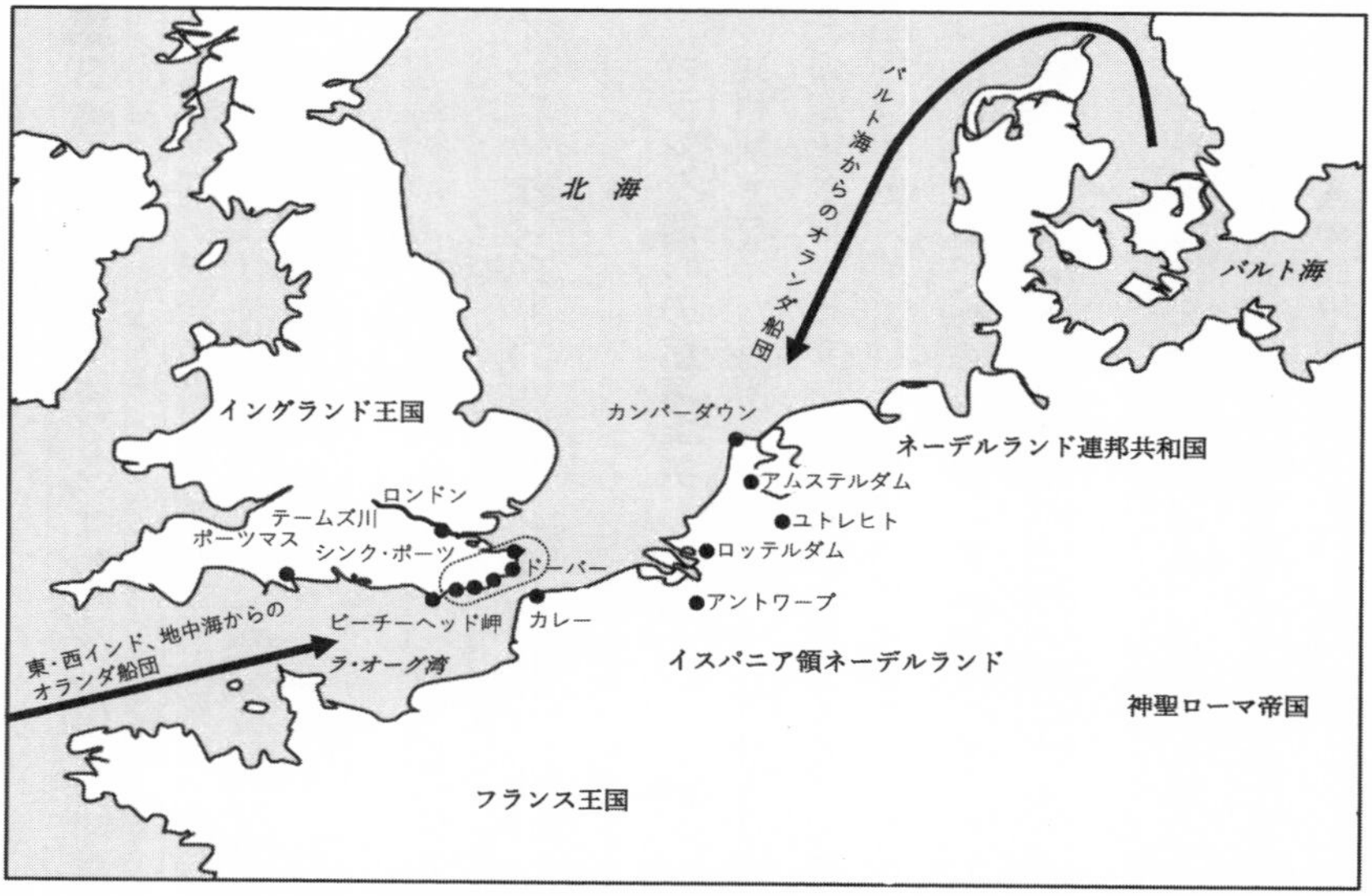

図２ 英蘭戦争の頃のヨーロッパ

戦備も戦意もないまま開戦へ

1652年、ついに衝突が起きる。オランダ艦隊と英国艦隊がドーバー沖で遭遇した際に、オランダ側が旗を降ろして敬礼（通峡儀礼）しなかったとして英国側が砲撃し2隻を沈めたのだ。

オランダ側は、イングランドに譲歩すると政府の弱腰が非難され、総督派の力が復活することをおそれ、英国艦隊攻撃の命令を下す。国の存亡をかけた開戦の決断も国内の政争がらみでなされ、オランダは十分な戦争準備も戦意もないままに戦争に引きずり込まれていった。

この英蘭戦争は、第一次（1652～54年）がクロムウェルの独裁時代に、第二次（1665～67年）と第三次（1672～74年）が王政復古後のチャールズ二世の時代に戦われたオランダの貿易に対する英国の挑戦であり、第三次にはフランスも加わった。

オランダの弱さ

オランダ艦隊は、明らかにイングランドよりも不利だった。第一に兵力の差は明らかで、１６５３年の時点で、英国海軍の大型艦58隻に対して、オランダは小型艦主体のわずか15隻だった。

英海軍はピューリタン革命を通じて革命側に立ったので、クロムウェルは在任中に２００隻以上の軍艦を建造し、乗組員の待遇改善にも努力した。専用軍艦の建造も進んでおり、今は亡きチャールズの建艦税で建造された「ソブリン・オブ・ザ・シーズ」などは１００門の砲を備えた当時世界最強の軍艦だった。

オランダはといえば、その造船能力は圧倒的に大きかったにもかかわらず、戦争が終われば商船に使える武装商船の方が得だと考えられており、レヘントたちが専用軍艦の必要性を認めたのは、オランダ海軍がさんざんに打ち破られ、提督たちがもっといい艦をくれない限り出撃できないと言い出してからである。

第二に、オランダ艦隊は国内の政争を反映して内部対立を抱えており、トロンプとデ・ロイテルという名提督がいながら、その指揮に従わない艦長がいたことだ。この戦争では、陣形を組んだ艦隊運用と砲戦術を組み合わせた高度な海戦術が用いられるようになったが、オランダ側に陣形を乱す艦がいたことは致命的な弱点となった。

第三に、両国の地理的な条件も勝敗に大きな影響を与えた。英国の通商路は大西洋に向かって西に開いていたのに対して、オランダはグレート・ブリテン島によって押さえられている。また年の大半は偏西風が吹いているので、英国を出撃した艦は順風で行動が容易であるのに対して、オランダ側は逆風による制約を受けた。

第四に、英蘭両艦隊に与えられた任務の違いである。英国側は、オランダの経済的優位の破壊のために東インドから帰ってくるオランダ船を積荷ごと拿捕することを第一とし、次いでオランダの漁業やバルト貿易を妨害することに焦点を絞っていた。しかし、一方のトロンプは、英国艦隊の撃滅が主要な任務と考えていたものの、オランダ政府が東インド会社の船団が帰国するたびに商人たちの強い陳情を受けて船団護衛の命令を下したために任務に専念できなかった。

第一次英蘭戦争

イギリス海峡にオランダ船団が帰ってくるたび、多数のオランダ船が英国側に拿捕され、オランダ艦隊も優勢な英国海軍との戦闘で次第に損耗していった。戦争の1年目は互いに勝敗があったが、2年目に入るとクロムウェルの海軍拡張策で戦力を増強したイングランドが海峡の制海権を握った。

オランダ艦隊は港に閉じこもり、沿岸は英国艦隊により封鎖された。貿易は停止し穀物の値段は暴騰し、魚の水揚げもなくなり、多数のオランダ人が飢餓状態になった。銀行、企業の倒産が相次ぎ、東インド会社の株も暴落した。植民地経営にも手がまわらなくなり、西インド会社の本拠地であるブラジルがポルトガルに奪回されるのもこの時である。トロンプが戦死すると、翌1654年、終戦となった。

オランダの復興――王政復古

第一次英蘭戦争は、クロムウェルの変わらぬ親オランダ政策のために中途半端に終わった。漁業の制限は平和条約のおかげで以前とあまり変わらなかったし、航海条例も抜け道だらけだった。多数の商船が拿捕されたが、平和が戻ると高い建造能力を誇るオランダの造船所のおかげで海運、貿易は再び力強く拡大し、繁栄を取り戻した。オランダ東アジア会社は、セイロン島とマラバール海岸（インド南西部）をポルトガルから奪った（1658年）。

オランダとの和平を欲したクロムウェルの死後、チャールズ二世が即位して王政復古（1660年）となる。一度は叩き潰したオランダが急速に復興したことに英国は再び嫉妬した。イングランドは、より確実にオランダを排除できる新しい航海条例を公布し、オランダ叩きを以前よりエスカレートさせた。

英国は、西アフリカのオランダ植民地を略奪、占拠するなど露骨な挑発を繰り返したが、オランダがデ・ロイテルの艦隊を派遣して奪回（1664年）すると、さらに逆恨み的に反オランダ感情が燃え上がった。英国はこの「恨み」を晴らすためにニューアムステルダムを攻略してニューヨークと名づけ、ほかの北米のオランダ植民地も奪取した。

そして、まだ戦争は始まっていないのに英国はオランダ商船を片っ端から拿捕して積荷を戦利品とし、軍艦用の資材を大量に買い付けて、オランダの倉庫を空にしてから宣戦布告をした（1665年）。オランダ商人は迫りくる危険にもかかわらず、高値でありさえすれば喜んでいくらでも売ったという。

第二次英蘭戦争

こうして押し込まれるかたちで第二次英蘭戦争が始まったため、オランダのすることはすべてちぐはぐで、主力艦隊は緒戦で司令官も戦死する惨憺たる大敗北を喫した。この戦争以降、両軍とも敵艦隊の撃滅を主目的とし、あわせて敵国の海岸地域に侵攻して停泊中の艦船や倉庫を破壊するようになった。緒戦以降、いずれの側にも決定的な勝利がないまま経過し、その後、英国側はオランダの港を襲撃して多くの船を焼き、オランダ側はテームズ川をさかのぼり沿岸を砲撃して英国民に衝撃を与えたりする展開となった。

海戦よりもオランダに大きな損害を与えたのは、隣国の雑軍の侵入だった。オランダ陸軍は無総督時代になってから実質的に解散していたため、結局フランスからの傭兵で雑軍を追い払うことになったが、このような貧弱な国防態勢をみてオランダ侵略を狙っていたルイ一四世は大いに喜んだという。

英蘭間の海戦は一勝一敗を繰り返して長引き、オランダは疲弊し、英国も倦んできた。ロンドン大火（1666年）と疫病の大流行で英国の経済が麻痺する事態となって戦争は終わった（1667年）。

戦争中は英蘭両国とも艦隊を本国水域に集中させていたため、その隙をついてスペインやフランスは植民地を強化していた。このため、英蘭両国とも戦争の合間には艦隊を派遣して権益の維持、拡大に努めた。特にイングランドの海外進出は著しく、ノヴァ・スコーシア（カナダ）やジャマイカ島を奪い、いたるところでスペイン船を襲い、エリザベス時代が再来したかのようだった。また、講和条件としてオランダは東インドの香料産地は維持できたが、北米のすべての植民地が英国に奪われた。これ以降、オランダの海上覇権は失われていき、世界貿易の中心がアムステルダムからロンドンに移ることになる。

フランスのオランダ潰し

フランスの敵意

オランダのレヘントたちは、強い反軍思想から国の安全保障はもっぱら「平和外交」に頼ることにし、できる限り多くの国と同盟を結んだが、なかでもフランスとの同盟を最も重要なものと考えていた。

しかし、フランスにしてみれば、スペインという共通の脅威があっての同盟であり、オランダから受けた背信もあって、敵意こそあれ、その同盟義務を守る気ははじめからなかった。それを知ったレヘントたちは驚愕した。

フランスは、第二次英蘭戦争のあいだは英蘭双方が疲弊するのをみていたが、戦争が終わるとオランダいじめをエスカレートさせた。フランスの財務総監となったコルベールは、それまで国庫収入を最大にする目的でかけられていただけの関税を、自国の産業保護と輸出振興の目的に使うという政策をとる。経済史上、革命的ともいえるこの関税政策は、もちろんオランダをターゲットにしており、フランスの海運、貿易、産業を振興させるためオランダを狙い撃ちした非情の政策が次々と実行されていった。

彼はまた、軍備の増強にも努めた。彼の就任時にわずか18隻の軍艦しか持たなかった海軍は、1672年には196隻を擁する大海軍に成長した。陸軍もヨーロッパ最精鋭といわれるまでになった。ルイ一四世はオランダ征服のための布石を着々と打っていった。

お粗末なオランダの臨戦準備

フランスとの戦争が近づくにつれ、議会は成人したオランイェ公ウィレム三世を総司令官に任命しようとしたがホラント州は反対し、結局、議会が選んだ８人の代理が常にウィレムに随伴して戦争を指揮するというおかしなことになった。国軍全部を指揮する司令部は存在せず、このような状況で戦争準備が進むはずがない。オランダは、再び準備がないまま戦争に押し流される。

一方の仏軍の侵攻準備は大規模かつ露骨で、オランダ内の武器弾薬の買い占めにもオランダ商人は喜んで応じる始末で、国境近くの仏軍の倉庫には大量の弾薬食糧が集積された。これを先制攻撃すべしとの意見もあったが、オランダ政治の多数決ルールの下では決断できず、結局補給が完了して、準備万端仏軍が侵攻してくるのを待つ状況となった。

戦争に先立ち、ルイ一四世はイングランドがオランダに戦争を仕掛ければ、仏艦隊をイングランド指揮官の下に置き、ホラント州の領有をも認める密約を結んだ。

第三次英蘭戦争

密約どおりにイングランドが仕掛けて、英仏はオランダに宣戦を布告した（１６７２年）。この戦争が前の二つと違うのは、ルイ一四世の軍隊がオランダに侵攻し、英仏連合艦隊は水陸両用作戦で支援したことであり、海戦に加えて陸戦も展開されたことだ。

オランダは英仏連合の海軍力を前にして民間船を守ることは不可能と判断して、商船と漁船の出港を禁止してしまったので、市民生活はたちまち困窮した。フランスは、オランダを植民地化するに等しい苛烈な降伏条件を示したが、レヘントの多くは総督派に権力を渡すくらいならフランスの支配の方を望んだ。

国の存亡の危機にあって国を売ろうとするレヘントたちに対する民衆の怒りはついに爆発し、オランダ全土で暴動が起きた。アムステルダム市民はホラント州の全議員を罷免し、オランイェ公を迎えることを決定した。

司令官に任命されたウィレム三世は、義務を怠った士官を処刑して軍の規律を正し、英仏からの和平提案を蹴り、フランスの覇権を喜ばないオーストリアやスペインと同盟を結んだ。こうしてオランダは１６７２年の冬を持ちこたえ、７３年になって同盟国からの援軍が加わると仏軍はオランダから兵を引いた。

英国にとっては、オランダが商船の出港を止めたため、過去2回の戦争と違って国民の喜ぶ海上の戦利品が得られなくなったばかりか、大量の失業者となったオランダの船員は、各地で私掠船に乗って英仏の通商路を妨害、掠奪したため、戦争の「うま味」が全然なくなってしまった。

戦争1年目は激しい戦闘が展開されたが、2年目には目立った海戦もなく、英蘭両国とも東西インドの植民地活動に励んだ。

戦争末期になると、オランダは陸上戦闘の弾薬が欠乏したので海軍への補給を止め、水兵の多くは海兵隊に転用された。その直後、英国はオランダ襲撃の大艦隊を編成して海から迫ってきた。海からの攻撃に弱いアムステルダムには、これを防ぐ手だてはなかった。艦も乗組員も弾薬も持たないデ・ロイテルは絶望して「もはや風以外には英国の海からの攻撃を守る手だてはない」と嘆いたが、まさにその時に暴風雨が襲い、英国の攻撃は阻止されてオランダは救われている。オランダにも「神風」が吹いたのである。

オランダ窮地を脱する――名誉革命

こうしてオランダはなんとか生き延びたが、産業の多くは破壊されるか国外に逃れてしまい国土は荒れ果てた。しかも外部の脅威はこれで去ったわけではなかった。

英国をカトリック国に変えようとしたジェームズ二世は国民の強い反発を買ったため、もう一度、国民に評判のよいオランダとの戦争をして国民の関心を外に向けようと考えたのだ。ジェームズは大艦隊を建造して戦争の準備を進めた。英国が対オランダ戦争を始めればフランスの参戦も必至の情勢だった。

すでに疲弊しきっていたオランダは再び戦争の危機に直面した。これを救えるのはもはや奇跡しかないと思われたが、その奇跡が起こった。英国の名誉革命

（1688年）である。英国議会がオランダ総督オランイェ公ウィレム三世を国王として迎え（英国王ウィリアム三世）、ジェームズ二世がフランスに亡命し、戦争が回避されたのだ。

イングランド海軍の発展

第一次英蘭戦争を戦ったイングランド共和制海軍は、管理運営、兵力整備、人事制度など様々に改善され、王室海軍から国家の海軍への転機となった。小林幸雄は次のように述べている（『図説イングランド海軍の歴史』）。

いまやイングランドは税金で艦隊を整備し、これを議会が運用する。換言すれば、国家と国民が艦隊のオーナーとなった。かつての王室艦隊が臣民の貿易を防護するとは考えられないことだった。だが、国民が自分たちの艦隊に自分たちの貿易の保護を要求するのは当然であろう。笛吹きを雇った者が曲目を決めるのは当たり前である。

特に、戦略や戦術を確立したことは、その後のイングランド海軍の発展の基礎となった。戦略面では、海軍の任務として商船隊の護衛が加わり、そのために確保しなければならない制海権の概念が生まれた。あわせて制海権の確保に必要な敵艦隊の撃破を目指す「見敵必戦（けんてきひっせん）」の考え方が英艦隊の行動指針となった。

また、地中海の戦略的重要性も認識された。英蘭戦争の当初、イングランドはイギリス海峡に戦力を集中させるために地中海を放棄してしまい、その隙をついたオランダ艦隊によりイングランドの貿易船はレヴァント（東部地中海沿岸地方）貿易から閉め出されてしまった。このため、戦後、ドレークらが地中海に入って権益の回復を図ったのだが、のちにフランスとの長期の抗争が始まると地中海は軍事的にも重要になり、英国は長年にわたり海軍力を展開することになる。

戦術分野では、帆走海軍史上最も重要な「戦術準則（じゅんそく）」を1653年に制定した。それまでもイングランドは単縦列の戦隊で戦うようになっていたが、戦闘そのものは艦ごとであり、戦隊間の連携も緊密ではなかったので、敵将トロンプが1639年頃から採用した戦隊を単位とする戦術を融合させた艦隊戦術を開発した。準則に定めた整然とした縦列の戦闘陣形を作り、先頭艦に従って艦隊として砲撃を加える戦術は、オランダ艦隊も採用し、以来敵味方の艦隊が単縦列で戦う方式が基本となった（図6、100頁参照）。両軍の海将たちはそれぞれの経験から戦術を編み出し、多くの戦術書が著されたのもこの時期である。

オランダの衰退――戦争でなく経済

ヨーロッパ随一の繁栄を誇ったオランダは次第に衰退する。その直接的な原因は戦争ではなかった。三次にわたる英蘭戦争で国力を消耗したのは確かだが、いずれも中途半端な終わり方であり、衰退を決定づけたのは、次のような経済的な原因によるところが大きかった。

まず、ヨーロッパ諸国の発展につれ、オランダの中継貿易を経ることなく原産地と消費地間の直接取引、直接貿易が増加し、中継市場としてのアムステルダムの地位が低下したことがあげられる。

第二は、中継貿易の衰退にともない、輸入した原料を加工するというオランダの産業が打撃を受けたことだ。この頃には多くのヨーロッパ諸国が重商主義的な保護政策をとっていたが、地方分権や商業都市中心の考え方から国としての保護政策のないオランダの工業は、他国との競争に耐えられなかった。さらにオランダは、北海とイギリス海峡における漁業権を失うなど、その経済基盤が大きく損なわれたこともあり、急速に経済的地位を低下させた。

第三に、オランダの資本家たちは自国の商工業が衰退してくると、より有利な条件を求めて外国に投資したが、これは結果的に外国の競争相手を利することになり、彼らの利益至上主義が自国の経済を衰退させるという皮肉な展開となった。

第４章　英仏抗争
——パクス・ブリタニカへの道

英仏抗争の始まり

フランスとの長期戦争

名誉革命（１６８８年）で英国王ウィリアム三世として迎えられたオランダ総督オランイェ公ウィレム三世がオランダ艦隊でイングランドに到着すると、英艦隊司令長官は恭順の意を示した。ルイ一四世にとってオランイェ公は宿敵だったので、彼が英国王に即位した時点で英仏抗争の火種がまかれ、こののちヨーロッパ諸国では王位継承などで戦争が起こるたびに英仏は敵対することになる。

英仏の海での抗争は１２０年ほどにわたるもので、大きな戦争だけでも7回あり、例外なく海外の植民地に飛び火した。まず、イギリス王位継承戦争（１６８８〜９７年）とイスパニア王位継承戦争（１７０１〜１４年）でイギリスの優位が確定し、その後、オーストリア王位継承戦争（１７４０〜４８年）を経て世界戦争だった七年戦争（１７５６〜６３年）に勝利することでイギリスは大英帝国の基盤を作る。アメリカ独立戦争（１７７５〜８３年）では大植民地アメリカを失ってしまうが、最終的にフランス革命戦争（１７９３〜１８０２年）とナポレオン戦争（１８０３〜１５年）を勝ち抜き、パクス・ブリタニカの時代を迎えることになる。

イギリス王位継承戦争

フランスに亡命したジェームズ二世が王位復活を目指してアイルランドに上陸し、ウィリアム三世自ら率いた王国軍に敗れてフランスに逃げ帰ったのがイギリス王位継承戦争だ。イングランドは、フランスに対抗

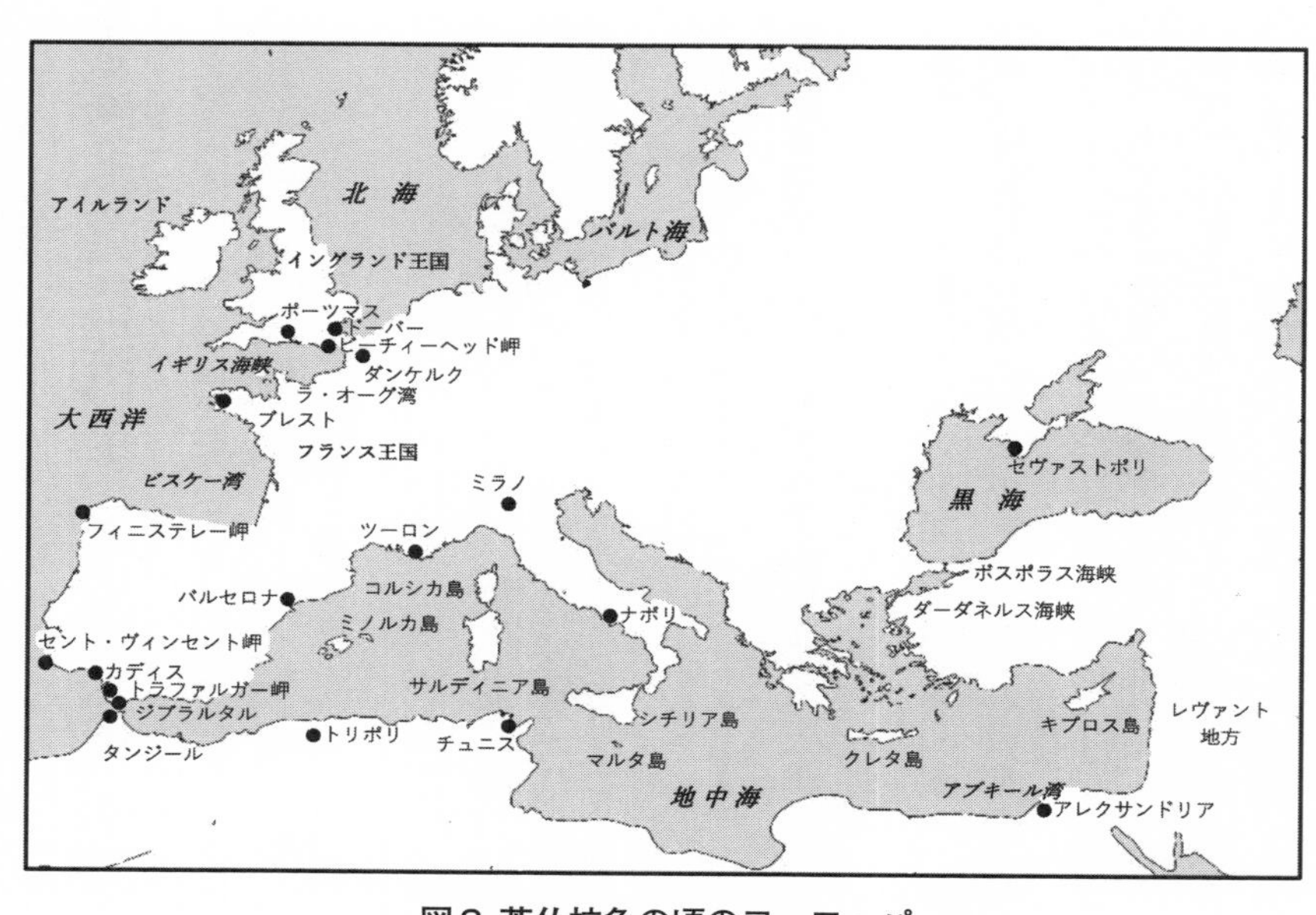

図3 英仏抗争の頃のヨーロッパ

するためにオランダやオーストリアと同盟を結んで開戦した。

イングランドはこの戦争ではじめて大陸に同盟国を持ったのだが、大陸最強の陸軍を持つフランスをどう攻略するかが戦略上の問題になった。「海洋派」は、通商破壊戦で海外資源の輸入を妨げ、国内経済を破綻させることにより戦力を減殺(げんさい)すべしと主張したが、国王ウィリアムをはじめとする「大陸派」は、ルイ一四世が狙うオランダに陸軍を投入して直接対決を目指した。エリザベス時代の大陸勢力均衡政策と異なる戦略だ。

海上では、ハーバート率いる英蘭連合艦隊は圧倒的に優勢な仏艦隊に敗れ（ビーチィーヘッド岬の海戦、1690年）、イギリス海峡の制海権はフランスの手に落ちた。その後、司令長官を交代させ仏艦隊をラ・オーグ湾の襲撃戦（1692年）で破り、ジェームズ二世復活の望みを打ち砕いた。

フランスはラ・オーグの敗戦後、イギリス海峡の制海権の争奪を断念する。英蘭より優勢な仏艦隊を建設したコルベールの後継者たちがルイ一四世の大陸指向政策に盲従したからだ。彼らは艦隊決戦を避け、ブレスト艦隊に私掠船を加えて通商破壊戦を始める一方、ツーロン艦隊は港内に待機させて英艦隊をけん制した。この戦争でルイ一四世は地上戦に気をとられて自らの海軍力が頂点にあったにもかかわらず英艦隊を撃滅しそこね、英蘭両国の復活を許したため、イングランド本土侵攻は実現しなかった。

ハーバートの艦隊保全主義

ビーチィーヘッド岬の海戦で敗れたハーバートは、その消極的な戦いぶりが強く非難され、帰投後は軍法会議にかけられた。彼は「他の戦い方をしていたら、劣勢なわが艦隊は壊滅し、わが王国はフランスに侵攻の道を開くことになったでありましょう。(中略) われわれが艦隊を維持しているかぎり、フランスは侵攻をこころみるはずがないのであります」と弁明し、結局、無罪放免となった(小林、前掲書)。

このようになるべく決戦を避けて勢力を温存して、相手をけん制、抑止するという考え方を「艦隊保全主義(fleet-in-being)」という。ちなみに、ハーバートの消極的な姿勢は、英海軍が英蘭戦争以来、「見敵必戦」を基本方針としていたこともあり、英国海軍史の中では、戦う意思を持たない艦隊が単に「保全」されていても何の効果も発揮し得ないとして批判されている。また、艦隊決戦を避けてツーロン艦隊を港内待機させたフランスは、ハーバート以降、はじめて艦隊保全主義を実行した例となった。

「大陸派」ウィリアム三世の功績

イングランドの「海洋派」から、偉大な将軍だが提督の器にあらずと批判されたウィリアム三世だが、シー・パワーの発展につながる功績も残している。

まず、地中海における制海権の獲得に取り組み、地中海支配国家の基盤を作ったことである。地中海の戦略的意義は、エリザベスやクロムウェルの時代にも着目されていたが、彼は、英蘭連合艦隊を派遣してレヴァント(東部地中海沿岸地方)交易船団を護衛しつつ

スペイン艦隊と共同作戦を実施するなどして地中海にプレゼンスを示し、対仏戦略上の効果を確認した。このの
ち英国は地中海において恒久的な基地を求め始める。また、フランスとの直接対決のため、陸海軍を統合運用したことや、巨額の戦費調達のために国債制度を創設したことなども大きな功績だった。

イスパニア王位継承戦争

続いて起きたのが、スペイン国王の後継者をフランスとオーストリア間で争った戦争である。この後継者争いで英国はオーストリア側に立ち、オランダを加えた対仏同盟を結成して前の戦争で決着しなかったフランスとの対決を決意する。

英国では「海洋派」と「大陸派」の戦略論争が再燃した。海洋派は、再びフランスの戦費調達を妨害するため海上交通路の遮断を主張したが、フランスの海外資源依存度の低さと英艦隊の臨戦準備ができていなかったことから、実行は困難とみられた。結局、またも大陸派の考えが優先され、大陸へ軍を派遣することになった。フランスとオランダの間に防壁を築くためにスペイン領ネーデルランドを制することを第一の目標とし、オーストリア領の安全確保のためにミラノとナポリを制することが第二とされた。

第一の目標は陸戦で達成された。第二の目標を達成するには地中海の制海権を確保する必要があることから、艦隊の策源地としてカディスの占拠に向かった。ここは敵艦隊の地中海進出を制約でき、スペイン財宝船団の捕獲に便利で、自分たちも越冬できるという絶好の港だったが、遠征は大失敗に終わった（1702年）。

英蘭連合艦隊は艦隊の拠点を求めてバルセロナなどを確保しようとしたがまたも失敗、手ぶらで帰国するわけにもいかず、何がしかの戦果を求めて、急きょ守りが最も手薄なジブラルタルを急襲することにした。圧倒的に劣勢な守備隊はあっけなく降伏、英蘭は占領に成功し、期せずして歴史的快挙をあげた（1704年）。

英国は地中海に恒久的な根拠地を獲得でき、その後

トラファルガー海戦（１８０５年）、第一次、第二次世界大戦、フォークランド紛争（１９８２年）などでその戦略的価値をいかんなく活用することになる。

フランスはジブラルタル奪回のために英蘭艦隊と戦うが敗退し、英蘭連合艦隊はさらにミノルカ島を占領してツーロン艦隊をけん制する絶好の拠点を得た（１７０８年）。この後、フランスは制海権の争奪を諦めて通商破壊戦に移行したため大きな海戦もなく、英国は地中海の制海権を維持した。

フランスの通商破壊戦

艦隊決戦の断念がきっかけで始まったフランスの通商破壊戦だったが、海外資源依存度の高い島国イギリスの海上交通路を遮断することは理にかなった戦略でもあった。

当時の英国の貿易は、造船資材のバルト貿易、ペルシャ産などの高級織物のレヴァント貿易、香料の東インド貿易、砂糖とタバコの西インド諸島貿易、そして悪名高い三角貿易の一辺である奴隷を運ぶ西アフリカ貿易などからなっていた。

この貿易船に襲いかかったのがフランス沿岸各地に散在していたフランスの私掠船であり、特に要塞なみに守りを固めたダンケルクの私掠船などは英艦隊でも対処しきれないほどだった。

あまりの被害の大きさに英議会は「護衛艦艇・船団条例」を制定（１７０７年）して、貿易保護のために一定数の軍艦を割り当てることにした。これで徐々に近海の被害は減少したが、英国の海運が全世界的に拡大するにつれフランスの私掠船はより遠方の貿易船を狙うようになり、貿易の保護が英海軍の大きな課題となっていく。

英国の海上での優位獲得

戦争が終結すると、イギリスはフランスから北米ニューファンドランド植民地などを、スペインからジブラルタル、ミノルカ島をそれぞれ譲渡され、ダンケルクの私掠船基地の破壊も約束された。また、西インド諸島方面での奴隷の独占的通商権（アシエント）も確保した。このように英国は大きな利益を獲得して大国への道を歩み始め、海上においても英国の優位が確定することになった。

英仏抗争──大英帝国への歩み

オーストリア王位継承戦争

1740年に起きたオーストリア王位継承戦争は、三つの戦争が連動したもので、戦いの構図も複雑なら戦場も地中海、北米、西インド諸島およびインドまでを含む広大なものとなった。

このうち海で戦われたのが「ジェンキンスの耳の戦争」であり、レベッカ号船長ジェンキンスが密貿易の嫌疑でスペインに拿捕された際に削ぎ落とされたという塩漬けにした自身の耳を暴行の証拠としてイギリス下院に訴えたのを発端とする。英国の地中海艦隊は、ツーロン沖で仏西連合艦隊と戦いを交えた（ツーロンの海戦、1744年）。

この海戦で英艦隊の次席指揮官は、司令長官との対立から自己の後衛戦隊を戦闘隊形へ入れようとしなかったため、英艦隊は仏西艦隊を取り逃がしてしまう。この件で軍法会議が開かれると、次席指揮官は「艦隊戦術準則」を盾に論点をすり替えて弁明し無罪放免となった。さらに彼は、司令長官が「戦時服務規程」に定める適切な艦隊の運用を誤ったとして巧みに告発すると、司令長官は海軍から永久追放されるという理不尽な結果となり大きな禍根を残すことになる。

七年戦争──ビングの銃殺刑

オーストリアは台頭するプロイセンに対抗するため、伝統的なイギリスとの同盟を放棄してフランスとの同盟を結んだ（「外交革命」）。この結果、イギリス・プロイセン対フランス・オーストリアという対立関係となり、それぞれの同盟の盟主イギリスとフランスの対決が地中海とヨーロッパ中部の二正面で始まる。また同時に英仏の北米植民地をめぐってフレンチ・インディアン戦争も戦われた。

フランスは例によって通商破壊戦と英本土侵攻作戦

の準備を始めた。これに慌てた英政府は、海外が手薄になるのを承知で艦隊を英本土周辺に集結させたが、案の定、ミノルカ島が危なくなった。それまでも英政府が同島の防衛を軽視していたのは明らかで、防備指揮官は衰弱した84歳の老将軍で兵力もわずかだった。急きょ戦列艦10隻からなるピング戦隊が派遣されたが、戦隊がジブラルタルに到着した時にはフランス軍は同島をやすやすと占拠してしまった後だった（1756年）。

ミノルカ島を目指すピングの戦隊はフランス戦隊と遭遇し並航戦となると、イギリスの前衛隊は隊列を乱して大損害を受け本隊が接敵できなくなった。ピングは、隊列にかかわらず各艦が最善を尽くして接敵するよう命令すべきだったが、戦闘中止を命じてジブラルタルへ帰投してしまった。彼は、準則違反で海将が軍法会議に問われたツーロンの海戦の先例を思い出したのだ。

島の防備を怠り、ピングに中途半端な兵力しか与えなかった政府は、自らの落ち度を覆い隠すため彼を軍法会議にかけた。ピング擁護の声は各方面から寄せられたが、彼は旗艦の甲板上で銃殺刑に処せられた。これは戦術準則の弊害の最悪のケースであり、司令官の銃殺刑という衝撃的な結果で英海軍に深い傷跡を残した戦争となった。

イギリス海軍の戦意の低下と硬直化

英仏抗争が始まって以来、ハーバートやピングの例にみるとおり、英海軍の戦いぶりは徐々に低調となり、多くの軍法会議で艦長や司令官の無気力、怯懦（きょうだ）、不適切な判断が裁かれた。

この主な原因として、小林幸雄は士官の老齢化をあげている（前掲書）。定年制度がなかった当時は、海峡艦隊司令長官が84歳という例もあったが、その後ナポレオン戦争にかけて若返りが進み、トラファルガー海戦でのネルソンは47歳だった。

また、海軍内にリスク回避の傾向とマンネリズムが蔓延したなかで、「艦隊戦術準則」の呪縛が指揮官の決断を硬直化させたことも大きな原因だった。本来、この準則はそれぞれの艦隊司令長官が制定するものだが、海軍の中央集権化が進むなか、アドミラルティが「常用艦隊戦術準則」として制定した（１７４４年）。そのうえツーロンの海戦後の軍法会議で準則の逐語的な解釈論を展開した次席指揮官が無罪となったことから、準則の文言を絶対視し、これに違反することのリスクが浸透してしまったのだ。

「艦隊戦術準則」の弊害

英仏の戦い方を比べてみると、フランスは艦隊決戦を避けて通商破壊戦への傾向を強め、防勢戦略に徹するようになっていた。海戦は敵艦隊の攻勢を阻止する場合に限り、それ以外の場合には戦闘を回避した。仏艦隊が風下側から仕掛けるのは、風下への避退を容易にするためである。砲戦も艦が波頭に達する直前に発砲し、高い弾道で敵艦のマストや帆を狙い航行不能にすればよしとした。

これに対して、イギリスは敵艦隊の撃滅のため、主導権を握って接近戦に持ち込むために常に風上から接敵した。砲戦は艦が波頭に達した瞬間に発砲し、低い弾道で敵艦の乾舷を撃ち抜き、人員を殺傷し砲台を破壊して、撃沈か乗り込みをかけて降伏させるのがイギリス流なので、混戦の一騎打ちか戦列にこだわらない接近戦が重視されるはずだった。

しかし「艦隊戦術準則」は、前衛・中央・後衛の各戦隊が厳格に戦列を維持することを求めており、敵が敗走した時に限って解列して追撃戦ができるとしていた。

英仏抗争が始まってアメリカ独立戦争までの90年間で英艦隊が鮮やかな勝利を収めた6回の海戦は、いずれも指揮官が敢然と戦列を解いて総追撃戦に移行した場合だった。フィニステレーの海戦（１７４７年）でのアンソンはこの例であり、のちのネルソンは戦列戦を愚行の最たるものとして独自の戦法でトラファルガー海戦での勝利をつかんだ。

こうした例外はあるものの、英海軍にいた多くの勇猛果敢な士官は艦隊戦術準則の犠牲になっていたといえるし、その他の大勢は事なかれ主義で解列そのものを恐れていたのは前述のとおりである。

「海洋派」ピットの登場

話を七年戦争に戻すと、この戦争は大西洋、西インド諸島、インド洋、そして太平洋といった広大な戦域に広がり、初の世界戦争というべきものだった。イギリスの国務卿（大）ピットの構想は、戦争目的をアメリカ植民地の保全と拡大に限定し、ヨーロッパ大陸の戦いはプロイセンに任すという明快なものだった。そして北米での勝利の必須要件は大西洋での制海権の獲得であるとして、海軍には仏艦隊の封じ込め、大西洋の海上輸送の防護、陸軍作戦の援護の三つを任務として与えた。まさに「海洋派」の戦略だ。

ピットの基本戦略は、制海権を握ってフランスとカナダ植民地の連絡を遮断して6万人もの仏入植者を干上がらせ、仏艦隊を封じ込めて同国の海運を遮断、その継戦能力を枯渇させるというものだった。さらに、敵の戦争努力をヨーロッパ、アメリカ両大陸、そして大西洋に分散させれば、その効果は計り知れないと考えたのだ。

ピットは海軍卿以下、提督や将軍も能力本位で重用した。ピットの登場で、ピングを生贄（いけにえ）にした政治の優柔不断は払拭され、各方面で戦局も好転した。

一方、イギリスの同盟国プロイセンは、苦戦を強いられた。七年戦争では、イスパニア王位継承戦争のように英艦隊がオーストリアのために地中海に引っ張られることはなかったが、当初、プロイセンはロシアけん制のためにバルト海派遣を要請してきた。ピットは賢明にもこの要請を断り、代わりに地上軍1万人を派遣した。これによりイギリスはピットの狙いどおり強力な戦隊でブレスト艦隊を閉じ込め、フランスの英本土や沿岸航路への攻撃、さらには北米植民地向けの海上軍事輸送を阻止できた。

フランスはイギリスの海外植民地作戦をけん制するために英本土侵攻作戦を開始したものの（1759年）、厳しい監視下にあった仏艦隊は次々と英艦隊に撃破され、作戦はあえなく失敗した。

カナダとインドの獲得

フレンチ・インディアン戦争では、イギリスの派遣戦隊は、世界初の本格的な両用作戦とされるケベック上陸作戦を成功させ、1760年にはモントリオールを陥落させて休戦、イギリスはカナダ全土を手に入れる。

インドでは、イギリスはベンガル地方をめぐるプラッシーの戦いで勝利し（1757年）、インド南東部沿岸での3回の海戦を制して仏側を降伏させ（1761年）、インド全体の支配権を獲得した。

西インド諸島では、英仏戦隊による通商保護作戦が始まったが、ここでもイギリスは優勢に戦いを進め、フランスの本拠地マルティニクをはじめとする島々を占領した（1762年）。

世界大戦の勝利――大英帝国へ

1763年、パリ条約によりフレンチ・インディアン戦争と七年戦争に終止符が打たれた。この条約によって、イギリスはフランスからカナダとミッシシッピー川以東のアメリカ植民地を獲得するとともに、インドも手に入れた。地中海においてはミノルカを取り戻して通商保護の拠点を確保し、西インド諸島でも若干の島々を得た。

フランスは西インド諸島の小島とインドのごく一部を確保したに過ぎなかった。スペインはキューバとフィリピンを返還されたが、これらの植民地を自ら守れないことを世界にさらした。

イギリスは、この初めての世界大戦の勝利者となり、北米大陸とインド亜大陸における覇権の基盤を構築し、ピットは大英帝国の創始者となった。また、ピットの戦略である制海権の獲得の正しさが立証され、大英帝国が世界の海を支配して、パクス・ブリタニカと呼ばれる海洋覇権を作り上げる大きな一歩となった。

この後、英国に対する北米植民地の反発からアメリカ独立戦争が始まり、北米植民地のほとんどを喪失したフランスは財政が逼迫し、フランス革命につながっていく。

アメリカ独立戦争

初期の海上作戦

英領植民地の独立運動は、英陸軍と植民地民兵の武力衝突へとエスカレートし、アメリカ独立戦争が始まった（1775年）。

植民地連合の実質的な中央政府である大陸会議は、わずかな武装船で大陸海軍を創設（1775年）、私掠免許状を発行してイギリス沿岸を含む大西洋で通商破壊戦を開始した。米海軍の誕生である。

英海軍は1778年頃までは、主に北米沿岸、湖や川において陸軍への支援作戦を行なっていたが、七年戦争後の海軍予算の削減で戦力が大幅に低下したため、北米海域に50隻、西インド諸島方面には10隻足らずしか展開できなかった。このため大陸海軍の私掠活動への対応にも苦戦し、ボストンの英陸軍への補給路も断たれるほどだったし、西インド諸島からの植民地軍の武器弾薬の密輸なども阻止できなかった。アメリカの私掠船は戦争中に600隻もの英国船を拿捕した。

フランス参戦後の海上作戦

1778年にはフランスが参戦してイギリスの主敵となる。フランスの狙いは、植民地の独立により仇敵（きゅうてき）イギリスを弱体化させるとともに、アメリカという有力な同盟国を得ること、そして西インド諸島方面からのイギリス勢力の一掃だった。フランスに続いて、ミノルカ、ジブラルタルおよびフロリダを取り戻す絶好の機会とみたスペインも参戦してきた。

また、イギリスは伝統的な同盟国オランダが自国を裏切ってアメリカと同盟を結ぼうとしていることをつかみ、オランダにも宣戦する。さらにロシアが北欧諸国を誘ってイギリスの戦時禁制品の臨検に対する武装中立同盟を結成するに至って、イギリスはほぼ全ヨーロッパを敵にまわすことになった。

減勢した英海軍に比べると、フランスは七年戦争後には戦列艦80隻などを建造して着々と再建されていたし、スペインも既就役艦60隻に40隻を追加しつつあり、1779年には仏西連合がイギリスを戦列艦の隻数で上回り、年々その差は開いていった。このように有力な海軍国がこぞって参戦したため、戦域は必然的に西インド諸島やインド洋にも拡大し、激しい海戦が繰り広げられることになった。

当初、英海軍の司令官らは本来同国人であるアメリカ人と戦うことに戸惑っていたが、フランスが相手となると各地で激しい海戦が起きた。北米海域やブレスト沖での海戦では勝敗はつかず、戦局にも影響しなかったため、主戦場は当時最も豊かな資源地帯であり海上交易路の集まる西インド諸島海域へ移った。フランスは同海域からのイギリス勢力の駆逐を狙っていたし、イギリスにとっても同諸島は戦費調達のために不可欠だった。しかしここでも決定的な海戦は起きず、優勢な仏戦隊は英艦隊の動きを封じ込めてしまった。

この戦争でもフランスは英本土の侵攻作戦を計画し、スペインとの連合艦隊を編成したが、連合艦隊側の指揮の乱れと天候悪化で頓挫した（1779年）。この間、スペイン軍はジブラルタルの包囲を固めていたが、救援に向かった英艦隊にスペイン艦多数が捕獲された。艦底が銅板で覆われたイギリス艦の高速力のなせる技だった。

チェサピーク湾の制海権

北米での戦いでは、イギリス軍はサウス・キャロライナのチャールストンを占領する（1780年）が、植民地軍の内陸への誘引策にのせられてチェサピーク湾南西部のヨークタウンまで進出してしまい、補給不足に陥っていた。イギリス軍の拠点はニューヨークにあったので、ヨークタウンとの連絡線は海路だけになり、チェサピーク湾の制海権を決する英仏艦隊の戦いに戦局がかかってきた。

西インド諸島に展開していた英仏の艦隊はチェサピーク湾に急行した。英仏艦隊は二度にわたって戦火を交えたが、英艦隊が戦列にこだわる過ちを犯したこともあり、チェサピーク湾の制海権をフランスに握られてしまう（1781年）。米仏連合の陸軍はこの海戦と呼応してヨークタウンのイギリス軍を包囲すると、ほどなく降伏して北米の戦闘は実質的に終わった。チェサピーク湾の制海権が独立戦争の勝敗を決したのだ。

セインツの海戦――敵戦列の突破

チェサピーク湾の海戦が終わると、フランスの次の目標は参戦目的の一つだった英領ジャマイカの攻略だった。ジャマイカに向かう仏艦隊に対し、ロドネー率いる英艦隊はほぼ互角の兵力で会敵、仏艦列の隙間に突入し、これを分断、混乱に陥れ、退却させ、ジャマイカ攻略を阻止した（1782年、セインツの海戦）。

この海戦で行なわれた敵戦列の突破は、それまで危険な戦術であるとして事実上封印されていたものを成功させたロドネーの名声を高めたが、のちに単なる成り行きの結果であることを本人が明らかにしている。

いずれにせよこれをきっかけとして、英艦隊はのちのフランス革命戦争やナポレオン戦争において、戦術準則にこだわらず敵の戦列に突入、分断して決戦を強要するという戦術でしばしば勝利を得るようになる。

イギリス海軍の敗因

インド洋でも英仏戦隊は激しい海戦を繰り返したが、決着のつかないまま休戦となり（1783年）、英軍の撤退で終戦となった。

フランスは西インド諸島の島々、アフリカの一部、インドの既存施設と交易権、そしてニューファンドランドの漁業権を獲得し、スペインはミノルカを獲得し、フロリダを譲渡された。イギリスは西インド諸島の島々やジブラルタルなどは確保したが、七年戦争で築いた大英帝国の基盤からアメリカという最大の植民地を失ってしまった。

イギリスの根本的な敗因は、伝統的な国家戦略であるヨーロッパ大陸の勢力均衡政策をとらずに敵を増やしたことであり、七年戦争後の艦隊の整備を怠り、チェサピーク湾の海戦に見るように硬直的な戦術で決定的な時期にアメリカ沿岸の制海権を失ったことだった。

ピットの建艦政策

アメリカ独立戦争後のイギリスは、深刻な財政難に陥り、外交でもヨーロッパで孤立した。このような苦境にあっても、首相（小）ピットは強い反対を押し切って、歳入の1割を艦艇建造費に充てるようにした（１７８３年）。この政策は20年後のトラファルガーの海戦で報われることになる。

第一次露土戦争（１７６８～７４年）で黒海沿岸への進出を果たしたロシアは、黒海艦隊の編成とセヴァストポリの軍港建設に着手（１７７６年）し、南下政策を進めてきた。ついで第二次露土戦争（１７８７～９１年）ではロシアがトルコを制覇する勢いをみせた。

こうなるとロシア艦隊が地中海へ進出してエジプトも征服しかねず、イギリスの植民地戦略上重要な陸路スエズを経由するインド航路が脅かされることになってしまう。こうした危機に際して、イギリスが艦隊で断固たる対応ができたのは、ピットの建艦計画のおかげであり、アメリカ独立戦争終結時に58隻まで減少していた戦列艦が、この頃には93隻まで回復していた。

フランス革命戦争

英仏抗争の最終段階の始まり

フランス革命（１７８９～９９年）が激化してくると、革命潰しを狙ったヨーロッパ列強の侵攻とフランスの反撃によって戦争が始まった。１７９３年、フランス国民議会はイギリスとオランダに対して宣戦布告し、イギリスはオーストリア、オランダ、プロイセン、スペインなどと第一次対仏大同盟を結成する。フランス革命戦争とその後のナポレオン戦争の22年間にわたる英仏抗争の最終段階の始まりである。

戦争が始まるとイギリスでは、「海洋派」と「大陸派」の伝統的な戦略論争が再燃した。「大陸派」は、フランスの周辺国を支援して、のちにナポレオンが「イングランドを狙うピストル」と呼ぶ沿岸地域を支配させないようにすべきと考えた。一方、ピットに代表される「海洋派」は大陸派を退け、海軍力でフランスの貿易と植民地を叩いて、戦時経済の財源を断ち切ることにした。

仏艦隊は、革命で多くの経験豊富な指揮官を失ったばかりか、どの艦も訓練不足のまま戦争に突入していた。しかし、フランスは自給自足の広大な大陸国家で、海運や植民地への依存度もイギリスほどには高くなかったため、その艦隊を随時、通商破壊など攻撃目的にまわすことができた。このため、イギリスは防衛のための兵力を広く張りつけなければならず、対仏同盟側の戦列艦がフランスの3倍以上あったとはいえ、同盟国の戦意は低くあてにならなかった。

それでも、英艦隊がアメリカからの帰国船団を護衛中の仏艦隊と大西洋で交戦し大勝利を収めると（「栄光の6月1日」、1794年）、またもやフランスは制海権の獲得をあきらめ、ルイ一四世時代の通商破壊戦に移行してしまう。

イギリスの苦境

戦争に疲れたフランスは、プロイセン、オランダ、スペインと次々に講和を結んだため、イギリスの同盟国はオーストリアのみとなり対仏大同盟が崩れた（1795年）。しかもオランダを失ったことでイギリスは大陸への橋頭堡を失い、本土侵攻の危機にさらされるとともに、建艦資材を供給するバルト貿易までも脅かされた。

1796年には、27歳のナポレオンのもとフランスは次第に優勢になり、スペインとともにイギリス侵攻のため艦隊を集結させ始めた。この集結中のスペインの大艦隊を発見したのがネルソン戦隊であり、司令長官の命令を無視して戦列を離脱してスペイン艦隊に突っ込み、圧倒的な勝利を収め、イギリス侵攻計画を頓挫させた（セント・ヴィンセント岬の海戦）。

こうしてイギリスは、当面の英本土侵攻の脅威から逃れることができた。しかし、陸戦に強いフランスはすでにイタリアとベルギーを制覇し、オーストリアと和睦し、オランダを傘下に収めている。それに引き換えイギリスは一国でフランスに敵対するという苦境に立たされていた。

ナポレオンエジプト遠征軍との戦い

１７９７年末、ナポレオンはパリに凱旋したが、彼はすでに紅海経由でインドに向かうことを考え、まずエジプトを攻略してこの地方のオスマン・トルコを駆逐することにし、直ちにエジプト遠征作戦の立案にとりかかった。

　翌年、ネルソンは地中海に派遣され、ナポレオン遠征軍に対する索敵を開始する。３カ月後、ようやくアブキール湾（エジプト）に錨泊している仏艦隊を発見したネルソンは、直ちに仏艦隊の錨泊列線の至近距離に投錨し、夜を徹して猛烈な砲火を浴びせた。

　仏艦が通常の艦首錨だけだったので風で振れ回って砲撃が思うにまかせなかったのに比べ、英艦は艦首と艦尾それぞれに錨を打ち、錨綱を自在に操って艦の向きを変えながら砲撃できた。すべてはネルソンの周到な計画にもとづく完勝だった。

　このアブキールの勝利により、イギリスは地中海の制海権を奪回しミノルカ島を占領した。そして、イギリス、ロシア、オーストリア、ポルトガル、トルコおよびナポリからなる第二次対仏大同盟を結成したが、ロシアは地中海への進出、オーストリアはイタリアの旧領土の回復、トルコはエジプト内の領土の保全という具合に各同盟国の狙いはまたもやバラバラだった。

　フランスは地中海の制海権を失いエジプトへの兵站線を維持できなくなったため、エジプト侵攻作戦は頓挫した。パリにもどったナポレオンは、事実上の独裁体制を確立する（１７９９年）。

ネルソンの「命令無視」

地中海進出の野心を持つロシアはマルタ島を狙っていたが、イギリスが同島を占領したことで関係が悪化した。このためロシアは、帝国内の海港へのイギリス船の出入りを禁じて、スウェーデン、デンマークおよびプロイセンと同盟（第二次武装中立同盟）を結成したため、第二次対仏大同盟は瓦解した。

この中立同盟がイギリスにとって問題だったのは、バルト海方面から艦艇建造資材を輸入できなくなったことであり、イギリスはロシア、スウェーデン、デンマークの対仏貿易船の拿捕を警告したのち、コペンハーゲンを攻撃するという強硬手段に出た（1801年）。

英艦隊は次席指揮官ネルソンの指揮で、多くの陸上砲台によって守られたコペンハーゲンの敵陣に突入した。英艦隊の形勢が悪くなったため不安になった首席指揮官は「交戦を中止せよ」との信号を送ったが、ネルソンはもともと見えない右目に望遠鏡をあて「私には何も見えない」とうそぶき「信号16番（交戦せよ）は釘付けにしておけ。それが私の応答信号だ」と怒鳴ったという逸話がある。やがてデンマーク側の砲は沈黙し、コペンハーゲンの海戦は英艦隊の圧倒的勝利で終わった。ネルソンの「命令無視」は今回も不問に付された。

この戦争でイギリスとフランスは、それぞれ海戦と陸戦で勝ち続けたため、なかなか講和に至らなかったが、1802年、アミアンの和約により10年間に及んだフランス革命戦争は終結した。しかし、和約の取り決めはほとんど守られず両国関係は再び悪化する。

ナポレオンのイギリス侵攻作戦

1803年、イギリスが再度フランスへ宣戦すると、ナポレオンは直ちにイギリス侵攻を決意する。侵攻計画はイギリスの対岸に16万5000人の陸兵と2000隻近くの輸送船を用意し、ブレスト艦隊が兵力2万人をもってアイルランドに向かうことで陽動し、その隙にツーロン艦隊が海峡の制海権を確保して主力を上陸させるというものだった。

作戦準備が遅れたため、1805年にようやく発動になったが、初動であえなく失敗した。風任せの帆走軍艦が広い海域で主作戦と陽動を同期させるのはそもそも無理な話で、作戦は大幅に変更される。新しい陽動作戦は、はるか西インド諸島に主力の仏艦隊全部を派遣して英艦隊の分散を強いるという途方もないものになった。

当初の計画から1年以上の遅れで2回目の発動となるが、主作戦を担当するはずのブレスト艦隊は英艦隊に封鎖され身動きできず、陽動作戦担当のヴィルニューヴ率いるツーロン艦隊はなんとか脱出したものの、ネルソン率いる英艦隊による追跡を受けカディスに逃げ込んでしまい、実質的にこの時点で英侵攻計画は失敗した。

トラファルガー海戦

イギリス侵攻を諦めたナポレオンは、オーストリア攻略の準備にかかり、カディスに封鎖されて役に立たなかったヴィルニューヴを更迭しようとする。すると、その噂を聞きつけた本人は大いに焦り、怯懦（きょうだ）の汚名をそそぐため、急きょ艦隊を率いて出撃した。

ほどなくヴィルニューヴ率いる仏西連合艦隊はトラファルガー岬沖でネルソン艦隊に捕捉され、遭遇戦となる。トラファルガー海戦の始まりだ。カディスに避退する動きを見せる単縦陣のヴィルニューヴ艦隊に対して、ネルソンは2列の縦列で突入して5時間の激しい混戦を制した（トラファルガー海戦、１８０５年）。

トラファルガーの大勝利が当時のイギリス中を沸き立たせ、今なお語り継がれるのは、イギリス側に喪失艦がなかったのに対し敵が18隻という一方的な勝利だったこと、そして祖国をフランスの侵攻から救ったからとされる。前者の戦果は事実であるが、後者のフランスの侵攻から救ったことは、すでにナポレオンは対英侵攻を諦めていたことから、歴史の後知恵として見れば間違いということになる。いずれにせよナポレオンは、トラファルガー後もプロイセンとオーストリアを制するなど依然として優勢で、この海戦が戦争の大勢に直接的な影響を及ぼすことはなかった。

大陸封鎖令とナポレオンの没落

仏艦隊はトラファルガーで惨敗し、イギリスを攻略する物理的手段はなくなっていたので、大陸制覇を達成したナポレオンは、イギリスを孤立させ弱体化させるために大陸封鎖令を出す（１８０６年）。これはイギリスが先に出した大陸沿岸の諸港に対する封鎖宣言に対する対抗措置でもあり、大陸とイギリスおよびその植民地との交易、通信を禁止するものだった。

イギリス経済は不況となり、フランスの私掠船の跳梁なども あり国内情勢が悪化した。ヨーロッパ諸国は封鎖への参加を余儀なくされたが、各国の経済は産業革命で工業の発達したイギリスとの通商なしには成り立たず、離反する国が後を絶たなかった。このため、ナポレオンはポルトガルを従わせるための派兵でイベリア半島戦争（１８０８～１４年）の泥沼にはまり、ロシアを罰するための遠征で大敗（１８１２年）して没落を決定的にしてしまう。

パクス・ブリタニカの到来

トラファルガーまでの数回の大海戦において、ネルソンをはじめとする英艦隊の司令長官たちは戦術準則の束縛から離れ、積極果敢に敵艦列に突入して勝利を重ね、海上におけるイギリスの制海権をゆるぎないものにした。

英海軍は、フランス革命戦争とナポレオン戦争を戦い抜く間に大拡張された。アメリカ独立戦争終結時に戦列艦58隻、フリゲート１９８隻だったものが、ナポレオン戦争終結時には２０２隻と２７７隻になっていた。このような大拡張を支えた海軍予算は、イギリスが世界に先駆けて成し遂げた産業革命のもたらした経済力によってまかなわれたことは言うまでもない。

英海軍による海上覇権の確立により、海上貿易はナポレオンに制圧されたヨーロッパ大陸とアメリカ合衆国を除けば、イギリス商船隊の独占に近いものとなった。ナポレオン戦争の頃には、テームズ川の両岸に貿易相手先ごとに多くの桟橋が作られ、ロンドン港は大いに繁栄した。イギリス経済の高度成長のおかげで拡張された海軍力は世界の海で覇権を確立し、そのことがイギリスの貿易を伸ばしてさらなる高度経済成長の基盤となったのだ。

ワーテルローの戦い（１８１５年）で仏軍が壊滅し、ナポレオンが最終的に退位、フランス革命以来20年以上にわたった大戦争が終結した。以後、イギリスにとって、ナヴァリノの海戦（1827年）やクリミア戦争（1853〜56年）に加えて植民地をめぐる小戦争はあったものの、他国と海上覇権をかけて争うような戦争は約百年後の第一次世界大戦（1914〜18年）まで起こらなかった。イギリスの世紀、「パクス・ブリタニカ（Pax Britannica）」が到来したのだ。

第5章　パクス・ブリタニカ

パクス・ブリタニカとは

1815年までのライバル国との長期間の抗争が終わった時、イギリスは他を経済的、軍事的に圧倒する強力な国家となっていた。それまでの海軍の決定的な勝利によってイギリスは商業貿易で莫大な利益を上げ、これが産業革命の起爆剤になった。産業革命はイギリスが継続的に成長するための基盤となり、かつてない規模の植民地とあいまって工業、商業、運輸、保険、金融におけるイギリスの支配を推し進めた。

イギリスの植民地は全世界に広がり「太陽の没することのない」一大植民帝国を形成した。イギリスは植民地との貿易で繁栄し、世界の海はイギリスと植民地を結ぶ交通路となって、挑戦を受けることのない強大な英海軍がその安全を保障していた。この「貿易、植民地、海軍」という戦略と経済の三角形を強固にすることによりイギリスは世界帝国となったのだ。

このように強大なイギリスの主導のもとに平和が維持された状態を「パクス・ブリタニカ」と呼び、ナポレオン戦争が終結した1815年から第一次世界大戦が勃発する1914年までの1世紀の間は、まさにイギリスの世紀といってよかった。

自由貿易主義への転換

パクス・ブリタニカの基盤にあるものは、イギリスが18世紀後半以降の産業革命によって、その生産力を飛躍的に増大させ「世界の工場」として圧倒的優位を保持していることだった。19世紀半ばのイギリスの工業生産を見ると、世界の石炭の三分の二、鉄や綿織物の半分を生産していた。この圧倒的な工業力をもって、イギリス製品は世界中に輸出され、世界の新しい市場や資源の開発にはロンドンの金融筋の投資・融資が広く行なわれ、ポンドは最も信用ある通貨として世界に君臨した。

イギリスは、それまでの2世紀の間、独占と国家の力によって富を育む「重商主義」で拡大してきたが、それによって圧倒的な勝利を収めると一転して「自由貿易主義」に転換した。工業、商業、海運、金融において大きなリードを掴んだイギリスは、世界貿易が拡大すればするほど利益を上げられるような経済構造になり、もはや重商主義で自国の産業を保護する必要がなくなったのだ。関税を引き下げ、航海条例や穀物法を撤廃し、植民地を持つことによりイギリスはさらに世界経済を支配しやすくなった。

ほかの国々は、イギリスの変わり身の早さに当惑しつつも、自由貿易をある程度取り入れ、それぞれに利益を得て、新しい世界経済の仕組みに対応していった。

帆船から蒸気船へ――海運業の発展

19世紀前半は、高速帆船(クリッパー)の全盛時代であり、木材資源の豊富なアメリカが世界の造船業をリードしていた。その後、蒸気船への移行と木造船から木鉄交造船、鉄船、さらに鋼船へと推移していく。耐火性、水密性に優れた鉄船や鋼船は、木造船よりもはるかに軽量で、なによりも材料の調達が容易だったので急速に普及した。

帆船から蒸気船への転換に乗り遅れまいとする列強は、汽船会社に補助金を出して郵便物の輸送を定期郵便船に担わせることで、帆船から蒸気船への移行をバックアップした。イギリスではＰ＆Ｏ社がアジア・オセアニア方面、キュナード社が新大陸方面の定期輸送をそれぞれ請け負った。特にＰ＆Ｏ社は、１８５８年に東インド会社が解散するとイギリスの「帝国の道」の新たな担い手となった。

蒸気船の普及にともない、各地に石炭の貯蔵所を設け、石炭を補給しながら長距離を航行する仕組みが発達し、１８７０年代以降、列強が石炭の貯蔵所のネットワーク、航路を確保するために「海上の道路」の主導権を奪い合う時代となった。

また、19世紀は世界史上、最大規模の海上の民族移動が行なわれた世紀でもあった。１８２０年からの百年間でヨーロッパからだけでも北アメリカへ３６００万人、南アメリカへ３６０万人、オーストラリア、ニュージーランドに２００万人がそれぞれ海路で移住した。

特にアメリカ大陸への移住者は大農場を一気に開発し、大量の生鮮食品を高速で運べる冷蔵庫を備えた蒸気船の出現とあいまって、都市人口が急増していたヨーロッパの新たな食料供給源を築いた。また、南北戦争後にアメリカが急激な経済成長を遂げると、ヨーロッパとアメリカ双方向のヒト・モノ・カネの移動が盛んになり海運業が大きく発展した。

こうしてイギリスの海運業は、かつてのオランダに完全にとって代わり、19世紀前半に帆船から蒸気船への切り替えを行なうことによりアメリカからの挑戦を退け、１８９０年までに世界のほかの国全部を合わせたよりも多い商船を保有した。加えてイギリス船は国内で産出する良質炭の輸出により往路においても稼げたので、外国船に対してさらに優位に立てた。

世界一の商船隊は広域にわたる商品流通を支配し、そのための保険業務もロンドンに集中するようになり、コーヒー・ハウスから始まった保険取引所ロイズは大きく発展した。ロンドンの金融街シティでは、官民の借入れ、商品売買、通貨交換、船舶のチャーター、保険の手配などあらゆる経済活動が行なわれ、これら多数の関連した部門の優位の組み合わせからイギリス経済の世界的優位がさらに強化された。

戦略的要衝の獲得

産業革命が進展すると、まず原料の供給地や製品の市場としての植民地が求められた。その一方で、海上交通上のチョーク・ポイント、艦隊の泊地や石炭の補給地、さらには海底ケーブルの中継地といった戦略上の観点も植民地の選定において重視された。

イギリスは、ナポレオン戦争後のウィーン会議（1814～15年）で多くの戦略的要衝を獲得した。

地中海の抑えの強化としてマルタ島とイオニア諸島（ギリシャ）、インドや東洋への航路を押さえる拠点として大西洋のガンビア、シエラレオネ、アセンション島、西インド諸島のセントルシア、トバゴ、ガイアナ、アフリカ南端のケープタウン、インド洋ではモーリシャス、セイシェル、セイロン島、さらに東のマラッカを得た。

これ以降も植民地の拡大は続き、南シナ海の入口を押さえるシンガポール（1819年）、ホーン岬を監視するフォークランド諸島（1833年）、紅海の入口を押さえるアデン（1839年）、さらにはアヘン戦争（1840年）を経て貿易拠点である香港（1841年）を加えた。

さらに19世紀末までに、アフリカ沿岸での艦隊拠点となるラゴスとザンジバル、ロシアをけん制する威海衛、その他フィジー、アレクサンドリア、モンバサ、キプロスといった要衝も獲得した。これらの拠点は、のちにイギリスの危機に際してその戦略的価値を発揮することになる。

たとえば大西洋の孤島であるアセンション島は、奴

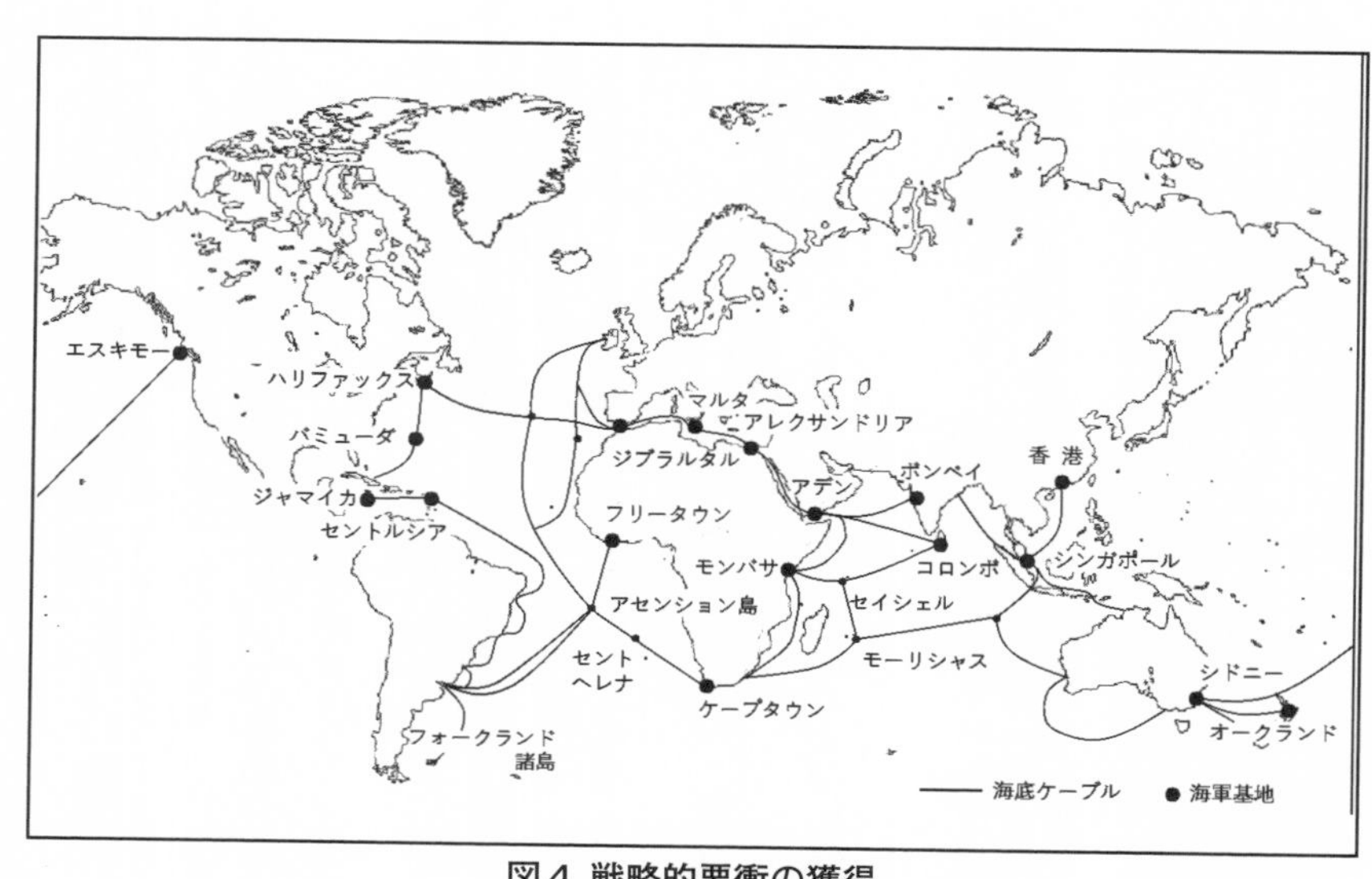

図４ 戦略的要衝の獲得

（ポール・ケネディ著『大国の興亡 上』に基づき筆者作成）

隷貿易取締りの艦艇の補給拠点や海底ケーブルの中継基地として使用され、第二次世界大戦では飛行場が建設された。フォークランド紛争（１９８２年）時には英艦隊や爆撃機の中継地として活用された。

イギリスは、これらの拠点のうち重要な港湾には艦艇を常駐させ、貯炭所やドックなどの造修施設を造り、さらにこれらを守るための要塞や砲台を建設した。帆船から蒸気船の時代に移ると、有事においてはイギリスの敵対国の艦隊は石炭の補給ができなくなるばかりか、イギリスの拠点港に包囲され、その行動が制約された。日露戦争時にロシアのバルチック艦隊が、日英同盟のために石炭の補給に難渋させられたのはその例である。

これらの基地は、19世紀末までに海底ケーブルで結ばれ、世界中の情報が短時間でイギリス本国に伝えられ、世界のどこで紛争が起こっても、本国から速やかに必要な命令が発せられイギリスの軍艦が急行できる態勢ができあがった。この海底ケーブル網と新しい無線電信技術の組み合わせでグローバルな通信網が作られ、大英帝国の統治だけでなく、経済や情報サービスに革新をもたらした。

こうして英海軍の優勢が強化されると、「貿易、植民地、海軍」の三角形はさらに強固なものになった。これら世界に広がる戦略上の拠点を、第一海軍卿のフィッシャーは「地球を戸締まりする鍵」と呼んだ。

非公式の帝国

自由貿易主義の結果として市場や資源が世界に開かれることになると、それまでの植民地帝国に対する考え方にも変化が生じた。植民地を自国の統治下に置くことは、その行政や防衛の経費がイギリス国民にのしかかる「重荷」ともなるので、海外入植地を植民地化するよりも国として自立してくれるとイギリスにとって一層利益になるという考え方だ。

この考え方の背景には、イギリスが生産する工業製品、特に繊維製品は国内と海外植民地で消費できる量をはるかに超えていたので、植民地以外の新たな市場の開拓が求められたことがある。こうして開拓されたのは、植民地に含まれない東南アジア、ブラジル、アルゼンチン、アフリカ西岸、オーストラリア、中米、南米西岸の国々だった。

これらの国々は、イギリスによる公式な統治を受けるのではなく、イギリスとの貿易がもたらす商業利益と海軍の砲艦外交による影響力で「非公式の帝国」に組み込まれたのだった。

海軍の役割の変化――砲艦外交

17、18世紀の貿易は主として本国と植民地の間において、東インド会社のような独占的な会社や国家の保護育成政策のもと行なわれており、海軍の任務はこれを直接保護することだった。

しかし、自由貿易のもとでは相手は植民地とは限らず、広く諸外国を含むようになった。このような変化を受け、海軍の任務は自由貿易を可能とする海洋の平和とイギリスにとって望ましい秩序を維持することになり、平時における軍艦の行動は外交の重要な一環として重要性を増した。武力をちらつかせて交渉を進める砲艦外交は、平時における海軍の重要な任務となったのだ。

この頃にイギリスが行なった砲艦外交はアジアに関するものだけでも、清国に対するアヘン戦争（１８３９～４２年）やアロー号事件（１８５７年）、日本に対する薩英戦争（１８６３年）や四カ国艦隊下関砲撃（１８６４年）などがあった。

英海軍は、被圧迫民族の独立支援、ヨーロッパ諸国間の勢力均衡の維持、アジア・アフリカにおける市場開拓の拠点としての植民地の獲得などに活躍し、外交政策の主要な担い手となった。

二国標準主義の始まり

英海軍は長期にわたったナポレオン戦争で大幅に拡大されたが、フランスとの抗争に勝利して大規模な艦隊を維持する必要がなくなったため、第2位と第3位の海軍国を合わせたものに対処できる規模（のちの「二国標準主義」）として戦列艦１００隻とフリゲートなど１６０隻を持つことにした。これにより１８２０年までに５５０隻以上の軍艦が処分された結果、現役に適する戦列艦は１８１７年の80隻から１８３５年には58隻に急減してしまった。それでも第2位の仏海軍は整備状況の悪い戦列艦50隻を保有するに過ぎなかったため、英海軍の優位はゆるがなかった。

英海軍は、圧倒的とはいえないが十分な規模の艦隊により、注意深く選定された戦略拠点を活用して拡大を続ける貿易を保護した。そして政府の統治が不十分な地域では、イギリスの国益を擁護し、ある程度においては警察官の役割を果たし、また調査官やガイドの役割も果たした。拡大を続ける植民地が海軍に活動拠点を提供し、はるかに大きな非公式の帝国とともに天然資源の供給元や市場となり、イギリスの力の源泉となっていたのだ。

地中海の海上勢力

地中海は、パクス・ブリタニカのもとでその海上勢力図が大きく変化した。

第一に、イギリスはジブラルタルに加えてマルタ島に海軍基地を設けて地中海の制海権を確固たるものにした。また、スエズ運河の建設に対しては当初反対したが、開通（１８６９年）するとインドやアジアの植民地への連絡が格段に容易となり大きな受益者となった。その後、エジプトの財政危機で同運河が売りに出されると、イギリスはロスチャイルド財閥からの借金で買い取り、地中海の東西の出入口を押さえた。

第二は、バーバリー海賊が掃討されたこととトルコ艦隊の全滅によるイスラム勢力の衰退である。フランスは海賊退治をつうじてアルジェリア、チュニジア、モロッコを植民地とした。また、すでに衰退していたトルコは、ナヴァリノの海戦（１８２７年）で艦隊を全滅させられ、地中海の海上覇権争いから完全に脱落した。

第三は、その一方でロシア、イタリア、ドイツといった海上勢力が登場したことである。ロシアは１７７0年以降、地中海に進出して英仏とともにトルコを圧迫したが、ロシアの海上勢力が大きくなり過ぎることを警戒した英仏は、19世紀後半になると一転してロシアを黒海に封じ込める政策をとった。

クリミア戦争（１８５３〜５６年）では、英仏は黒海に進入してセヴァストポリを落とし、露土戦争（１８７７〜７８年）ではロシアの黒海艦隊がボスポラス、ダーダネルス両海峡を通過できないようにした結果、ロシアは第二次世界大戦後まで地中海の制海権争いに関与できなくなった。

イタリアは、統一イタリア王国の成立（１８６１年）により地中海とアドリア海における一大海上勢力となった。20世紀に入るとドイツも巡洋戦艦などを地中海に入れ、のちに第一次世界大戦でトルコと結ぶと黒海に入り、ロシアの海軍基地を攻撃した。

パクス・ブリタニカ下の大西洋

大西洋における英海軍の制海権は不動のものとなった。一方、ナポレオンが登場してスペインとポルトガルを支配下に置くと、南米にある両国の植民地では、１８１０年頃から各地で独立運動が起こる。ラテン・アメリカ諸国が次々と独立を宣言すると、英海軍は軍艦を派遣して新しい独立諸国とイギリスとの間の貿易を保護したが、これは新たな海外市場を開拓するためでもあった。

独立の動きを抑えようとするヨーロッパの宗主国の動きに対して、アメリカはモンロー・ドクトリンを宣言（1823年）して、アメリカ諸国に対するヨーロッパの干渉を排除することを宣言するのだが、当時のアメリカにこのような力はまだなく、実行力の裏付けのない宣言だった。それでも結果的に干渉を排除できたのは、宗主国スペイン自身に革命が起きて植民地どころではなくなったこととアメリカ沿岸の制海権を握る英海軍がアメリカの政策を支援したからだった。

この頃の米海軍は弱小で、本格的に発展するのは、1880年代から始まった「ニュー・ネイヴィー」建設からである。また、新興の独海軍が台頭してくるのも19世紀末からの話である。

パクス・ブリタニカを維持できた理由

イギリスが他国に対して圧倒的に優位な状況になった理由は、イギリスが「貿易、植民地、海軍」の三角形を強固にする一方で、他国がイギリスの海洋支配に対して対抗しようとしなかったからでもあった。

その第一の理由は、イギリスの活動が他国にとって大きな脅威とならず、したがって海上決戦も起きなかったことである。1815年以降のイギリスは、東インドと西インドのかなりの部分をオランダとフランスに返還し、自由貿易を推進し、海上の警備に努力した。しかも自国植民地との貿易を他国にも開放し、その貿易は英海軍の砲艦によって保護されたなかで行なわれたため、小さな海軍国や貿易国からはむしろ歓迎されていた。また、特に19世紀前半、ヨーロッパ諸国はフランス革命の余波で起きた国内問題に忙殺されており、あえてイギリスの優位に挑戦する余力がなかったのも事実だった。

第二の理由は、イギリスは海洋における国際公共財を提供し、他国はそれから利益を得たことだ。まず、自由貿易主義を反映して「公海自由の原則」が定着してきたことがあげられる。

また、イギリスは海賊の抑制に努めて、海上交通路の安全確保を図った。特にバーバリー海賊は欧米の船乗りたちに最も恐れられていたが、慢性的な戦争状態のもとでは足並みが揃わなかった欧米諸国もパクス・ブリタニカの下で平和が維持されるようになると、英海軍を中心として海賊に対する大規模かつ徹底的な掃討ができるようになった。

さらに、イギリスは貿易の促進と海難事故の防止のため、海軍が作成した海図を安価で世界に提供した。大航海時代以来、海図は国家的秘密とするのが普通だったが、18世紀末になると、ほとんどの国が船舶の安全航行のために海図を公開し、航路情報の収集や共有が進められるようになったが、その先頭に立ったのがイギリスだった。英海軍は水路部を設けて（1795年）、体系的な海図の作成と管理に乗り出したが、特に1829年に水路部長に就任したビューフォートは、20隻の測量艦により地球規模で体系的な測量を行ない、イギリスの海図を一新させ、オランダに代わって世界の海図を一手に供給するようになり、1862年にはイギリスで印刷された海図の半数以上が外国に販売されるようになった。

第三の理由は、海軍力を用いた外交で無理をしなかったことだ。砲艦外交で外交上の圧力をかけることは、陸軍力によるよりも迅速で、長期間行動でき、比較的安価でもある。しかし、たとえパクス・ブリタニカといわれる時代であっても、沿岸地域はともかく内陸部まで影響を及ぼすことは難しかった。

この時期のイギリスの外交政策が成功した理由は、外交問題の多くが海軍力で対応しやすいものが多く、ライバル国の海軍力の弱さに助けられたことに加え、イギリス自身も艦隊を使える場所を適切に選んだからだった。

このような政策のおかげで艦隊の展開海域は世界中に拡大し、海外拠点に展開していた軍艦は1817年の63隻から1848年には実に129隻になった。その結果、本国周辺に残ったのは25隻に過ぎず海軍力の不足、戦闘力の低下が顕著になっていく。

第四の理由は、イギリスの経済規模の拡大もあって、パクス・ブリタニカを維持するためのコストが安く上がったことである。海軍予算は、クリミア戦争時に一時急増するものの、19世紀前半から1890年代に入って急増するまでは安定的に漸増している。ポール・ケネディによれば、パクス・ブリタニカを維持するための防衛費は国民所得の2～3パーセントくらいであり、このような高い地位をこのように安価に達成できた事例は歴史上まれであるとしている。（『イギリス海上覇権の盛衰 上』）

第6章　帆船の発達と戦術

帆船の発達

帆船時代の軍艦の発達

大航海時代以前、ローマ帝国時代の地中海での戦闘ではガレー船が用いられた。これは、細長い船体に帆と多数の漕ぎ手を乗せて機敏に動き、船首の衝角（しょうかく）で敵船に衝突し、乗り込んだ兵士が白兵戦（はくへいせん）で戦うものだった。

一般の商船はずんぐりした船体に横帆（おうはん）を備えて穀物などを運んだが、大西洋に進出すると商船は独自の発達をとげ、コグ船といわれる船型となった。その後、凌波性（りょうはせい）と風上への切り上がり性能を高めたキャラベル船を経て、船首と船尾部に高い船楼（せんろう）を持つキャラック船に進化すると、14世紀末から15世紀にかけてスペインとポルトガルの探検航海に多く用いられた。

16世紀に入ると船は大型化するとともに帆装もさらに進歩し、多数の大砲で武装したガレオン船となる。一方、地中海のガレー船は多数の櫂を備えた大型の航洋帆船であるガレアス船へと進化してレパントの海戦（1571年）でキリスト教国連合艦隊の主力となった。

この頃の海戦は、敵の船に接舷して兵士を斬り込ませる白兵戦型であり、地中海で用いられたガレー船は大西洋の荒波には適さず、かわりに一般の商船が軍艦に転用されたのは自然の流れだった。軍艦と商船との構造上の差はまだなかった。

海戦のために多数の船が必要になると、国王はコグ船を徴用して船の前後部に櫓（やぐら）を仮設して大砲を据え指揮をとった。帆船時代の大砲は弓矢と同じく乗組員の殺傷に加えてマストや索具（さくぐ）の損壊を目的としたものだったが、次第に大型化し16世紀には鋳造砲（ちゅうぞうほう）が実用化され19世紀初頭まで艦砲として用いられた。

大砲の大型化にともない櫓も大きくなったことから、強度を確保するために船の新造時から船体と一体となった船首楼と船尾楼として設けられるようになった。やがてさらに多数の大砲を載せるために船楼が大きくなり二層、三層と積み重ねられるようになった。キャラック船の登場である。

キャラック船で重い大砲を積み重ねるとトップヘビーになるため、船の重心を下げるために貨物艙として使っていた低い場所に大砲を移して砲甲板とし、船の舷側に砲門を開けるようになり軍艦としての分化が始まった。砲甲板は二層、三層と増えていったので、商船を一時的に転用するのではなく、新造時から軍艦として別構造の船が作られるようになったのだ。

その後も帆船の改良は進み、18世紀には2000トンにも及ぶ大きさと数十枚の帆を備え、世界中の海域で長期間の航海が可能となった。

軍艦が戦闘用の船として確立されると、当初は乗組員の数により、のちには艦砲の数により等級がつけら

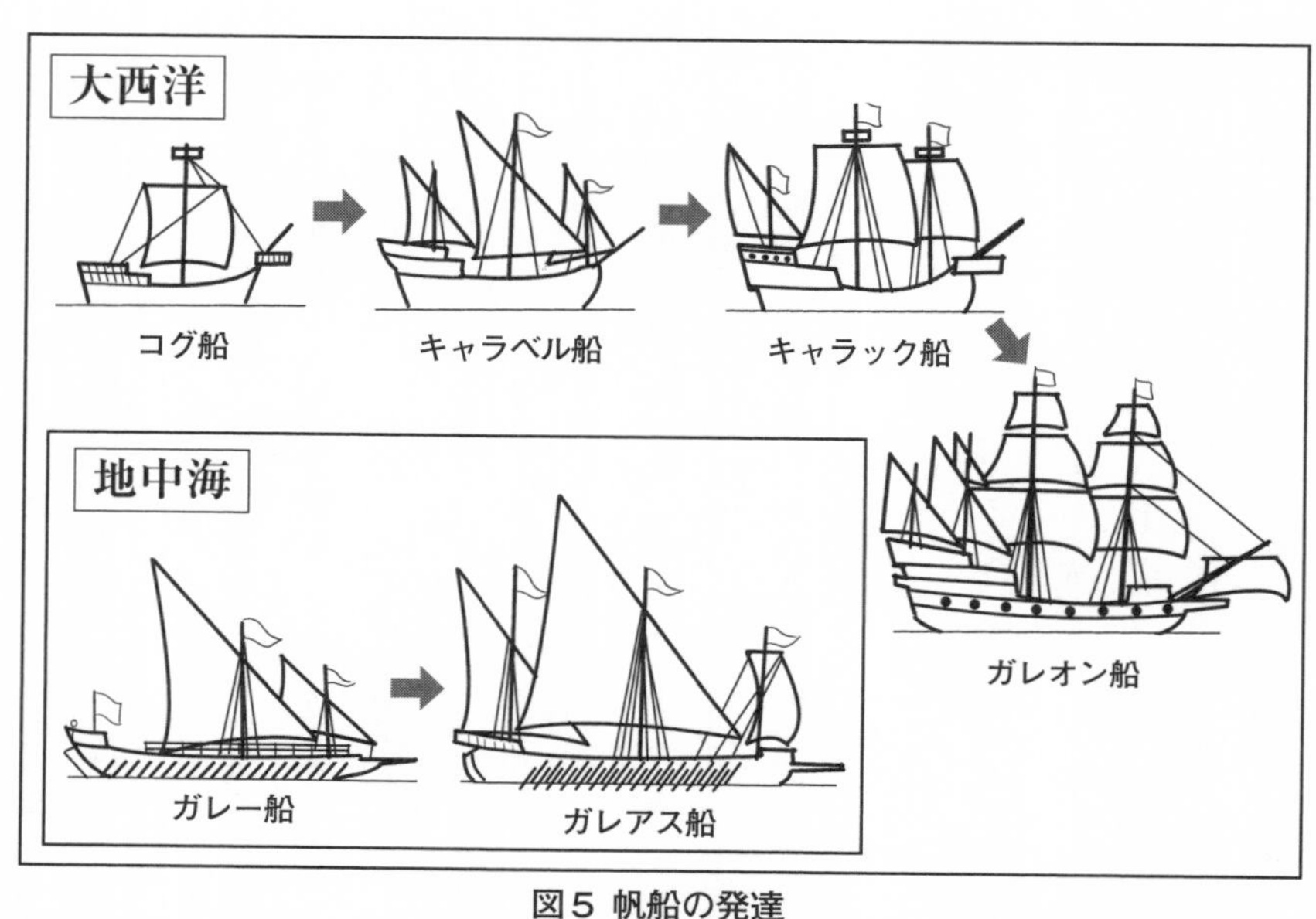

図5 帆船の発達

（堀元美『帆船時代のアメリカ上』、学研『戦略戦術兵器事典③』に基づき作成。石原ヒロアキ画）

れた。英海軍では18世紀初頭に一等艦から六等艦まで定められ、50門以上の砲を持つ四等艦以上が「戦列艦」として艦隊の主力として戦列を組んで敵艦隊と砲火を交えた。20門以上の砲を持つ五等と六等艦はフリゲートと呼ばれ、通商破壊戦や艦隊の前哨部隊として活躍した。

シー・パワーと木材の確保

帆船が大型化してくると、その建造のための資材確保が課題となり、16世紀以降の海上勢力争いのなかで、木材供給源としてのバルト貿易が重要な役割を担うようになった。

当時の帆船には船体用としてカシ、モミ、ニレなど、マストなどの円材にはバルト海沿岸のマツが多く用いられた。三等艦1隻を建造するのに馬車2000～3000台分という大量の木材が必要とされたが、大型部材となると樹齢150年以上のカシなどが求められたので、艦隊を建設、維持するための大量の木材を確保することが国家の長期的な一大事業となった。

イギリスの場合、国内で良質の木材を豊富に産出していたが、チャールズ一世の大建艦計画もあって17世紀には早くも造船用木材の不足をきたし、バルト海沿岸諸国とアメリカ大陸の植民地からの木材供給に頼るようになった。

英海軍は、アメリカ独立戦争や1812年戦争（125頁参照）でアメリカからの木材輸入が途絶えて苦しめられた。フランス革命戦争とナポレオン戦争では、東ヨーロッパからイギリスへの木材供給が不安定となったため、18世紀末からカナダの森林開発が本格化し、ラテン・アメリカやインドでも艦材の確保が図られるきっかけとなった。

一方のフランスはヨーロッパ大陸を征服して良質の木材を確保していながら、英海軍が制海権を握っていたため海上を輸送できず、艦材の不足により艦隊の行動が制約された。

このように帆走海軍の時代における造船用木材は戦略物資といえるもので、その確保は国家的事業であり、同時に一国の海軍戦略を左右するほど重要なものだった。

帆船の戦術

海上戦闘方式の発達

帆船が軍艦としての能力を高めたことにより海戦の方式も進歩した。古代以来の海戦は、横一列（単横陣）に並んだガレー船が敵艦に向かって突入、衝突、接舷、乗り込んでの斬り込みやマストの上からの狙撃というパターンで行なわれ、基本的に陸上での白兵戦を海の上に再現したようなものだった。単横陣を右翼、左翼、中央陣と分けて運動させたり、敵に対して有利な風上側に位置することなどが工夫されたが、16世紀のガレオン船の時代になっても基本的に変わらず、敵に接近した時に自在に運動できる櫂（かい）を備えたガレアス船が活躍した。

16世紀後半のエリザベス一世の時代になると、大砲の威力が向上したことにより画期的な帆船の戦い方が生み出された。アルマダの海戦（1588年）での英艦隊の戦法がそれであり、敵艦への接近は大砲の有効射程までとして接舷斬り込みを原則的に禁じた。

英艦隊は、運動の自由を確保するために常に風上に位置するようにし、司令官の乗艦を先頭に一列の縦隊（単縦陣）を作り、敵に舷側の砲を向けつつ敵艦隊へ近づき、大砲の射撃で勝敗をつけようとした。海戦は風次第なのでいささか間延びしたものになったが、最後の決戦では両艦隊とも弾丸をほぼ撃ち尽くしていたので、イギリス側が風上側から火船を放ちスペイン側を混乱させ、小銃、ピストルの射程まで近づいて甲板上を掃射した。このような戦い方だったため、イギリス側が捕獲した艦は少なく、失われた大型ガレオン船は2隻だけだった。

ちなみに火をつけた船を風上から放流して敵艦に体当たりさせる火船戦術は古代から存在したが、英蘭戦争で頂点に達した。火船の大型化や火薬の使用による威力の増大に加えて、敵の妨害や回避に対抗するための護衛船や衝突直前まで操艦する水兵の脱出用の小舟をともなうなど工夫され大きな成果を上げた。

アメリカ独立戦争以降は次第に姿を消したが、小型船による体当たり戦法自体は現代に至るまで見られるものであり、米駆逐艦「コール（Cole）」がアデン港においてアル・カーイダの小型ボートの自爆攻撃（２０００年）を受けた例がある。

戦術準則の確立

敵味方の艦隊が単縦陣で並航しながら砲戦で勝敗をつける戦い方が確立したのは、英蘭戦争の時である。英海軍が、第一次英蘭戦争中の１６５３年に最初の戦闘準則を定めたことは前述のとおりだが、これは敵将トロンプがダウンズの海戦（１６３９年）の頃から採用した戦術をも採り入れたもので、旗艦を先頭とする単縦陣を維持すべきことや、指揮に必要な旗旒信号が定められていた。

単縦陣を組む二つの艦隊が、至近距離において低速で並航しながら長時間砲火を交えるので、甲板上は凄惨な状況となるのだが、準則では自艦がどんな大損害をこうむろうとも陣形から離脱することを厳しく禁じていた。この準則は各艦隊の司令官によって改訂され続けたが、基本的な戦い方は定式化されたものとしてイギリス艦隊の戦術を強く規定することになった。

準則には、並航戦のような正攻法のほかにも乱闘法として、密集法、挟撃法、遮断法などが定められていて、敵が逃走したり味方の戦力が低下した場合には躊躇なく戦法を切り替えるべきとされていたが、いったん乱戦になると指揮官の統一指揮が難しくなるため正攻法にこだわる傾向は強かった。

18世紀に入ると、準則にこだわって戦機を逃す司令官の例が増える一方で、独自の戦法を試みようとする指揮官も出てきたが、失敗した場合には軍法会議で処罰されたため、戦術の硬直化の傾向が顕著だったことはすでに述べた。英海軍が準則の呪縛から解放されるのは、18世紀末、ネルソンらの海将が登場するフランス革命戦争やナポレオン戦争の時代になってからである。

イギリスでは海将らが経験主義的に戦術準則を開発、修正していったのに対して、フランスでは理論的に研究され、多くの戦術書が発表された。海軍兵学校の数学教授ホストが海戦の経験をもとに著した『海軍戦術』（1697年）がその例であり、敵に勝負を挑むよりも負けない陣形を作る点に重点が置かれていた。これは、この時期、艦隊決戦を避けて通商破壊戦への傾向を強めるようになった仏海軍の特徴を反映したものだ。

信号システムの改良

各国海軍が単縦陣による戦い方を基本とした理由は、正攻法として準則化されていたことはもちろんだが、司令官の戦闘指揮の都合でもあった。

帆船時代の海戦は、洋上で敵を発見してから各艦の艦長が旗艦に集合して作戦会議が開かれることが珍しくなく、海戦の途中ですら開かれることがあった。当時の砲は発射間隔が長く、射撃効果を上げるために速力を2～4ノットという舵の効く限界まで減速していたので、各艦からボートを漕いで旗艦に集まることは可能だったのだ。

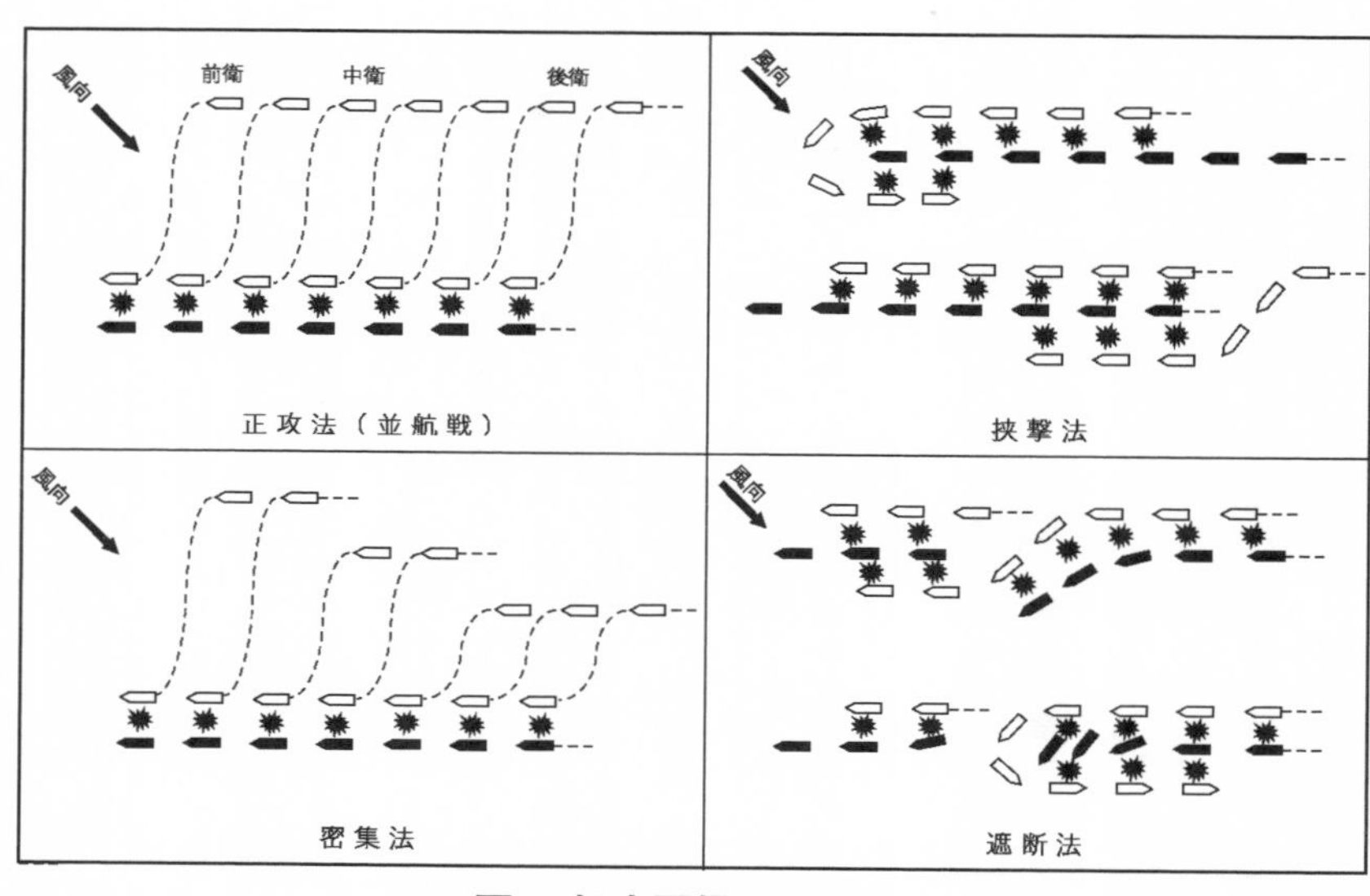

図６ 帆走軍艦の戦い方

（E.B.Potter 編『SEA POWER A Naval History 2nd edition』に基づき筆者作成）

洋上で命令を伝えるのに簡単な旗旒信号しかなかった当時としては、指揮官の意図を徹底するにはこのようなやり方は仕方のないことだった。こうして始また海戦では、単縦陣の先頭艦に掲げられる信号に後続の艦が従う方式が確実だったし、混戦になったり信号が見えなくなったりしても先頭艦の運動に従っていれば大きな間違いはなかった。

１６５３年のイギリスの戦闘準則では、わずか32種類の信号だけだったが、徐々に工夫され、旗の組み合わせで２５６種類の信号文を表現できるようになった。１８００年には、ＡからＺにそれぞれ対応する旗と重要単語１０００（のちに３０００）語を三つの旗の組み合わせで表されるようになり、自由文の表現が可能になった。

信号の改良は硬直化した戦法に変化をもたらし、単縦陣から解列して敵艦列の隙間に突入し、敵艦列を分断し砲火を集中するなどの戦い方がやりやすくなった。この戦法でロドネー率いる英艦隊が仏艦隊を下したのがセインツの海戦（１７８２年）である。この戦法が偶然の産物だったことはすでに述べたが、信号を使って柔軟な戦闘指揮ができるようになったことは大きな進歩だった。この海戦以降、勇猛果敢な海将に率いられたイギリス艦隊はこのような戦法を駆使してフランス艦隊に対して勝利を重ねたが、この新しい戦法を可能にした要因の一つが信号の改良だったのだ。

通商破壊戦の意義

仏海軍が通商破壊戦に重点を置くようになった経緯はすでに述べてきたとおりだが、16世紀後半から第二次世界大戦に至るまでの海洋国家が関係した戦いでは、例外なく通商破壊戦が行なわれた。個々の交戦は小さなものだったが、戦争を通じて長期間、広範囲にわたって行なわれたため、その累積効果は極めて大きかった。ちなみに日本は、歴史的にこのような経験をしてこなかったこともあり、通商破壊戦への備えのないまま太平洋戦争に突入して、資源の輸入や戦地への兵站支援ができなくなり、大きな敗因となった。

海上貿易に依存する海洋国家や戦争遂行に必要な物資を海上輸送に頼っている国家に対して、通商破壊戦を挑むことは理にかなった戦略である。通商破壊のためには、敵海軍の警戒の網をかいくぐって商船や船団を襲撃するか、それらを護衛する敵海軍そのものを無力化しなければならない。

一般に敵海軍の無力化のためには、決戦を求めて撃破するやり方と、敵艦隊の根拠地を封鎖するやり方があるが、前者のほうが難しいのは当然で、後者も貴重な兵力を長期間張り付けなければならないので艦隊決戦とのバランスからはジレンマが生じる。

これに対して商船や船団を襲撃するやり方は、兵力の少ない海軍でもある程度実行でき、これまで見てきたように私掠船の活躍が大いに期待できるものである。ただし広大な海域で襲撃目標を捕捉するのは至難の業で、チョーク・ポイントといわれる海峡や海上交通路の集束点となるような海域が襲撃ポイントとして重視された。

私掠船、フリゲートと護送船団

通商破壊戦の主体となった私掠船というのは、君主などから私掠免許状を与えられ、交戦相手国の船の拿捕や積み荷の略奪を行なう武装した商船や漁船である。これによって得られる「収益」は大きかったため、一攫千金を当て込む出資者や船長は多く、戦時には大活躍した。政府は彼らに免許を与える代わりに「収益」の一定割合を国庫に納めさせたので、国にとってもメリットがあった。

通商破壊戦には私掠船だけではなく正規の軍艦も用いられ、特に戦列艦より小型で軽武装だが快速のフリゲートが多用された。通商破壊戦は、捕獲賞金を稼ぐチャンスが多かったため、海の戦いの華と考えられており、フリゲートへの乗り組みは海軍将兵の憧れの的だったという。彼らの給料は安かったが、捕獲賞金に恵まれると一財産つくることも不可能ではなかった。1708年のイギリスの「巡洋艦法」によると、捕獲品の査定金額を8等分し、3を艦長に、1を司令官に、1を乗組士官全員に、1を乗組准士官全員に、2を乗組下士官兵の全員に分配することになっていた。運に恵まれ腕もよい艦長となると、給料の数十年分の賞金を稼ぐこともあったという。しかし、捕獲賞金の魅力が大きいだけに、艦長が本来の作戦そっちのけで商船狩りに熱中してしまう例もあり、弊害もかなり見られた。

英仏抗争で大局的な勝勢は常にイギリス側にあったため、仏海軍は制海権の獲得を争うことを避け、次第に通商破壊戦に重点を移していった。その中心となったのが私掠船であり、ダンケルクなどはその主要な基地となり、英海軍の封鎖で海に出られなくなった船員や漁民が私掠船に乗り込み、英海軍の封鎖をかいくぐって大西洋での通商破壊戦に従事した。

フランスとならんで通商破壊戦を活発に行なったのはアメリカである。アメリカ独立戦争と1812年戦争（125頁参照）において、大西洋に展開する強大な英海軍を翻弄したのは多数のアメリカの私掠船だった。これら私掠船により、アメリカ大陸に派遣されたイギリス軍に対する本国からの補給が脅かされたため、英海軍は多数の軍艦をアメリカ沿岸水域に張り付けなければならず大いに苦しめられた。

その後1856年のパリ宣言で私掠船が国際的に禁止されることになったが、この時アメリカだけは決議に反対している。しかし皮肉なことに、間もなく起こった南北戦争では、南軍の私掠船が大西洋で北軍側の商船を襲って通商破壊戦を活発に展開して北軍は大いに苦しめられることになった。

敵国の通商破壊戦に対して商船側は船団を組むことによって対抗した。英蘭戦争では、海外から帰国するオランダ商船は船団を組んでイギリス海峡を通過し、オランダ海軍がこれを海峡中央部まで出迎え、襲ってくるイギリス艦隊から商船を守って本国に送り届けていた。

フランス革命戦争とナポレオン戦争でも、大西洋に出没するフランスの私掠船に悩まされたイギリス側は、積極的に船団を編成させ、これに少数の軍艦による護衛をつけて被害の極限を図った。

1793年から97年までに記録に残っている船団数は137で、5827隻に達したが、攻撃されたのはその1・5パーセントに過ぎず、実際に捕獲されたのは35隻、0・6パーセントだった（青木栄一『シーパワーの世界史①』）。このような船団の効果を高く評価したイギリスは、1798年、船団制度をすべてのイギリス船に適用することにし、船団の護衛が海軍作戦の一つとして確立された。

第7章　ネイヴァル・ルネッサンス

技術革新の時代

産業革命の影響

18世紀後半にイギリスで起こった産業革命は、19世紀前半にはヨーロッパ大陸やアメリカに広がった。この間に、アメリカ独立戦争、フランス革命戦争、ナポレオン戦争と連続した英仏間の激しい海上覇権の争奪戦が繰り広げられていた。長期にわたって仏海軍を圧倒し続けた英海軍を支えたのが、産業革命で大きく成長したイギリスの経済力だった。

産業革命は、陸上においては様々な技術革新を起こしたものの、海上においては軍艦は木造の帆船だったし、大砲も3世紀にわたって使われてきた鋳造の前装砲（先込め砲）のままだった。産業革命の成果が軍艦や海戦を大きく変えていくには1世紀近い歳月が必要だったのだ。

ネイヴァル・ルネッサンスの始まり

軍艦を大きく変えたのは、炸裂弾とスクリューの発明である。まず船体の大型化にともない、木造では強度を保てなくなったことから鋼船になった。ネルソン時代の軍艦の排水量は２０００トンほどだったが、１８６０年代には９０００トン、20世紀初頭には2万トンにもなった。そして炸裂弾の発明で砲弾の威力が大きくなると、それを防ぐ装甲が生まれ、さらに鋼鉄の利用が進んだ。

蒸気機関が現れても軍艦に搭載するには、小型、軽量、大出力でなければならず、そのような蒸気機関は18世紀末までは実用化されなかった。また推進装置も、19世紀初頭に現れた外車輪は軍艦には適さないためスクリューの発明が必要だった。これらの条件がそろい、軍艦や搭載兵器が大きく変わってくるのは１８５０年代のことである。

いったん技術革新の成果を取り入れた軍艦や兵器の進歩のスピードは急激だった。どの国の海軍も新しい技術やアイデアの実用化を急ぎ、戦力の向上に結びつけようと躍起になった。艦砲の威力の向上とそれに対する防御方式の開発、速力や航続力の増大、艦載兵器の発達と複雑化により軍艦の役割が分化し、多くの艦種が生まれた。海軍技術が著しく発達し、海軍戦略や戦術の発達が促された「ネイヴァル・ルネッサンス」とでもいうべき時代の到来だ。

ちなみに日本では、「ネイヴァル・ルネッサンス」と近代海軍の発足がほぼ同時となり、帆走海軍を飛ばして、いきなり蒸気力海軍から始めて短期間に近代海軍を建設できた。これは、その後の日本を取り巻く状況を考えるとまさに僥倖というべきことだった。

蒸気機関とスクリューの導入

19世紀初めには蒸気船が実用化していたが、当時の舶用機関は出力も信頼性も低く石炭消費量が大きかったため、もっぱら沿岸や河川用として用いられていた。世界最初の蒸気機関を備えた軍艦は、１８１２年戦争で英海軍の封鎖を突破しようとした米海軍が試作した「デモロゴス」だったが、完成は戦争に間に合わず、そのまま予備艦となった。

英海軍でも外車輪推進の砲艦を建造したが、蒸気力軍艦の採用には消極的だった。この時期の蒸気力軍艦は巨大な外車輪が艦の中ほどに取り付けられたため、舷側に並べられる大砲の数が減ったこと、そして何より外車輪に被弾したら途端に動けなくなることが軍艦としての致命的な欠陥と考えられたのだ。

外車輪方式の欠陥を一気に解決したのはスクリューの発明である。１８５０年頃には軍艦の蒸気機関、スクリュー推進が定着してきたが、しばらくは10ノット以上を出せる本格的なものと、無風時や出入港時のみ蒸気力とし、航海の大部分は帆走していた汽帆両用艦の二種類が並存していた。また、蒸気機関の導入により軍艦の性能は著しく向上したが、同時に石炭の補給が行動を厳しく制約するようになり、艦隊に給炭艦を随伴させたり、航路に沿って給炭のための基地を確保する必要が生まれた。

炸裂弾とアームストロング砲の登場

19世紀初頭までの艦砲は一般に先込め式の鋳造砲であり、砲弾もまた鋳鉄の球だった。砲弾は命中の衝撃で弾丸が砕け散り、その破片で乗組員を殺傷したり、上甲板の設備を破壊し、索具を切断する程度の効果しかなかった。有効射程は300メートル程度だったから、敵艦とは至近距離まで近づかないと砲戦の効果はなかった。

ナポレオン戦争の頃までには、イギリス、フランス両国で内部に火薬を詰めた砲弾、炸裂弾の実験をしていたが、敵弾が降り注ぐ艦上でうまく導火線に点火するのが難しく、失敗すれば自爆、成功しても殺傷効果が大きすぎて非人道的と非難され、結局は実用化しなかった。

実用化に至ったのは1820年代であり、その後、各国海軍に広まった。実戦で効果が確認されたのは、ロシアが炸裂弾でトルコ艦隊を壊滅させたクリミア戦争でのシノープの海戦（1853年）でのことである。

炸裂弾が実用化されても、砲の射程や命中率が向上するのはアームストロング砲が発明されてからである。これにより砲弾は大型化し、弾道が安定したことで命中率が上がり、素早く撃てるようになった。

このアームストロング砲は英海軍に制式採用され（1859年）、各国でも改良が重ねられ1880年頃には大型の艦砲の主流となる。

さらに、それまでの艦砲は木製の砲車に乗せられ、人力で操作されていたが、大型化したため機力で動く砲塔に据えられ、敵の砲弾から防御する装甲を施して軍艦に搭載されるようになった。

装甲と装甲艦の誕生

産業革命で近代製鉄の技術が確立し鉄の大量生産が始まっても、鋼船の建造はゆっくりとしか進まなかった。鋼船は同じ大きさの木造船よりも軽く強く作れて火災に強く、水密隔壁や二重底で安全性も増すことができるのだが、水より重い鉄を使うことへの心理的抵抗感、羅針儀を狂わせる鉄の特性、炸裂弾が命中した場合に破片が飛散して乗員に危険をもたらすことなどが軍艦への採用をためらわせたのだ。

しかし、前述したシノープの海戦での炸裂弾の木造船に対する威力が伝わると、それに対する防御を考えざるを得なくなり、装甲艦が登場する。最初の試みは、クリミア戦争のセヴァストポリ攻撃において仏海軍が投入した平底船体の自走式浮砲台であり、厚さ12センチの装甲で覆われた船体に多数の砲門を設けたものだった。

浮砲台の装甲が効果を発揮したことから、軍艦に装甲を施した装甲艦が考案された。1859年に世界初の航洋装甲艦「グロアール」をフランスが建造すると、あわてたイギリスは「ウォリアー」で対抗し、その後、各国に広がっていった。

装甲艦の登場により従来の主力艦だった木造の戦列艦の価値は一気に低下し、各国はより威力のある艦砲を搭載し、より厚い装甲で覆われた装甲艦の建造にしのぎを削った。装甲艦の数こそが各国海軍の戦力を測る物差しとなり、大艦巨砲主義につながる軍艦発達史上の最大の出来事が起きたのだ。

通信、信号の技術革新

洋上での通信方式も、海戦のあり方に大きな影響を及ぼしたが、海軍で19世紀初頭まで用いられていた通信手段は視覚信号だった。艦艇間では旗による信号（旗旒信号）、手旗信号、発光信号などが用いられたが、視程の制約を受けやすい欠点はあるものの、簡便なので現在でも広く用いられている。1793年にはフランスで腕木の形で文字を表現する信号機が考案され、パリとブレストやツーロンといった海軍基地の間に配置され、通信文をすばやく中継・伝達できるようになった。英海軍は、19世紀後半には腕木式信号機を艦艇にも装備した。

1844年、アメリカ人モールスが電信の実用化に成功し、ヨーロッパ、アメリカ大陸は電信網で覆われた。１８４７年にドーバー海峡を、１８６６年には北大西洋をそれぞれ横断する海底電信線が開通し、各国間の即時通信が可能となり、海軍も世界各地の出来事に対し素早い対応がとれるようになった。一方で、艦艇がいったん海上に出てしまうと陸上との通信手段がなくなることは帆船時代と変わらなかった。

これを解決したのが１８９６年にイタリア人マルコーニが発明した無線電信である。１８９９年には英海軍が実用化し、海軍にとって不可欠のものとなった。

日本海海戦（１９０５年）では、日本海軍は駆逐艦以上のすべての艦艇と主な望楼(ぼうろう)などに無線電信機を装備して、世界で初めて海戦に無線を活用した。この海戦は、世界初めてのネットワーク中心の戦い（NCW：Network Centric Warfare）といわれている。

石炭から石油へ

蒸気機関が海軍艦艇に搭載されて以来、燃料である石炭もまた海戦のあり方を左右する重要な要因になった。イギリスには高熱量、無煙の優れた舶用石炭（カーディフ炭）が産出したし、多くの海軍国において石炭は国内自給可能な燃料だった。

しかし、石炭は搭載、ボイラーへの投入など重労働をともなう手のかかる燃料でもあった。これが液体である重油に置き換われば、これらの重労働から乗組員は解放されるし、ボイラーの出力向上にもつながるよいことづくめだったのだが、致命的な欠点として石油資源の偏在と自国への運搬の問題があった。

重油化推進の旗を振ったのはイギリスの第一海軍卿フィッシャーであり、まず小型で大馬力の機関が要求される駆逐艦のボイラーを重油専焼とした。当時、イギリスでは石油は一滴も出なかったのでロシアのバクー油田から鉄道で黒海まで運び、そこで船積みしてダーダネルス海峡、地中海を経由して輸入していた。19世紀後半のロシアといえばイギリスの仮想敵国だったことから、戦時の安定供給が大きな課題となった。さらに、英海軍自身が国内産の良質炭の大口顧客であり、石炭業界との利害関係から石油の全面採用に踏み切りにくいという事情もあった。

この課題に取り組んだのが海軍大臣だったチャーチルであり、軍艦の動力源として石炭から逐次石油に代えること、安定供給のできる油田を獲得することを決断した。こうしてイギリスは、第一次世界大戦が勃発した1914年8月、中東での石油開発に成功していたアングロ・ペルシャ石油会社に資本参加して同社の支配権を握ることにした。中東石油に対する最初のヨーロッパ資本の参加は、海軍艦艇用の燃料確保のためだったのである。

油田は確保しても、戦時の輸送には懸念が残る。フィッシャーは戦時消費量の4年分の備蓄を提案したが、1913年には予算の制約から6カ月分が備蓄目標とされ、実際には4・5カ月分を当面の水準とされてしまう。懸念は的中し、第一次世界大戦が始まりドイツ潜水艦がイギリスの通商破壊戦に猛威をふるった1917年には英海軍の石油備蓄は3週間分まで落ち込み、艦隊は出動を抑制されたばかりか、駆逐艦の最高速力は20ノットに制限された。近代戦における海軍の石油消費量は開戦前には想像もできない大きなものとなったのである。

巨大総合兵器メーカーの形成

19世紀を通じての急速な技術革新は、帆船時代からの造船業者、兵器製造業者のあり方も大きく変えた。彼らは常に新しい技術開発の競争にさらされ、軍艦や兵器の大型化、精密化の要求に応えなければならなかった。

軍艦を建造するには、造船所を中心に大砲、装甲、蒸気機関など幅広い業種のメーカーとの結びつきが重要で、やがて単なる軍艦メーカーというものから巨大な総合兵器メーカーに変貌していく。イギリスのアームストロング社、ヴィッカーズ社、ドイツのクルップ社、アメリカのベスレヘム製鋼などがその例である。

また、水雷艇や駆逐艦のメーカーとして有名なイギリスのヤーロー社やソーニクロフト社、潜水艦のメーカーとしてはアメリカのエレクトリック・ボート社なども登場し、いずれも今日の巨大兵器メーカーにつながっている。

軍艦はまた、有利な輸出商品ともなった。１８８０年代まではヨーロッパの中でもドイツ、イタリア、ロシアなどは装甲板や重砲の国産化が不十分で、先進国のイギリス、フランスから多くの装甲艦が購入された。東アジア（日本と清国）やラテン・アメリカ諸国の海軍の整備が進むと、それが直ちに先進国の兵器メーカーの輸出先となり、乗組員の教育訓練を通じて輸出国の海軍、ひいては輸出国の政府の影響力も大きくなった。

軍艦の進歩

軍艦の機能分化と装甲艦の進歩

帆船時代の軍艦は、その大きさと大砲の数によって戦列艦、フリゲート、スループといった種類や等級に分けられていた。

しかし、19世紀後半になると重砲の数や装甲による防御力、速力、さらには水雷など水中爆発兵器の発達により戦艦、巡洋艦、水雷艇といった機能の異なる軍艦が建造されるようになる。そして、これら機能の異なる艦艇を組み合わせることによって艦隊としての戦力を高めるという考え方が出てきた。

クリミア戦争（１８５３〜５６年）を契機として登場した装甲艦は新しい時代の海軍の主力艦となり、艦砲の威力が大きくなるにつれ、それを防御する装甲が強化されて発達した。英仏をはじめとするヨーロッパ諸国は装甲艦の建造を競ったが、艦砲の大口径化と装甲の強化で船体は大型化の一途をたどるようになった。

装甲艦の優位確立

19世紀後半は大砲の効果が減殺された時期となった。これは射程が伸びた分だけ命中率が落ちたこと、重砲化で射撃間隔が長くなったこと、装甲の採用で砲弾が船体を貫通できなくなったことによる。

特に大砲の大口径化にあわせて装甲も強化されたの

で、装甲艦同士では砲戦で相手を沈めることはほとんど不可能になった。

そこで砲戦に代わって期待されたのが衝角攻撃である。衝角というのは装甲艦の艦首水線下に鋭く突き出た部分のことで、自艦を敵艦の舷側に衝突させ衝角で水線下に穴をあけ、沈没させようというガレー船以来の原始的な戦法である。

この戦法はイタリアとオーストリア海軍で戦われたリッサ海戦（１８６６年）で採用され、オーストリアの装甲艦がＶ型陣でイタリアの装甲艦の単縦陣の中央に繰り返し突入して1隻を沈没させたのだ。この海戦で、砲弾は装甲に対して無力で装甲艦が期待どおりの防御力を示した一方で、衝角攻撃こそ装甲艦を撃沈できる唯一の戦法であることが証明された。

衝角攻撃は、その後、四半世紀にわたって装甲艦の重要な戦法となったが、必死の回避運動をする敵艦にほぼ直角に衝突することは極めて難しく、リッサ海戦以降の成功例はわずかしかなく、艦隊の戦術としては限界があった。

近代戦艦の誕生

１８８０年代には、砲塔の重さが１００トンにも達する巨砲搭載艦が出現したが、重心を下げるため低い位置に装備したため、時化ると波をかぶって射撃できなくなる欠陥があった。この対策として砲身のみを甲板上にむき出しで取り付け、砲の作動装置は装甲で囲んで船体の内部に埋める「バーベット艦」が建造された。

これをもとに、乾舷を高くした凌波性のある船体の前部と後部に口径30センチほどの大口径砲2門ずつを主砲として装備し、左右の舷側に数門ずつの中口径速射砲を置いて水雷艇に対する兵器とするのが世界の装甲艦の標準となり、「戦艦」と呼ばれた。

その後も戦艦の技術革新は進み、バーベットの上の砲身の基部は、クルップ鋼などの強度が高く軽い特殊鋼装甲の厚い天蓋で覆い防御力を高めた。これらの戦艦は数千メートルの射程で数百キロの重量の砲弾を相手に撃ち込める能力を持つようになった。この威力が実戦で証明されるのが日露戦争（１９０４～０５年）

であり、より大きな攻撃力と防御力を求めて戦艦はさらに発達することになる。大艦巨砲主義の時代の到来である。

大艦巨砲主義への道――日本海海戦

日露戦争における日本海海戦（１９０５年）では、ロシア艦隊の主力艦がすべて撃沈、捕獲されたのに対し日本艦隊は水雷艇３隻を失うに過ぎない海戦史に残るパーフェクト・ゲームとなった。これは測距儀や砲術用計算機の実用化などで近代砲術が進歩して、戦艦の大口径砲が威力を発揮できるようになったことが大きく貢献している。

この戦いでは、厚い装甲によって防御された戦艦がはじめて砲弾によって撃沈されたが、日本側の砲弾がロシア戦艦の装甲を貫徹したのではなく、非装甲部分に命中炸裂して火災や砲弾の破片による被害を与えて戦闘力を奪ったのが原因だった。

さらにロシア側を不利にしたのは石炭の過積載で復原力が低下したうえに、吃水が深くなり舷側の装甲帯がほとんど水線下になり、装甲の薄い部分への命中弾でできた破孔からの浸水で転覆沈没した例が多かったことである。

このように戦艦同士の対戦は、大口径砲対装甲の競争という単純な図式のみではなく、非装甲部分の損害に対する考慮、火災、浸水を局限するための設備など総合的なダメージ・コントロールの考え方が重要視されるようになる。

また、両軍とも単縦陣で対戦したが、日本艦隊が２～３ノットの優速を活かして常に有利な位置を占め、戦闘の主導権を握ったことも勝因の一つだった。

こうして大口径砲の撃ち合いによる艦隊決戦という大艦巨砲主義が到来し、主砲の大口径化と防御のための重装甲化、そして有利な位置を占めるための高速化のために主力艦はますます大型化していくことになる。

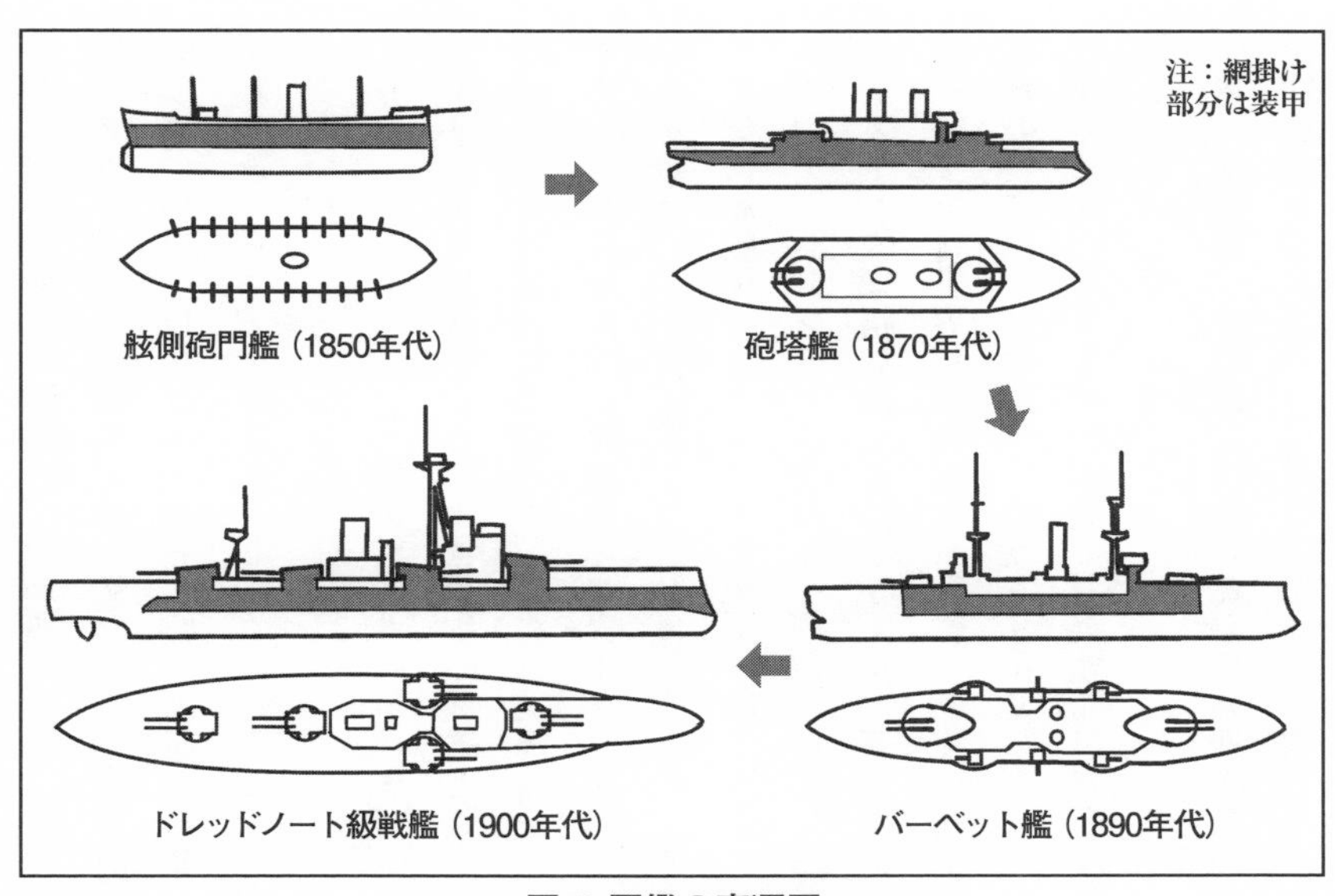

図７ 軍艦の変遷図
（青木栄一『シーパワーの世界史②』に基づき作成。石原ヒロアキ画）

ドレッドノート革命

19世紀後半の海軍にとって、砲の大型化により射程が伸びたものの命中率が低下したことが大きな問題になったことは前述のとおりである。これを解決したのが英海軍のスコットであり、彼は艦の全主砲を同時に発射（斉射）して一定の弾着の範囲（散布界）内に敵艦を捉えて命中弾を得る射撃法を考案した。

この射撃法は、射撃計算盤という専用の機械式計算機（１９０６年）と艦の動揺を補正するジャイロスコープ（１９１６年）が開発されたことにより改良され、近代的な砲術が確立された。

このような斉射をするためには一艦に同一種類の重砲をできるだけ多く搭載することが望ましい。当時の戦艦の主砲は４門ほどだったが、これを10門に増やしたのが英海軍の戦艦「ドレッドノート」だ。同艦は、１９０６年に登場した12インチ（30センチ）砲10門、装甲の厚さ11インチ（約28センチ）、蒸気タービンを世界で最初に採用し、戦艦としては未曽有の21ノットという高速を発揮した画期的なものだ。

引き続き英海軍が建造したのが巡洋戦艦「インヴィンシブル」であり、12インチ（30センチ）砲8門、装甲を減らした代わりに25ノットという高速を発揮し、戦艦なみの攻撃力と巡洋艦をしのぐ高速力で世界の注目を浴びた。

「ドレッドノート」と「インヴィンシブル」の登場により、すでに就役していた世界中の戦艦と装甲巡洋艦は一挙に時代遅れとなった。これは英海軍を含め、世界の海軍は新たな建艦競争のスタートラインにつくことを意味した。以後建造される12インチ（30センチ）砲搭載艦をドレッドノート級（ド級）戦艦、13・5インチ（34センチ）以上の方を搭載した艦を超ドレッドノート級（超ド級）戦艦と呼んだ。第一次世界大戦終結までに世界11カ国でド級戦艦が66隻、超ド級戦艦が42隻建造されたが、このうちイギリスが47隻で最も多く、次いでドイツが26隻で、英独間の建艦競争の激しさを示している。

第一次世界大戦で最も活躍したのは高速を発揮した巡洋戦艦だったが、防御力の弱さから被害も多かった。低速の戦艦は参戦の機会が少なかったこともあり、大戦後の戦艦設計の流れは高い攻撃力と防御力を兼ね備えた25ノット以上の高速戦艦となっていく。

巡洋艦の変遷

では巡洋戦艦はどのように誕生したのか。帆走海軍時代に通商破壊戦や商船保護に活躍したフリゲートは、木造帆船のまま蒸気機関を搭載し高速化と航続力を向上させた。１８７０年代には速力15ノット以上で、中小口径の速射砲を備えた鉄製航洋艦に発達し、各国でフリゲートあるいはコルベットという艦種で多数建造された。

これら高速で長大な航続力を持つ艦が巡洋艦と呼ばれるようになるのは１８８０年代からである。薄い装甲で機関や弾薬庫を覆っていたのが「防護巡洋艦」、舷側水線部の装甲を強化したのが「装甲巡洋艦」だ。当初、装甲巡洋艦は敵の防護巡洋艦を撃破する目的だったが、攻撃力と防御力を強化して最終的には戦艦なみの12インチ（30センチ）砲を持つようになり、戦艦に次ぐ準主力艦として「巡洋戦艦」と呼ばれるようになった。

1910年前後には、排水量2500〜6000トン程度で、軽装甲ながら25ノット以上の高速を出す軽巡洋艦が登場し、通商破壊戦や商船保護に加え、主力艦隊の哨戒、駆逐艦部隊の旗艦など多方面に活躍した。

水雷兵器の発達

艦を沈めるには水線下に穴を開けて海水を入れるのが手っ取り早い方法だ。従来は衝角突撃でやってきたが、軍艦が高速化、装甲化されるなかで次第に難しい戦術となり、リッサ海戦を最後に姿を消したことはすでに述べた。

もう一つの方法は爆発物を使う方法で、19世紀中頃には爆薬を詰めた容器を一定の水深に沈めておき、その上を通過する艦艇の水線下に穴をあける方法が実用化される。機械水雷、略して機雷の登場だ。

機雷には取り付けた触角に艦がぶつかることにより起爆する方式と、陸上からの遠隔操作で起爆させる方式があった。クリミア戦争（1854〜56年）や南北戦争（1861〜65年）では港湾や沿岸防備に用いられて戦果を上げた。

ちなみに機雷は「貧者の兵器」とか「沈黙の兵器」とも呼ばれ、安価で大きな攻撃力を隠密裏に長期間発揮できる兵器として起爆方式などを改良しながら今日も様々なタイプが各国で量産されている。

このような防御的な用法に加えて、南北戦争では攻撃的にも使われた。小型艇や潜水艇で敵艦に近づき、爆薬を取り付けた長い棒をぶつける外装水雷で、実際に両軍とも戦果を上げたが、攻撃側も被害を受けかねない危険な戦法だった。

1868年にはイギリス人ホワイトヘッドが自走水雷を開発し、その形から魚形水雷、略して魚雷という用語が定着した。翌年には英海軍が採用して実験が重ねられた。

水雷艇、駆逐艦の登場

その後、魚雷は急速に発達し、第一次世界大戦の頃には28ノットで射程1万ヤード（9000メートル）という高い性能を発揮した。この魚雷を主な兵装とする高速の小型艦艇が水雷艇だ。

水雷艇は小型、安価でありながら大型の装甲艦を撃沈できる能力があったため、1880年代には各国海軍は競って建造した。1896年末には七つの大海軍国のみで1200隻以上に達したため、各国はその対抗手段をとることを迫られた。

当初は小型の高速砲艦で対抗しようとしたがうまくいかず、次第に砲と魚雷の両方を備えたより大型、高速の水雷艇が建造されるようになった。この大型の水雷艇は「水雷艇駆逐艦」と呼ばれ、のちには単に「駆逐艦」と呼ばれるようになった。この駆逐艦は急速に各国海軍に採用され、従来の水雷艇は次第にその数を減らしていった。

駆逐艦は、蒸気タービン機関の小型化により数百トンの船体ながら30ノットの高速を出せた。その後、攻撃力、航洋性を高めるために次第に大型化し、第一次世界大戦時には1000トンほどの大きさになり、なかには旗艦設備を持つ、より大型の「嚮導(きょうどう)駆逐艦」も登場した。1900年代になると駆逐艦は、水雷艇を駆逐するだけでなく、それ自体で敵艦隊に対する魚雷攻撃、潜水艦に対する攻撃、機雷掃海など極めて幅広い任務に活躍するようになる。

水中兵器の威力──フランス青年学派

水中兵器は魚雷が実用化されたことによりその威力を発揮し始め、チリ革命戦争（1891年）で装甲艦を撃沈したのが最初の例である。日清戦争での黄海海戦（1894年）では砲弾200発が命中しても沈まなかった清国装甲艦「定遠」が、36センチ魚雷1発の命中で沈没して各国海軍に大きな衝撃を与えた。

このように小型の水雷艇などの魚雷で大型の装甲艦の水線下に破孔をあけると簡単に沈められることが実証されたため、海戦戦術や建艦計画にも大きな影響を与えた。特に1880年代の仏海軍では、「青年学派

（Jeune École）」と称される戦術研究グループが魚雷の威力により装甲艦優位の時代は終わったとして、戦艦を作る予算で多数の小型艦艇を保有する方が有利だと主張した。

これは、世界第2位の仏海軍が巨額の建造費をつぎ込んで装甲艦を作っても第1位の英海軍にはなかなか追いつけないうえに、そもそも装甲艦が現実の海戦においてさっぱり敵艦を沈めることができないという現実があった。

仏海軍としては非対称戦略をとって、より安価な費用で英海軍の優位を打ち破りたいと考えたのだが、この戦略を一貫して追求することはなく、過度に小型艦を重視する傾向を強めただけで、戦艦が海軍軍備の中心だった時代にあって仏海軍の地位は低下した。

独陸軍との対抗上もフランスでは海軍は第二義的な意義づけしか与えられず、建艦能力でも劣っていたこともあり、独海軍はもちろん日本やイタリアと比べても見劣りするものとなっていった。

日露戦争では、日本海海戦（1905年）において駆逐艦と水雷艇で戦艦2隻撃沈など大きな戦果を上げた。魚雷の戦果も大きかったが、最も大きな戦果を上げた兵器は機雷だった。両国艦隊が対峙した遼東半島の沿岸では、互いに相手艦艇の航路上に多数の繋維機雷が敷設され、日本は戦艦など11隻、ロシアも戦艦など3隻を失っている。

潜水艦の登場と発達

潜水艦は、今日こそ水中を自由に行動し強大な攻撃力を誇る兵器だが、その開発には長い年月を要した。潜没状態で航行した世界最初の潜水艦は、アメリカ独立戦争（1776年）時に作られたアメリカの「タートル」である。一人乗りの同艦は人力でスクリューを回して移動し、艇に取り付けられた爆薬で敵艦の艦底に穴を開けようというものだったが、成功しなかった。

幾多の試作、実験を経て、実用的潜水艦の原型となったのが、アメリカ人ホランドが1899年に建造した「ホランド」であり、翌年以降米海軍で排水量12

2トンの「A型」として建造された。このホランド型はイギリスや日本が採用したほか、仏海軍は独自の潜水艦の開発に熱心に取り組んだ。

第一次世界大戦直前には、主要海軍国7カ国だけで200隻以上の潜水艦を保有していた。この頃の潜水艦は数百トン程度の大きさが主流であり、ディーゼルエンジンで水上を航行し、攻撃時には潜航して蓄電池とモーターで行動することで洋上の作戦が可能になった。

この推進方式は、原子力潜水艦の登場まで基本的に変わらず、第一次世界大戦では、艦船攻撃、通商破壊戦など多くの任務に投入されることになる。

第8章 新興海軍国ドイツ

ドイツ海軍の誕生

普仏戦争（1870〜71年）で勝利した陸軍大国プロイセンは念願のドイツ統一を果たし、ドイツ帝国となった。独海軍は、プロイセンにあった北ドイツ連邦海軍という小さな領邦海軍の合同部隊を引き継ぐかたちで誕生する。海軍の発足とともに、陸軍省の一部に過ぎなかった海軍本部は独立して皇帝直属の帝国海軍本部となった。

初期の独海軍は、沿岸防備用の装甲艦5隻を主力とする弱小なものだったので、対独復讐を叫ぶフランスとの報復戦争に備えた艦隊整備に着手する。

当時のドイツの仮想敵国はフランスとロシアであ

り、それぞれユトランド半島で隔てられた北海とバルト海を正面としていた。普仏戦争においては、仏海軍が北海に面したヤーデ湾の軍港を封鎖してプロイセン海軍を閉じ込めたことがあり、ユトランド半島を領土とするデンマークが有事に中立を宣言しようものなら、海峡が封鎖されバルト海の艦隊が動けなくなる恐れもあった。

このような地理的条件を克服するため、ドイツは8年の歳月をかけてユトランド半島の付け根部分を100キロメートル近くにわたって掘削し、バルト海と北海を結ぶカイザー・ヴィルヘルム運河（キール運河）を開通させた（1895年）。

この頃になると、ドイツの海軍戦略は、それまでの来攻する仏海軍を沿岸で防備するという陸軍の補助的なものから、開戦と同時にカレーを攻撃して大西洋側の仏海軍を撃破するという積極的なものに転換した。これは地中海から仏海軍の有力な増援が到着すれば、独海軍は再び封鎖されかねないので、先手を打って緒戦で勝利を得て、戦後の講和条件を有利にしようという考え方だった。

後発の帝国主義国家ドイツ

後れて登場した帝国主義国家ドイツの植民地の獲得は、すでにヨーロッパ諸国が獲得した植民地の隙間を縫うようにして進めざるを得なかった。ドイツはヨーロッパ諸国のアフリカ分割の流れに乗り遅れまいと1884年に最初の植民地であるカメルーンなどの領有を宣言し、翌年はアフリカ東部へフリゲートやコルベットといった小型の軍艦を派遣して内陸部への植民地建設を始めた。

ドイツは太平洋へも軍艦を派遣して、ビスマルク諸島（1884年）、ブーゲンヴィル島（1885年）、マーシャル諸島（1885年）、ナウル島（1888年）、マリアナ諸島やカロリン諸島など（1899年）の島々を獲得した。

このような太平洋方面の植民地経営の根拠地となったのが、膠州湾（青島）であるが、これは日清戦争後の三国干渉以降の列強の中国分割の動きに乗って租借

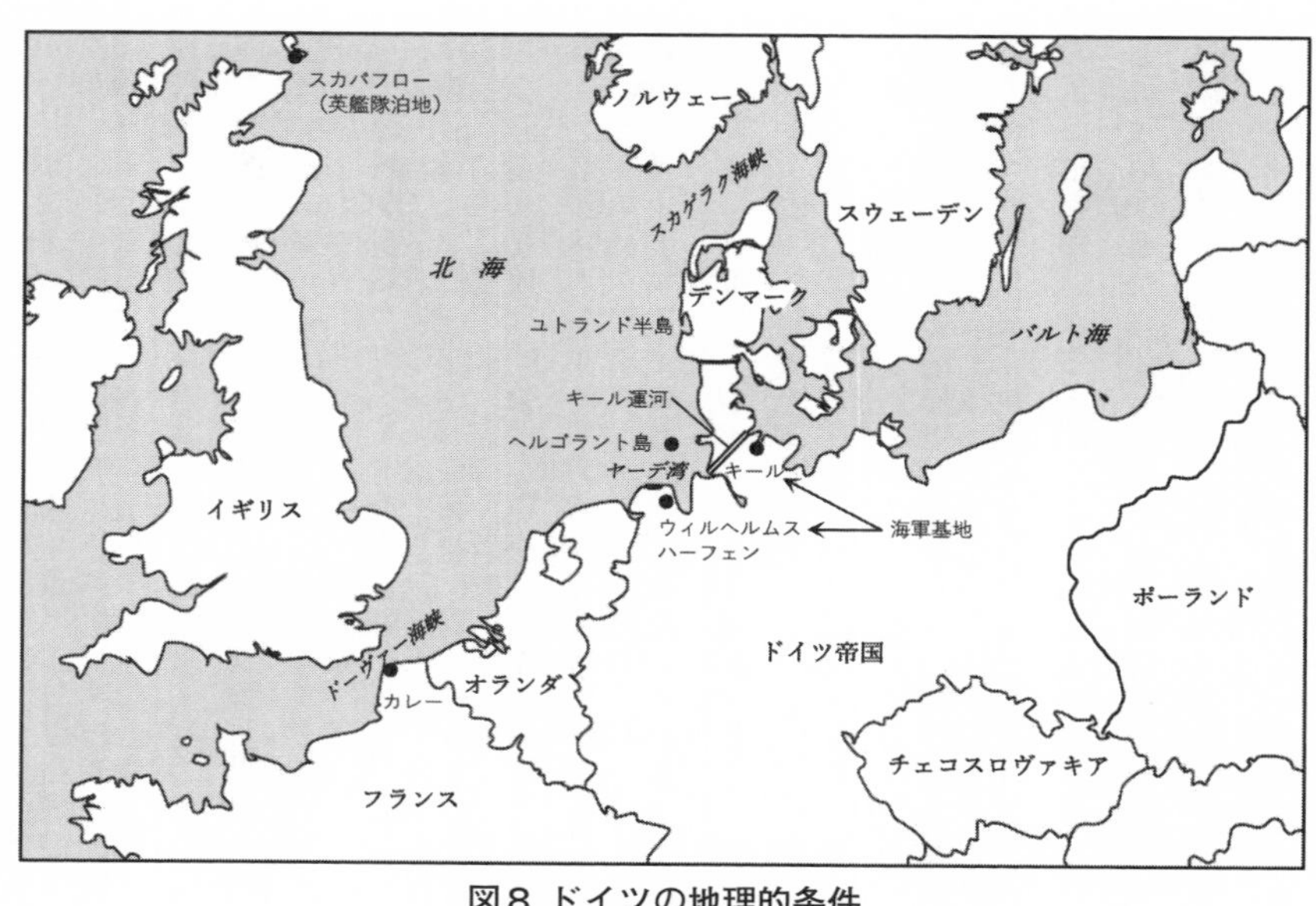

図８ ドイツの地理的条件

（１８９８年）したものだ。一見してわかるようにドイツの植民地には、経済的な価値を持つ場所はほとんどなかったが、戦略的には世界各地に艦艇の泊地を得ることができ、大陸国家であるドイツが海洋利用に関心を向け、海軍を発展させる契機となった。

カイザーの海軍

ドイツが海洋に目を向け始めた頃、29歳の若さで皇帝に即位したのがヴィルヘルム二世である（在位１８８８～１９１８年）。軍艦好きの彼は、祖母の英ヴィクトリア女王即位50年記念観艦式で世界一の英海軍に感銘を受けるとともに、この頃出版されたマハンの『海上権力史論』に強く感化され、同書を翻訳させてすべての海軍艦艇に備えさせた。

ヴィルヘルムは、ドイツの産業革命の進展にあわせて原料供給地と工業製品の市場としての植民地を求めて積極的に海外へ進出しようとして、「新航路政策」と呼ばれる貿易、海運、造船の奨励策をとったほか「ドイツの将来は海上にあり」として艦隊の増強に着手した。あわせて皇帝自身が海軍内局を通じて海軍施策に関与できる仕組みを作り、皇帝（カイザー）の海軍という色合いをさらに強めた。

ヴィルヘルムは各地で紛争が起きれば躊躇なく軍艦を派遣して露骨な砲艦外交を繰り返した。このため、それまで他国との摩擦を避け、列強国間の微妙な勢力均衡を保つことでドイツの安全保障を担ってきた宰相ビスマルクは、若き皇帝と対立して辞任してしまう（１８９０年）。

さらにドイツはイギリスを抜いてヨーロッパ第一の工業国になったこともあり、先進帝国主義国イギリスを警戒させずにはおかなかった。

ティルピッツの「リスク主義」

当時の独海軍の建艦方針としては、通商破壊戦を主任務として高速巡洋艦を主力とする考え方と、強力な戦艦を主力とすべきとする考え方が対立していた。当時、戦艦は一国の外交力を担保する戦略的な存在であり、その保有数は一国の海軍力を示す指標とみられていた。後者の考え方をとるティルピッツらは、ロシアやフランスといった仮想敵国への対抗のために不可欠となる強国との同盟を結ぶには、ドイツ自身が戦艦を主力とする強力な艦隊を持つ必要があると考えたのだ。

このような建艦方針の対立は、のちのナチス時代にも「Ｚ計画」の立案の際に再燃することになるのだが、海軍が自然に国防の中心となる海洋国家と違い、海軍の役割が国家戦略や陸軍との関係性に左右される大陸国家ならではの問題だった。

ともあれヴィルヘルムに認められたティルピッツ少将は海軍大臣に抜擢される（１８９７年）。ティルピッツは、仮想敵を世界最強の英海軍として、ドイツを攻撃する敵海軍が大きなリスクなしには戦いを挑めない規模の艦隊を建設するという「リスク主義」をとった。

具体的には英海軍の三分の二の兵力を持てば、彼らにリスクを負わせ外交的に譲歩を迫れるはずと考えたのだ。しかし、やがてこのリスク主義がイギリスとの建艦競争を引き起こし、第一次世界大戦勃発の要因の一つとなっていく。

「艦隊法」と建艦競争

ティルピッツは艦隊整備を急ぐために海軍の継続予算を法制化することにし、戦艦数や定員を定めた第一次艦隊法として1898年に成立させた。この法律により、独海軍は7年間で戦艦19隻と装甲巡洋艦12隻などを保有し、それぞれ定められた艦齢に達したら順次代艦を建造することが定められた。

この第一次艦隊法は、既就役の戦艦52隻に加えて12隻を建造中だったイギリスにとってさしたる脅威とは映らなかったが、1900年の第二次艦隊法で戦艦が予備を含めて38隻、装甲巡洋艦14隻、小型巡洋艦が38隻とされると話が違ってくる。わずか30年前に装甲艦5隻で出発した独海軍を思えば、驚くべき規模の計画だった。

イギリスは1889年以降、世界第2位のフランスと第3位のロシアの海軍力を合計した以上の戦力を持つことを目標とする「二国標準主義」をとっていたが、このドイツの計画はその政策の前提を根底から覆しかねないものだった。イギリスは、ドイツとの対決に備えて外交政策を再検討してフランスだけでなくロシアとも関係改善を図っていくことになる。

ドイツの挑戦は、国防政策の前提を海軍の絶対的優勢においているイギリスにとっては生存をかけた大問題となった。第一海軍卿フィッシャーは、海軍省をあげて「我々は8隻を要求する。我々は待てない」という戦艦などの建造予算の獲得キャンペーンを張り、空前の建造予算を成立させて艦隊の大増強を開始した。独海軍の増強は、有事にイギリスの譲歩を引き出す前に平時の国力をかけた建艦競争を引き起こしてしまったのだ。

ド級戦艦の登場と建艦競争の激化

英海軍は、フィッシャーのリーダーシップで日本海海戦の戦訓を採り入れ、火力と速力を大幅に向上させた画期的な戦艦「ドレッドノート」を就役させる（1

906年）。この「ド級戦艦」はそれまでの戦艦を一挙に旧式化させることになり、世界中でド級戦艦の建造競争が始まった。

新興の独海軍にとってもイギリスに対抗できる一大艦隊を建設できるチャンスが与えられたともいえる。ドイツは1908年に成立した艦隊法に基づき猛然とド級艦の建造を開始した。これに対してイギリスは大きな衝撃を受け、1909年には二国標準主義のもと膨大な建艦計画を立て、かつ着実に実行していった。

こうして英独の建艦競争には一層の拍車がかかり、独海軍は本国にある現役艦隊を一本化した「大海艦隊」の建設に邁進して、1909年には仏海軍を抜き世界第2位の軍艦保有量となり、ついにドイツは名実ともにイギリスの仮想敵国となったのである。

第一次世界大戦開戦時のド級以上の戦艦保有数はイギリスが29隻、ドイツが17隻に及んだ。イギリスは巨額の予算を要する建艦競争が財政を圧迫したことから、1906年以降、「海軍休暇」提案として知られる建艦計画の相互抑制を申し入れたが、ドイツの同意を得られず、戦艦の建造を制限する協定交渉も決裂し（1912年）英独間の不信感と敵意は深まるばかりだった。

さらに建艦競争のさなか、イギリスはカイロとケープタウン、カルカッタをそれぞれ鉄道で結ぶ「3C政策」を進めていたが、一方のヴィルヘルムは、ベルリン、ビザンティウム、バグダッドを鉄道で結び、バスラ港からペルシャ湾、インド洋に向かいイギリスの勢力圏に進出する「3B政策」を掲げて、イギリスのほか仏露とも激しく対立した。

英独関係は互いを仮想敵国とみなしたままさらに悪化し、ドイツはオーストリア＝ハンガリー、イタリアとの三国同盟、イギリスはロシア、フランスとの三国協商の二つの陣営に分かれて第一次世界大戦への道をたどることになる。

第9章　新興海軍国アメリカ

アメリカ海軍の誕生

海軍の廃止と再建

１７８３年にイギリスがアメリカ合衆国の独立を認めた時、大陸海軍の艦艇はわずかに3隻になっており、独立を達成したアメリカ政府は当面の財政難を乗り切るために海軍を廃止してしまう。

この頃、ヨーロッパはナポレオン戦争の終わる１８１５年まで長い動乱の時代にあったが、アメリカは中立国の立場をとったため、その商船隊は世界の海を自由に行動し莫大な利益を得ていた。しかし、この商船隊にも危険がなかったわけではない。北アフリカ海域で頻繁に出没したバーバリー海賊である。これら海賊はそれぞれの根拠地の太守の公認で行なっているもので、その取締りも太守次第ということになる。イギリスやフランスなどの大海軍国なら自国商船を護衛できるが、それができない国は太守への贈り物により安全を確保するのが普通だった。

アメリカはすでに海運界において世界的な地位にあったが、海軍を持たなかったため、太守への贈り物で商船の安全を確保していた。運悪く船員が捕らえられたら身代金を払うことにし、贈り物と合わせた経費が海軍を持つ経費より少なくて済めばよし、と考えていたのだ。

このような「割り切り」をしていたアメリカ政府も、１７９３年以降フランスの私掠船が西インド諸島に現れ、フランス以外のヨーロッパ諸国に向かう商船の捕獲を始めると海軍の必要性を認めざるを得なくなった。１７９４年、フリゲート6隻の建造を認める海軍法が議会に承認され、およそ10年の空白を経てアメリカに海軍が再建された。

その後、海賊の脅威が一段落すると海軍不要論が再燃する場面もあったが、1798年にフランスとの間で私掠船問題についての交渉が決裂すると、それまで消極的だった議会もついに海軍増強を急務と考えるようになり、国防省から海軍省を独立させるとともに、アメリカ沿岸の仏軍艦と私掠船に海軍で対処することを決議した。

その後、財務省の下に設けられたコーストガードの前身である税関監視船隊とも密接に協力しつつ、海軍工廠の建設や関連する産業の育成を含む海軍の建設が進められた。大きく発展した商船隊は熟練した軍艦乗組員の供給源としても重要な役割を果たした。

ジェファーソン軍縮とトリポリ戦争

1800年、フランスとの和約が成立した年の大統領選挙では軍縮を唱える共和党のジェファーソンが勝利した。対フランス戦で膨張した海軍予算はたちまち大ナタを振るわれ、多くの軍艦が売却され士官も整理された。

しかしジェファーソンが大統領に就任した1801年には、早くも次の戦争を戦わなければならなかった。トリポリの太守との間で海賊取締りとそれに対する代償金の交渉が決裂したことによるトリポリ戦争である。米艦隊は地中海に入り、トリポリを封鎖した。遠征艦隊の兵力は十分とはいえず有能な艦長も不足していたが、1805年にはトリポリの太守が大幅に譲歩し、戦争は終結した。

1812年戦争とアメリカ海軍

1812年、アメリカはイギリスとの戦争に再び突入した。すでに双方の軍艦の小競合いが起き、英海軍は慢性的な乗員不足の解消のため米商船を臨検して英国籍を持つ船員を片端から拉致し、1万人以上のアメリカ人船員を英海軍に強制的に入隊させていたため、アメリカ国民の対英感情は極めて悪くなっていた。

これらの背景に加えて、アメリカがカナダに対する領土的野心を持っていたことが対英宣戦を決定的にした。フランスとの長年の戦争でイギリスは新大陸を顧みる余裕がないだろうとの判断もあった。しかし、ナポレオンがモスクワ遠征に失敗すると、情勢は急速にイギリスに有利になり、強力な英艦隊がアメリカ沿岸へ展開し、厳重な封鎖を行なうとともに、カナダの英陸軍は南下してアメリカ国内に侵入する態勢をとった。

英海軍の封鎖は厳しかったものの、トリポリ戦争で経験を積んだ米海軍の艦長らは全力で英商船に対する通商破壊戦を展開し、その海域は大西洋全域から一部は南太平洋に及んだ。この戦争でも私掠船約200隻が出撃して商船1300隻以上を捕らえた。

カナダから南下を図る英軍によって米陸軍はしばしば危険な状態に陥ったが、米海軍の湖上艦隊はエリー湖海戦、シャンプレイン湖海戦で英艦隊を撃破し、その侵入を阻止した。1815年、両国とも決定的な勝利を収めることなく、カナダとアメリカ、メイン州との国境を画定して、この全く得るところのなかった戦争に終止符を打った。

ナポレオン戦争後の海軍政策論争

1812年戦争は無益な戦いだったが、大西洋での通商破壊戦における英米のフリゲートの一騎打ちでの「武勇伝」は国民の間に広く伝えられ、海軍の存在意義を強く印象づけたことは確かだった。これにより、戦後は海軍の拡張に関して積極論と消極論の違いこそあれ、海軍不要論のような極端な議論はもはやなくなった。

議会で海軍の拡張を支持したのは、主として海外貿易や漁業が盛んなニューイングランド諸州から選出された議員であり、内陸部や南部諸州の議員の海軍に対する関心は薄かった。積極論者は、戦列艦を多く建造して主要な港湾や交通上の要地に配備することが敵の封鎖や上陸作戦を阻止する最良の方法であるとし、この考え方で初めての長期建艦計画が1816年に承認された。

これに対して消極論者は、軍艦より海岸の要塞を建設したほうがよいとか、平時は海賊対処用の小型軍艦を保有し、有事には大型艦を緊急建造すればよいなどと主張した。

積極論者にせよ消極論者にせよ、沿岸要地の防衛と外洋における通商破壊戦を戦時の海軍の主任務と考えていることは共通していた。また、多数の戦列艦の建造を主張しても、その用法は各要地の防衛に分散配備することであり、これを集中させて艦隊を編成し、敵の主力艦隊の撃滅を図るという艦隊決戦の考え方はまだ見られなかった。

海軍組織の発達

米海軍は当初から文民の海軍長官のもと、シヴィリアン・コントロールの仕組みを持った初めての海軍といわれている。海軍の成長にあわせて、その運営のための組織として海軍長官のもとに海軍委員局が設置され、3人の海軍士官が海軍委員に任命された（1815年）。

海軍の基本的政策を決めるのはあくまで政治の仕事としつつも、軍艦の建造から運用、維持管理、人事、予算に関することは海軍委員が担当し、必要に応じて海軍長官に助言したのである。

米商船隊の行動海域の拡大に合わせて軍艦の海外派遣も増えたが、1812年戦争後は海域ごとに配備された戦隊から派遣されるようになった。地中海戦隊と西インド戦隊はそれぞれ北アフリカ諸国とメキシコ湾・カリブ海の海賊対処のために、アフリカ戦隊は奴隷貿易船取締りのためにそれぞれ編成、配備され、その他太平洋戦隊、ブラジル・南大西洋戦隊、東インド戦隊が配備された。

南北戦争におけるアメリカ海軍

南北戦争（1861～65年）開戦時、海軍の大部分は北軍に属することになり、海上の戦いの主導権を握った。圧倒的に優勢な北軍はすべての南部港湾に対する封鎖作戦を行ない、その経済活動に打撃を与えるとともに兵器調達を妨害した。封鎖に対する南部の反撃は散発的だったが、実験的ながらも機雷、水雷艇、潜水艇、気球などの新兵器が用いられた。

特に封鎖作戦には沿岸用の装甲砲艦が登場し、それまでの海戦の様相を変えてしまった。北軍の「モニター」と南軍の「ヴァージニア」である。これらは、ごく低い乾舷と構造物を持った蒸気機関で走る装甲艦だった。在来の木造帆船は装甲艦の砲火と衝角突撃の前には無力であり、南北の砲艦同士は砲火を交えても双方とも砲弾は船体を貫通せず、装甲の効果を立証した。

進歩から取り残されたアメリカ海軍

南北戦争が終わった時、米海軍の艦艇勢力は約700隻、50万トンに達していた。その内訳は、沿岸防備用のモニター型沿岸用装甲砲艦と通商保護・破壊戦用の在来型の汽帆両用木造フリゲートなどだった。これらの艦艇は戦後急速に削減されたが、ちょうどネイヴァル・ルネッサンス全盛の時代でもあったので、多数の旧式艦艇を抱える米海軍が世界の技術革新から取り残される一因となった。

アメリカは、19世紀前半に急速に領土を拡大し大陸国家としてのかたちを整え、南北戦争後は、ヨーロッパからの大量の移民を呼び込んで西部開拓を進めた。移民の輸送は折からの蒸気船時代が支えた。西部開拓では鉄道建設などのインフラ整備を進めた結果、急激な経済成長を遂げ、1880年代に入り、アメリカはそれまでの農業国からカーネギーやロックフェラーの成功に象徴されるような大工業国となり、ヨーロッパと対等の世界的勢力として発展した。

進歩から取り残された海軍についても近代化の必要性が認識され、いったんはハント海軍長官のもとで68隻の鋼鉄艦の建造計画が立てられたが、ガーフィールド大統領暗殺の余波で頓挫してしまった。結局建造されたのは、防護巡洋艦「アトランタ（Atlanta）」、「ボストン（Boston）」、「シカゴ（Chicago）」と通報艦「ドルフィン（Dolphin）」の4隻のみで、頭文字をとって「ABCDシップス」と呼ばれた。この4隻の建造によって「ニュー・ネイヴィー」の再建が始まることになる。

海洋国家アメリカの建設

ニュー・ネイヴィー建設とマハン

海外植民地を持たなかった若きアメリカにはイギリスのような「海洋の支配」という概念がなかったため、その海軍の役割は沿岸防備と通商保護・破壊の二つに限定されていた。したがって海軍兵力としては沿岸用装甲砲艦や小型のフリゲートが主力となったので、ニュー・ネイヴィーの建設は旧式化した木造フリゲートを防護巡洋艦に置き換えることから始まった。

初期の「ABCDシップス」は期待された性能からほど遠く、「軍艦というより遊覧船」といわれたほどアメリカの建造能力は低かった。装甲艦として最初に建造されたインディアナ級戦艦も低乾舷、低速、低航続力(わずか500マイル)であり、およそ外洋で行動できるような艦ではなかったが、建造を続けるうちに国産能力は向上していった。

このように沿岸防備海軍を脱しきれずにいたニューネイヴィーの発展の理論的支柱になったのがマハンだ。マハンは1890年に『海上権力史論』を著し、海洋国家イギリスの歴史から、植民地の支配、植民地と本国を結ぶ海上貿易が富の源泉であり、商船隊、海軍力、港湾施設などを総合した「シー・パワー」がパクス・ブリタニカを確立したと論じた。

そして、シー・パワーを決定する要因として、国土の地理的条件、国土面積、人口、国民文化(海洋性、航海技術)、政府の性質(国の海洋戦略)をあげ、アメリカが海洋国家として発展する道すじを示した。

マハンは、この著書を通じて、世界的勢力となったアメリカにとっての海軍のあるべき姿を英海軍に求め、将来の米海軍は沿岸防備や通商破壊戦ではなく、世界の海で制海権を握れるような戦艦を中心にしたものにするべきと説き、アメリカの政治家たちの超党派的な共感を得るに至った。

このような新しい考え方で近代化を進めたのはトレイシー海軍長官(在職1889~93年)だった。彼は「我が国が必要とする海軍は戦いをしなくてすむような海軍である。しかして、戦いをしなくてすむような海軍とは、戦いを遂行できる海軍にほかならない」として在任中に4隻の戦艦建造を議会に承認させた。これを皮切りにアメリカの海軍建設が加速することになる。

海洋国家としての発展

世紀の転換期にあたりパクス・ブリタニカが終焉に向かい、19世紀初頭から「明白なる天命（マニフェスト・デスティニー）」として西進政策を推し進めてきたアメリカは、西海岸の各州を１８４８年までに獲得して太平洋国家となった。この5年後にはペリーが浦賀へ来航し、アメリカは日本、清国、シャム、朝鮮半島など積極的にアジアに介入するようになるが、このような膨張政策は歴代政権の中に反帝国主義をとったものもあったことから一貫せず、19世紀末にはいったん完全に停止された。

アメリカの膨張主義が再び動きだすのは、アメリカの世論が世界最大の経済大国となった自国にふさわしい地位を求めたことに加えて、ドイツの脅威がきっかけだった。西太平洋で勢力を拡大しつつあったドイツがサモアをめぐってアメリカと摩擦を生じたところに、ドイツの帝国主義政策を警戒していたイギリスがアメリカをドイツに対する防波堤とみなしてフィリピンの領有を強く促したのだ。

さらに、１８９０年にフロンティアが消滅すると西部開拓に依存したアメリカ経済は大転換期に直面し、新たな市場の確保が国家的な課題となった。マハンの『海上権力史論』がローズヴェルト大統領をはじめとする膨張主義者らの野心を刺激したことも大きな要因となった。

米西戦争――植民地帝国の仲間入り

世界の列強入りをしたアメリカとニュー・ネイヴィーがはじめて経験した対外戦争が米西戦争だった。

アメリカにとってキューバは重要な貿易相手国で米国民の感情も好意的だったが、そのキューバをスペインはラテン・アメリカに残された拠点的な植民地とし

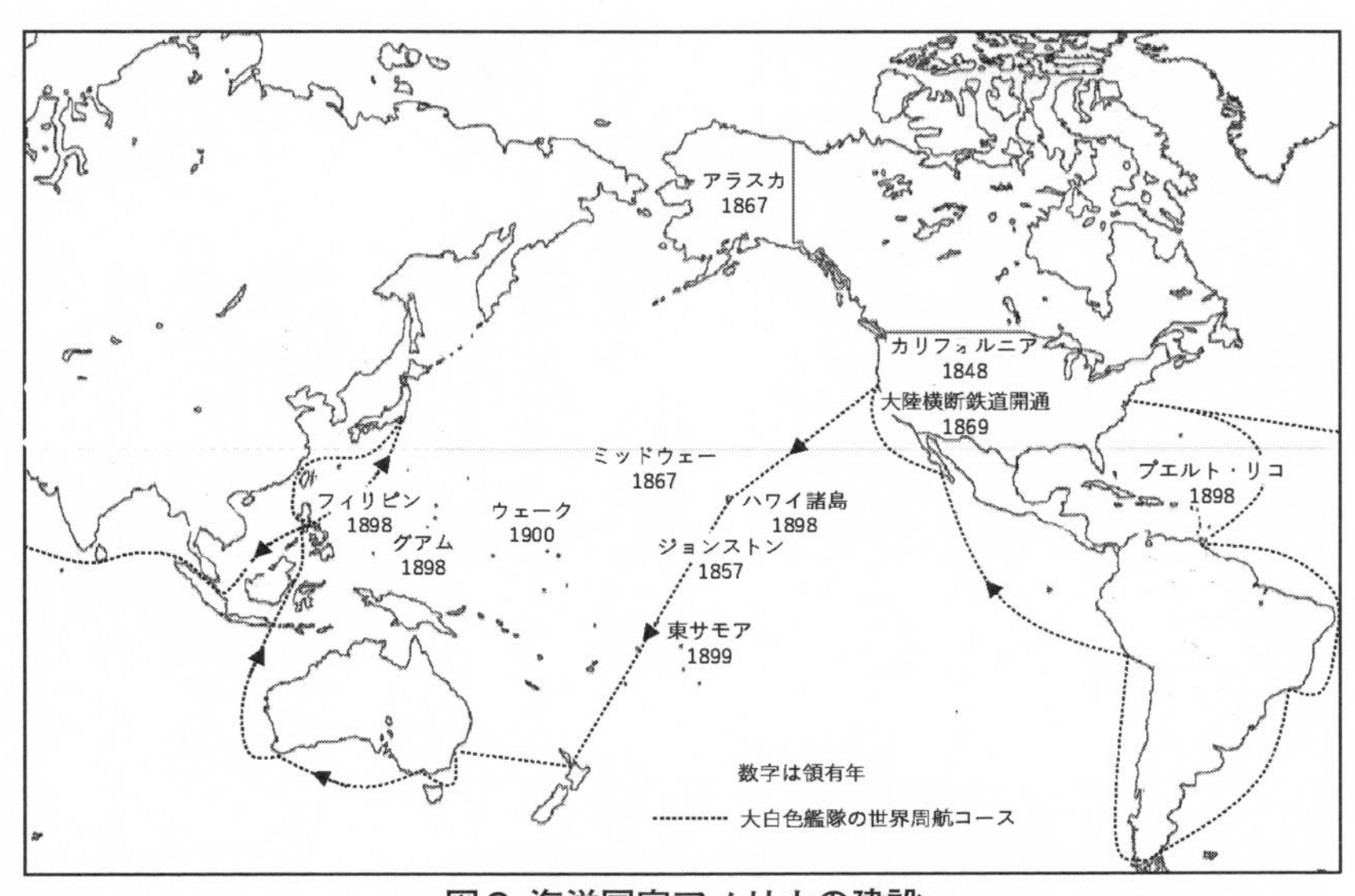

図9 海洋国家アメリカの建設

て弾圧していたので、米国民の反感を買っていた。

1898年、キューバで反スペイン蜂起が起こると、アメリカは自国民保護を口実に戦艦「メイン」をハバナ港に派遣する。停泊中の同艦が謎の爆沈事故を起こして乗組員266人（うち日本人8人）が死亡すると、アメリカはスペインに対してキューバからの即時撤退要求を突きつけた。スペインがこれに対してアメリカへの宣戦布告で応えると、煽動的な新聞報道も手伝ってアメリカ国内の世論が先鋭化し、ついにアメリカも宣戦布告するに至る。

戦争はアメリカの一方的な勝利に終わった。まず香港にあったアメリカのアジア艦隊はスペイン領フィリピンのマニラ湾に入り、スペイン艦隊を全滅させた。またキューバに急派されてきたスペイン艦隊を港内に封鎖し、脱出を図る同艦隊も全滅させた。

のちにヘイ国務長官が「素晴らしい小戦争」と呼んだことでもわかるように、わずか4カ月の戦争でアメリカはスペインを破り、キューバ、プエルトリコを勢力下に組み込み、さらには太平洋上のグアム、フィリピンまでも獲得した。こうしてアメリカは本格的な海外植民地を手にし、植民地帝国の仲間入りを果たした。

フィリピンの獲得と日米接近

アメリカの海洋国家としての性質を決定的にしたのがフィリピンの獲得だった。いったんアジアに関与し始めると、欧州列強が我先に「アジアの病人」清国の利権の獲得競争に乗り出すなか、アメリカも乗り遅れまいと清国に対する機会均等の原則を謳った第一次門戸開放宣言（1899年）で自国の国益確保を図ろうとした。

アメリカがフィリピンを獲得した年、ドイツはスペインからサイパンを獲得し、これにより太平洋上の米独間の対立が鮮明となり、アメリカを一流の海洋国家に発展させなければならないというローズヴェルトの決意を一層強固なものにした。同年のハワイ編入も、アメリカの海洋政策に大きな影響を与えたことは言うまでもない。アメリカはフィリピンとハワイを領有したことにより、アジア太平洋地域にも利権を持つ海洋国家になり、それまで欧州と中南米中心だった外交もアジア中心へ転換した。

アメリカの工業力は1894年に世界第1位に躍り出たものの、当時の海軍力では欧州列強からフィリピンを防衛できる状況ではなかった。このため、アメリカは日本との関係を見直してアジアにおける戦略的なパートナーシップを組む相手とみなすようになる。アジアの中で「脱亜入欧」「富国強兵」のスローガンのもと、唯一近代化に成功し、日清、日露戦争での勝利後、非白人国家として文明圏の一員となったのが日本だったのだ。

太平洋を挟んだ日本との連携が可能になるのはアメリカが海洋国家になったからであり、次に述べるようにローズヴェルト大統領の時代には日米の新時代が築かれることになる。

ローズヴェルト――現代アメリカ海軍の父

米西戦争におけるアメリカの手際のよさは、当時海軍次官だったセオドア・ローズヴェルトの「功績」もある。38歳で海軍次官に就任したローズヴェルトは、海軍省にあまり姿を見せない長官にかわって実務を取り仕切っていた。彼は、キューバをめぐるスペインとの戦争は不可避であるとの判断から戦艦6隻、巡洋艦6隻からなる海軍の大拡張計画を打ち出し、軍港の近代化などインフラ整備を進めるとともに、海軍情報局を創設するなど海軍の増強に努めた。

「メイン」爆沈事故に際しては、ローズヴェルトは長官名を勝手に使ってアジア戦隊を香港に回航させマニラ湾の封鎖を命じてしまう。すでに腹をくっていた彼は、米西戦争が勃発すると次官をさっさと辞任し、志願兵からなる「ラフ・ライダース連隊」を結成して自らキューバに出征し勇名を馳せる。英雄となった彼はニューヨーク州知事に当選するが、共和党の長老らから厄介者扱いされ、空席になっていた閑職の副大統領に追いやられた。ところが、マッキンリー大統領が就任半年で暗殺されたため、ローズヴェルトは図らずも大統領を引き継ぐことになったのだ。

セオドア・ローズヴェルト大統領（在任1901～09年）は、米西戦争以後、米海軍を急ピッチで拡張して海洋国家アメリカの建設に邁進した。幼少時から海軍好きだった彼の大学卒業論文は『1812年の海洋戦争』であり、この執筆を通じて海軍関係者との人脈を広げた。彼は海軍の理解者にしてマハンの信奉者でもあった。

ローズヴェルトはアメリカの外交政策の道具として海軍を強化するため、莫大な支出に二の足を踏む連邦議会に対して世論を味方につけながら説得した。海軍拡張の支援団体としてネイビー・リーグも設立され（1903年）、海運、貿易、造船、兵器関係の業者、政治家がその会員となり、「戦艦は戦争より安い」として海軍拡張の圧力団体として機能した。

こうして彼の任期中に新たに16隻の戦艦の建造が決まり、大統領就任時に世界第5位だったアメリカの海軍力は、8年後にはイギリスに肉薄する第2位となった。しかし、ローズヴェルトの強引な政策に議会内の反対も大きくなり、その後の建艦は旧式艦の代替建造のみに限ることにされた。これにより建艦ペースは一気に落ちたが、それでも世界第3位の海軍としての地位は保たれた。

この政策転換直後にイギリスで「ドレッドノート」が登場し、彼が苦心して建造した戦艦群は一挙に第二線級となってしまった。ローズヴェルトは、ドレッドノート革命に対抗するためにアメリカ版のド級戦艦の建造を命じ、日露戦争の戦訓から駆逐艦を導入するとともに、潜水艦の有用性を認めて潜水艦乗りの給与を大幅に引き上げ、米海軍におけるエリートとして位置づけるなどの改革を行なった。こうしてローズヴェルトは「現代米海軍の父」と称されるようになった。

棍棒外交

ローズヴェルト大統領は、海軍を外交政策の道具として積極的に使ったことでも知られる。「大きな棍棒(こんぼう)を携え、穏やかに話す」という「棍棒外交」だ。

1902年、ヴェネズエラの外債支払いが滞った際、債権国のドイツが艦隊を派遣して海上封鎖をするという露骨な砲艦外交に出た。これに対してローズヴェルト大統領はモンロー主義を振りかざして激しく抗議した。世界各地に派遣されていた戦艦を大西洋艦隊に集め、カリブ海で米海軍史上最大の演習を実施して独海軍を引き揚げさせ、ヴェネズエラの外債問題をアメリカの調停のもと解決したのだ。

これより前、英領ギアナとのヴェネズエラ国境紛争(1895~96年)で、英米は戦争直前の緊張状態までいったが、この時も中米で紛争を起こす余裕がなくなっていたイギリスを譲歩させ、アメリカの調停で和解させている。

この頃からイギリスとアメリカの力関係の変化が明らかとなり、パクス・ブリタニカからパクス・アメリカーナへの移行が近づいてくる。

ハワイの海軍基地化

ドイツを仮想敵国として艦隊の主力を大西洋に配備するという考え方は、ローズヴェルト以後の政権でも踏襲された。しかしアメリカはフィリピンを植民地にして以来、アジア海域におけるシー・パワーの動向に強い関心を持つようになり、太平洋へも強力な艦隊を配備して日本やアジア方面ににらみを利かすべきという考えも政治家の間で次第に大きな勢力となった。

このため、米海軍が大西洋と太平洋との間で艦艇を迅速に移動できるようにするパナマ運河の建設が求められるとともに、広大な太平洋に給炭設備を持つ基地も必要とされた。そこで注目されたのがハワイだ。

ハワイ諸島は19世紀中頃には、すでにアメリカの捕鯨船の補給基地となっていた。１８９３年に革命が起き、それまでのカメハメハ王朝からアメリカ人植民者を主力とする革命政府の統治となった。この時、日本は邦人保護のため東郷平八郎率いる巡洋艦「浪速（なにわ）」など3隻を派遣している。

革命政府はハワイのアメリカへの併合を要求したが、アメリカ政府は露骨な侵略行為と見られることを懸念してこの時は拒絶している。しかしハワイの戦略的価値の魅力は大きく、アメリカ政府は１８９８年に自治領として編入し、１９００年には准州として完全にアメリカの一部にしてしまった。

１９０９年、アメリカは米本土からグアム、フィリピンに至る重要な中継地としてパール・ハーバーに海軍基地建設を開始した。アメリカ西海岸からフィリピンまでは７０００マイルもあったが、ハワイからだと５０００マイルに短縮され、ドイツ領のサモアとサイパンまでも、それぞれ２６００マイルと３９００マイルとなり、太平洋ににらみを利かす態勢ができた。

ただし当時の基地は小規模なものであり、太平洋艦隊が常駐するような造修施設を持つ一大基地に変容するのは第一次世界大戦後のことである。

パナマ運河の建設

ハワイの海軍基地に加えて必要とされたのがパナマ運河だったが、その戦略的意義をマハンは次のように論じている（麻田貞雄『アルフレッド・T・マハン』）。

もし運河が完成されてその建設者の希望が実現するならば、カリブ海は今日のような、局地的交通の終点と場所、ないしはせいぜい途切れ途切れの不完全な交通線に過ぎない地位から、世界の大公道の一つに代わるであろう。（中略）この通路に関する合衆国の位置は、イギリスのイギリス海峡に対する、また地中海諸国のスエズ運河に対する位置と同じようなものになるであろう。

アメリカ政府は強引にパナマ共和国を独立させ（1902年）、運河の両側の各5マイルを「運河地帯」として永久租借権を得て、実質的にアメリカの領土とした。

運河は難工事を克服して1914年、第一次世界大戦勃発の当月に開通した。これによりニューヨークからロサンゼルスまでの航路はマゼラン海峡経由の約4割に短縮され、スエズ運河とともに世界の海上交通に重要な役割を果たし、アメリカの太平洋、東アジア進出の玄関口にもなり、アメリカの海洋戦略は勢いを増すことになった。

艦隊を素早く大西洋と太平洋側に展開させられるのは海軍作戦上、極めて大きな効果があったものの、運河を通航するには軍艦を閘門の幅以下に設計しなければならず、のちに戦艦や航空母艦の巨大化とのジレンマに悩まされることになる。

第10章　新興海軍国 日本

鎖国の終焉

ヨーロッパ諸国の東アジア進出

イギリスは、ナポレオン戦争終結後、マラッカ海峡を管制できるシンガポールを獲得し（１８１９年）、インドからさらに東方への進出を図る。

イギリスは中国産紅茶の輸入で流出する銀を取り戻すため、インドでアヘン生産を開始し、中国や東南アジア諸国への密輸を進めていたが、それを禁輸しようとする清国と対立してアヘン戦争（１８３９～４２年）を起こす。圧倒的な海軍力で勝利して巨額の賠償金と香港の割譲を受けると、アヘン貿易を合法、自由化し、さらに日本にも大きな関心を示すようになった。

フランスは１８２０年代からベトナムの内戦に干渉し、清仏戦争（１８８４年）を制して植民地とし、さらにカンボジア、ラオスも獲得して東アジアにおける拠点とした。

シベリアを東進してアジアに進出したロシアもまた、18世紀以来艦隊を派遣して北太平洋で活発に行動しており、日本に対する物資（薪水（しんすい））補給を要請するとともに、１７９２年にはロシア政府の使節ラクスマンが来日し、イギリス船、フランス船の来航がそれに続いた。

鎖国政策の変遷

このように外国船が日本近海に出没し始めると、それまでのキリシタン禁制などを柱とした鎖国政策の役割が大きく変化する。外国船への対処、日本人の海外渡航禁止、そして大型外洋船の所有・建造の禁止などが重視されるようになったのだ。

幕府は4回にわたって外国船対処の方針を打ち出し、沿岸部に領地を持つ諸大名に周知するとともに、外国に対しては長崎在住のオランダ商館長から伝えさせた。

まず幕府が示したのは、シベリアに進出したロシア船の来航に対応するため、食料と水・薪など必要な物資を与えて帰帆させる穏健策である寛政令（1791年）である。1792年に続いて1804年にもロシアの特使が通商を求めて来航したが、幕府が拒絶すると、樺太、千島の日本人を襲撃（私掠）するという事件が起きる。

これを受けて幕府は対露艦船打払令である文化令（1806年）を発布する。1811年にも特使が来航するが拒絶されたため、その後40年あまりは日本の鎖国政策の強固さを理解したロシアからの来航はなくなった。

アヘン戦争の衝撃

1808年には、ナポレオン戦争の余波でイギリス軍艦「フェートン」が長崎のオランダ商館のオランダ国旗を引き降ろすために来航し、奉行の制止を聞かずに上陸、牛などを奪うという事件があり、官民で反英論が起きる。幕府は文政令（1825年）を出し、外国船が沿岸に姿を現せば、ためらうことなく大砲を撃てという「無二念打払令」という強硬策に出る。

1837年には、浦賀沖に来航した船籍不明の外国船に向け浦賀砲台が発砲し命中、船は帰帆したが鹿児島沖でも再び打ち払いに遭う（モリソン号事件）。翌年入ったオランダ風説書には、日本人漂流民の送還のために非武装としたイギリス軍艦に対する発砲は極めて遺憾とあった。

実際にはイギリス軍艦というのはアメリカ商船の誤りだったが、翌1839年の風説書によりアヘン戦争でイギリスが大勝したことが伝わるとイギリス脅威論が強まり、幕府は英海軍が「モリソン号」の報復にやってくるに違いないと警戒した。

幕府はこのまま強硬な打払令を続けると、海軍を持たない日本も清国と同じ目に遭いかねないと考え、避戦論に傾き、発砲せず必要な物資を与えて帰帆させる穏健な天保薪水令（1842年）に転換した。人口100万人を超える江戸を支える物資の6割以上は江戸湾に入ってくる廻船によって運搬されていたことから、敵の軍艦1隻でも封鎖されかねないとの懸念もあった。

この方針が公布されたのは、清国がアヘン戦争に敗れ南京条約を結ぶ1日前のことだった。幕府は長崎のオランダ商館長に対して、天保令への転換を諸外国に知らせるよう要請したが、日本との通商を独占したいオランダは1851年まで諸外国に知らせなかった。

捕鯨国アメリカとの出会い

19世紀初頭から西進政策を推し進めてきたアメリカは、太平洋岸まで領土を拡大すると、その対岸にある日本に関心を持つようになる。アメリカは1791年から太平洋での捕鯨を始めたが、最盛期の1846年には出漁したアメリカ捕鯨船数は延べ736隻、年間1万4000頭を捕獲する乱獲時代を迎えていた。

この時期、日本近海でも300隻ほどのアメリカ捕鯨船が操業し、難破船も増えていた。アメリカは補給と難船者の救助のための日本の支援を必要としており、同国船の来航が急増する。

1846年には米海軍東インド艦隊のビッドル提督が国務長官の親書を携えて来航したが、幕府は受け取らなかった。それでも米国船の来航はいずれも平穏に経過したため、幕府内ではイギリス脅威論の一方で親米論が支配的となった。

超大国イギリスが各地で戦争を仕掛けて植民地を獲得し、世界の覇権を狙っていたのに対して、アメリカは独立77年目の友好的な新興国であり、幕府としては与しやすいと考えたのだ。さらに幕府は最初の条約の有利・不利が後続条約に引き継がれる「最恵国待遇」の考え方から、最初の条約相手国の選択は決定的に重要なことも理解しており、この点からもアメリカはふさわしいものと受け止められるようになった。

黒船来航

1853年、ペリー率いる蒸気船と帆船各2隻からなる米海軍東インド艦隊が、ノーフォークから喜望峰まわりの7カ月半に及ぶ苦難の航海を経て日本に来航した。シンガポール、香港、上海、琉球、父島を経て、石炭を節約するため2日前まで帆走していた外輪船も機走に切り替え、伊豆沖で大砲などあらゆる武器を準備して全艦が臨戦態勢をとって浦賀沖に達した。黒船の来航である。

幕府は、前年のうちにペリー艦隊来航の情報を入手していたため、オランダ語通訳を長崎のほかに浦賀奉行所にも配置するなど対応を準備していた。そして、老中首座の阿部正弘は、海軍を持たない日本としては軍事的対決を回避し外交で対処するしかないことから、国交のないアメリカだったが、熟慮の末、国書を受け取ることを決断する。幕府は、ペリーらを久里浜に上陸させ大統領の国書を受け取ると、アメリカ側は祝砲3発を撃った。

初めての黒船来航で発砲交戦は避けられたのだが、その理由としてペリー艦隊側が発砲厳禁の大統領命令を受けていたことがある。また、米海軍は石炭や食糧などの補給を英P&O社に頼っていたことから、万一、日本と交戦状態になれば旧宗主国イギリスの中立宣言は必至であり、そうなると艦隊の行動が継続できなくなるという事情もあった。

受け取ったフィルモア大統領の国書には、①アメリカ人遭難者とその船舶の保護、②物資補給、海難時の修理のための入港、無人島への貯炭所の設置、③貿易のための入港などが求められていた。

幕府は開国に備えて、大型船解禁の老中通達を出して海外渡航を解禁し、同時にオランダ商館へ蒸気船を発注した。

鎖国体制の終焉

1854年、ペリーが3隻の蒸気船を含む9隻からなる艦隊を率いて再来し、横浜沖に投錨した。

協議の結果、下田、箱館を避難港として開港、漂流民の救助経費の相互負担、漂流民の取り扱い、アメリカに対する最恵国待遇が明記された全12か条からなる日米和親条約を締結、調印した。同様の条約は、イギリス、ロシア、オランダと締結された。米側から要求のあった開港、貿易、居留などは和親条約から削除され、将来の通商条約の交渉に持ち越された。こうして二百年以上続いた鎖国体制は幕を閉じた。

ちなみに、ロシアのプチャーチンも来日するが、クリミア戦争中だったため英仏の目を避けて軍艦1隻のみで大坂に入港する。その後下田に回航させられ、懸案の領土問題が協議され、千島においては択捉島と得撫島との間を国境線とする日露和親条約（下田条約、1855年）が締結された。

幕府海軍から明治海軍へ

幕府海軍の創設から終焉

開国を受けて、幕府はそれまでの海防体制を見直さざるを得なくなった。すでに林子平は『海國兵談』（1791年）で海軍を持つべきことを説いていたが、鎖国体制の中では、いたずらに人心を惑わすものとして禁錮刑に処せられてしまう。幕末になると薩摩藩などが軍艦の建造に乗り出す一方、幕府も洋式砲の製造に取り組み、佐久間象山からはアヘン戦争を受けての『海防八策』（1842年）の献策を受け、海軍創設の動きが始まっていた。

幕府は、ほかに相談できる相手もいなかったことから、長崎で貿易を許されてきたオランダに意見を求めた。オランダからは、コルベット「スンビン」が派遣され、ファビウス艦長は幕府海軍の創設を提言した（1854年）。これを受けて幕府は、幕府海軍の創設、オランダからの軍艦購入、海軍伝習所や造船所の設置などに関する構想を立て、洋式海軍の設立に乗り出した。

ファビウスは海軍伝習所が開設される1855年に再来日し、西洋海軍の艦内諸規律に関するもの、旗章、艦長心得など歴史的経緯を経て確立された欧米海軍に共通する慣習を伝え、日本のような後発海軍に対する配慮を見せた。なお、「スンビン」は幕府へ献呈され「観光丸」と改名され、練習艦となった。

オランダ教官団を招いた海軍伝習所では、語学、数学などの素養教育や、日本の身分制度と海軍の階級との調整、そして陸上の生活習慣を艦上勤務に適応させることなどに苦労しつつも、都合3期、各期概ね1年半の伝習を数百人に対して行なった。しかし1859年には井伊直弼の政治改革の影響で伝習所は閉鎖されてしまう。

その一方で、海軍要員の養成を江戸で行ないたかった幕府は、築地に「軍艦教授所」を開き（1857年）、長崎と並行して海軍教育を開始していた。同年、オランダに注文した第一艦のスクリュー式コルベットが長崎に着き「咸臨丸」と命名された。「軍艦教授所」は、その後「軍艦操練所」、「軍艦所」、「海軍所」と名を変えつつ幕府終焉まで続く。

日米修好通商条約

和親条約に基づいて下田に赴任した米国総領事ハリスは、「英仏が大艦隊をもって日本に来航し、条約締結を強要するであろう。その時、米国は穏便な調停に労をとる」と半ば脅迫的に修好通商条約の締結を迫った。

1858年、井伊大老の決断でアメリカとの条約を締結し、オランダ、ロシア、イギリス、フランスと続くのだが、勅許を得ずに締結された条約だったため、攘夷派の反発が強まり倒幕の機運を高めてしまう。幕府も沸騰する攘夷論を無視できず、海防強化を各藩に指示し、自らも箱館で五稜郭の築城を開始する。ちなみにこの条約は、治外法権、裁判権、関税自主権において不平等だったため、以後、明治政府はこの改正に大いに苦心することになる。

幕府は、長崎造船所（1861年）や横浜製鉄所（1865年）といった洋式造船所を建設するとともに、フランスからヴェルニーを招いてツーロン軍港を手本に横須賀製鉄所（1871年）を開設した。幕府は15年ほどの間に45隻の洋式軍艦を保有するに至った。

ロシア軍艦対馬占拠事件

1861年、ロシア海軍コルベット「ボサドニック」が対馬に来航、浅芽湾（あそう）を測量のうえ上陸し、芋崎を占拠する事件が起きる。ロシア側は「イギリスが対馬占領を企てているので、仁義の国ロシアは日本に味方する。芋崎を借用させてくれれば、砲50門を差し上げる」として同地の租借を強く要求してきた。

ロシアは、地中海への南下を図ってトルコに侵入したが、クリミア戦争で英仏連合軍に手痛い敗北を喫して（1854年）、この方面での南下、不凍港の獲得に失敗していた。今回は、清国からの沿海州領土の割譲に成功してウラジオストク港を獲得したものの（1860年）、同港が冬季には凍結するため、極東ロシア海軍の出口である対馬海峡を管制できる不凍港として対馬を求めてきたのだ。

一方のイギリスも海軍水路部が世界的規模で行なった測量の一環で、対馬が極東ロシアの南下を防ぐ絶好の位置にあり、東西に開いた良港を有し、木材や水が豊富で、絹生産地中国を結ぶ架け橋になり得るとして領有を希望していた。イギリスとしては、ロシアの機先を制して対馬を占領することも検討したが、占領による対決よりも日本をロシアの南下を食い止める楯として利用することを選んだ。

ところがこの事件が起き、ロシアはヨーロッパで獲得できない不凍港を得るうえに、ここを拠点として米中間の海域における貿易で大きな利益を手にし得る状況となった。先を越されたかたちになったイギリスは、ロシアの南下を阻止し、大英帝国の世界的ネットワークを完成させるためにも退去要求をすることにして軍艦2隻を現地に派遣した。

ロシアは、迅速に艦隊を派遣すれば対馬全土を占領できるとも考えたが、最終的にイギリスの干渉を受けることを恐れ、不法占拠から半年後、「ボサドニック」に退去を命じて事件は終結した。

対馬が、英露両国の角逐（かくちく）により結果的にいずれの国の属地にならずに済んだのは幸運だったが、高まる攘夷の動きへの対応に追われていた幕府は、非常の際には近隣諸藩が応援すべしとだけ命じて戦略的要衝である対馬の実質的な防衛策は何らとられなかった。

ロシアは対馬占領には失敗したが、南下政策の一環として日露戦争を戦い、イギリスは、全世界的な対ロシア封鎖の一環として日英同盟を締結し日本を代理に立ててロシアと戦わせ、その目的を達成することになるのは40年ほど後のことである。

幕府海軍の戦いと終焉

幕府海軍は、幕末の内戦である征長戦争（１８６６年）と戊辰戦争（１８６８～６９年）を戦ったが、たいした海戦もなく、幕府海軍の榎本艦隊の喪失艦９隻中７隻は座礁事故で失われており、その運用術の未熟さはその発足から終焉までついて回ったことは知る人ぞ知る事実だった。

薩英戦争（１８６３年）や英仏米蘭四カ国艦隊の下関砲撃事件が起き、尊皇攘夷論の激化もあって幕府を内外から揺さぶり、やがて大政奉還（１８６７年）へとつながっていく。

王政復古の大号令に始まる明治政府の新体制確立のプロセスが一定の秩序を保って行なわれたこと、薩英戦争などを通じて列強の軍艦と戦うには沿岸砲台では無理であり、軍艦には軍艦で戦うべきと痛感されたことなどから、幕末に始まった新たな海防思想や海軍は、基本的にそのまま幕府から明治政府に引き継がれていくことになった。

明治海軍――海兵隊の創設

幕府瓦解の後、１８６８年３月（９月に明治に改元）、新政府の海陸軍の統括者として軍務官が置かれ、ロシアの南下や清国を侵略した列強の脅威に対処するために「四面環海の我が国防のため海軍力強化が急務」との太政官あての建議がなされた。

１８６９年５月、箱館における旧幕府軍降伏により戊辰戦争が終結すると、同年７月、軍務官に代わって海陸軍を統括する兵部省が設置される。

兵部省は「おおいに海軍を創立すべきの儀」という太政官あての建白書（１８７０年）で、歳入の八分の一を20年間支出して「軍艦大小合わせて２００隻、常備人員2万5000人」に拡大しようという壮大な計画を提案したが、予算が成立するはずもなかった。1871年7月には廃藩置県の一大改革が断行され、各藩の艦船はすべて政府に拠出されて一元化、軍艦、輸送船あわせて17隻、人員1800人、1万3000トン余の勢力で、新生日本海軍が誕生した。

太政官布告で「海軍は英国式」と決められ（1870年）、雇い入れられたイギリス人教官団からの意見で「要港を守衛し水戦の事を掌る」とされた海兵隊も士族出身者100名で創設された（1871年）。海兵隊は、「佐賀の乱」（1874年）、台湾出兵（同年）、江華島事件（1875年）などの実戦に参加したが、建艦費の捻出と、海兵隊の仕事は艦船乗組員で十分賄えるとしてあっけなく廃止された（1876年）。列国のような帆船時代の接舷切り込み戦闘のような海兵の歴史がない日本では執着はなかったのであろう。

海陸軍から陸海軍へ

兵部省は海軍省と陸軍省に分離するが（1872年）、その翌年には海軍卿勝安芳（海舟）から甲鉄艦26隻を含む104隻の建艦計画が出され、左院（のちの元老院、当時の立法府）から「国防軍建設の要諦は専ら海軍を拡張するにあり、陸軍はこれに次ぐ」として「海主陸従」の方針が示されたが、閣議では顧みられなかった。

このように海軍建設優先の方針は示されたものの、当時、廃藩置県や戊辰戦争後の後始末で財政上の余裕はなく、かつ新政府としての権威と中央集権体制の確立が急がれるなか、治安維持のための陸軍の整備を優先すべきとする「陸主海従」の政策がとられたのが現実だった。

さらに海軍が、同じ島国で世界最強、薩摩や新政府との関係が良好なイギリス式を採用した一方で、陸軍は幕府時代のフランス式から普仏戦争でのプロシア大勝を受けてドイツ式に変わっていった。日本の中に海洋国家思想に立つ海軍と大陸国家思想に立つ陸軍の誕生という戦略思想の異なる軍事組織が誕生したのだ。

すでに組織、予算において海軍に優っていた陸軍が、陸軍省、海軍省分離の機会を捉えて「陸海軍官員順序の儀これまでまちまち（中略）、今後陸軍を上とし海軍を下にし」と上申し、それまでの海主陸従の「海陸軍」という呼称は正式に「陸海軍」に統一された。陸軍には西郷隆盛や山縣有朋などの錚々（そうそう）たる人材が多くいたが、海軍にはこれに匹敵する人材は見当たらなかったことも大きく影響した。のちに山本権兵衛が登場して海軍建設に活躍するのは1890年代のことであり、当時、彼は海軍兵学寮生徒でしかなかった。「おおいに海軍を創立すべきの儀」に始まる「海陸軍」もわずか4年でその幕を閉じることになった。

第11章　日清戦争

日本と清国の対立

眠れる獅子——清国

清（1644〜1912年）は、18世紀には大帝国として繁栄したが、19世紀になるとその繁栄は翳り、欧米列強が進出した頃には「眠れる獅子」といわれるようになっていた。アヘン戦争（1840〜42年）やアロー戦争（1856〜60年）に敗れると、水軍の整備を訴える意見があったものの清朝政府は関心を示さなかった。

その後、太平天国の乱（1851〜64年）で鎮圧を命じられた曾国藩が水軍を伴わない戦いを拒んだため、急きょ大小５００隻からなる湘軍水師（水軍）が新設された（１８５４年）。それでも戦力が不足したため、１８６０年にはイギリスから軍艦7隻を購入し、あわせて艦長などの士官も招聘することになった。この頃から、アヘン戦争やアロー戦争での一方的な敗北をきっかけとして、西洋技術を取り入れ、近代化を図ろうとする洋務運動が始まる。

　発注を受けたイギリスは、清国の軍艦を利用して英清連合艦隊を編成して中国における自国の権益を守ることを狙って、7隻の軍艦を回航してきた英海軍大佐にそのまま清国軍艦の指揮権を与えるよう要求した。中国の主権を無視した交渉は当然ながら決裂し、艦艇の引き渡しと一部の乗員が雇用されたのみで、近代海軍の創設は実現しなかった。

　太平天国の乱が平定されると、江蘇巡撫（軍事、行政長官）の丁日昌から北洋水師、揚子江担当の東洋水師、広州や広東方面担当の南洋水師の3艦隊を整備すべきとの「海洋水師章程六条」が提案されたが（１８６８年）放置され、朝廷に達したのは台湾出兵の後のことだった。

台湾出兵――初めての海外派兵

日本でも海防論が叫ばれていたにもかかわらず、明治海軍における軍艦の建造がなかなか進まないなか、明治政府の初めての海外派兵である台湾出兵が行なわれた（１８７４年）。これは、台湾に漂着した多数の琉球漁民が原住民に殺害されたことに対応した出兵だったが、派遣した軍艦はすべて幕府や諸藩から引き継いだ老朽艦で、とても清国海軍に対抗できるようなものではなかった。

　海軍の非力さを痛感した明治政府は、翌年、軍艦３隻をイギリスに発注するとともに、3隻の国内建造に踏み切り、海軍は創設後10年にして初めて自前の艦を保有することになる。ちなみに、引き受け手のいなかったこの出兵の海上輸送で活躍したのが新興の三菱蒸汽船会社であり、同社はこの出兵でその後のアジア航路進出の足がかりを築いた。

　一方の清国は、和議の結果、日本軍の出兵を国民保護のための義挙と認めて賠償金を支払ったうえに朝貢を受けていた琉球まで放棄しなければならなかった。清朝が「蛮狄小邦」と見下していた日本に戦わずして敗れた衝撃は大きく、先に丁日昌が提案した「海洋水師章程六条」を取り上げ、ただちに北洋・東洋（後に福建、広東の２水師）・南洋の３水師の創設を決め（１８７５年）、対日戦争に備えて北洋水師の整備を優先することにした。

ベトナムをめぐって戦われた清仏戦争（１８８４年）までの10年間に、北洋水師が８隻、南洋水師が６隻、広東水師が１隻の外国軍艦を購入したが、各水師は各地の総督がそれぞれ艦艇を調達して指揮する軍閥の水師であり、清国海軍としての統一した指揮系統はなかった。

主権線と利益線

１８８０年代になると、日本は朝鮮問題で清国と対立するようになる。１８８２年、朝鮮で起きた暴動（壬午の変）に日清両国は出兵するが、清国は袁世凱を派遣して事実上の朝鮮国王代理として実権を握ってしまう。日本軍は軍事力において劣るため、清国軍との衝突を避けざるを得なかった。危機感を強めた日本は、それまでの仮想敵国をロシアから清国に転換して軍備増強を始め、海軍については増税による財源を充てて８カ年計画で増強することにした。

この後、第１回帝国議会（１８９０年）において、首相で陸軍のリーダーでもあった山県有朋は施政方針演説において「国家独立自営の道に二途あり、第一に主権線を守護すること、第二には利益線を保護することである」と論じて、陸海軍予算の増額を求めた。「主権線」とは国境線であり、「利益線」とは国境線の防衛に密接に関係する区域のことであり、山県が具体的にあげたのは朝鮮半島だった。

なお、当面の仮想敵国から外されたロシアだったが、清国から領土の割譲を得てアムール州（１８５８年）や沿海州（１８６０年）とし、一貫して東アジア東岸を南下する構えを見せていた。

北洋水師来航の衝撃

清国は、ドイツから最新鋭甲鉄艦「定遠」「鎮遠」（7400トン、30・5センチ連装砲2基）、防護巡洋艦「済遠」「威遠」（2450トン）などを購入した（1885年）。そしてその翌年、丁汝昌が「定遠」以下4隻を率い、修理補給のためとして長崎に入港してきたが、実際には示威も目的とした来航だった。

当時の日本には防護巡洋艦「高千穂」と「浪速」がイギリスから到着し、木造巡洋艦「天龍」が竣工したばかりで、清国艦隊に立ち向かえる軍艦はなかった。長崎では上陸した清国の水兵が市内で暴れ回り、駆けつけた巡査らとの間に乱闘が起き、双方に死者が出た（長崎事件）。軍事力に劣る日本は、清国水兵を取り締まった日本警察の行為を「喧嘩」として処理し、両国が慈善基金を出し合い、互いの死傷者に配分する案で妥協せざるを得なかった。

この結果、国民の間に清国に対する強い危機感と敵愾心が高まり、海軍は北洋艦隊の戦力と遠洋航海能力に衝撃を受けた。明治海軍の現状は清国海軍に比べてあまりに劣るとして、政府は当時の海軍予算の3倍以上の海軍公債を発行し54隻6万トンあまりを建造することにした（第1期軍備拡張計画、1886年）。

難航する海軍建設

この拡張計画には、「定遠」などに対抗するための「三景艦」3隻などが含まれた。これは「定遠」1隻の建造費が日本海軍の年間建艦予算に匹敵するほどだったため、低予算の小型艦に無理やり巨砲を搭載して対抗しようとしたものだったが、砲が大きすぎて旋回させると艦が傾いてしまい実戦では使いものにならなかった。このような苦心をしつつ第一線兵力の充実に努めたが、軍港などのインフラ整備は立ち後れたままだった。

この状況に、なお不足する海防費を補うために明治天皇が皇室費の一部を下賜すると（1887年）、全国から巨額の海防献金が集まった。この献金も含めて海軍は5カ年で46隻の艦艇等を建造する計画（第2期軍備拡張案）を立て、高速巡洋艦をイギリスに発注するなどしたが、それでも海軍予算の成立は思うに任せず、軍艦建造はなかなか進まなかった。

「旧式士官」の整理

艦隊の整備に加えて組織改革も急がれた。なかでも幕府海軍以来の海軍士官の人事の刷新と海軍軍令部の独立は、海軍大臣官房主事の山本権兵衛大佐の剛腕で実現したものだ。

創設期の明治海軍は、箱館湾海戦（1869年）の凱旋後、台湾出兵、西南戦争（1877年）、壬午の変の時にちょっと動いたくらいで政府の経費節減で大方の軍艦は錨を下ろしっぱなしで、軍艦というものはまず動かないものと思われていたほどだった。オランダ式だった長崎海軍伝習所、操練所出身の士官は「旧式士官」と呼ばれ、イギリス式に変わった海軍に適応できなかったり、維新の功績だけで昇任した者も多かった。

1883年頃からイギリス式軍規をみっちり仕込まれた兵学校出身の気鋭の士官が増えてきたことから、海軍省は「海軍士官学術検査」を行なって旧式士官を篩（ふるい）にかけ、まとめて淘汰した。海軍内の反発は無論大きかったが、これで「薩摩の海軍」が日本海軍へと脱皮することになった。

また、明治政府は徴兵制をとったが（1873年）、海軍は技量の習得に徴兵年限では足りないため、志願兵を重視し、彼らに士官への道を開くなどして優秀な人材の確保に努めた。

海軍軍令部の独立

もう一つの組織改革は軍令に関するものであり、それまで陸軍参謀本部の海軍部で取り扱われていた海軍の用兵を陸軍から独立させたことである。山本は、「島国の国防は海上権を先にすべきであるのに、日本は逆に陸を主としている。が、いまは主従を争わない、対等にすべきだ、『車の両輪』であるべきだ」と主張した（伊藤正徳『大海軍を想う』）。

戦時大本営条例（1893年）では、陸軍参謀総長が大本営における天皇の幕僚長となることが定められていたが、それを陸軍参謀総長と海軍軍令部長が対等に天皇を補佐するよう提案したのである。陸軍は猛烈に反対したが山本は屈せず、各方面に説き回って陸海対等で天皇を補佐するようにし、海軍軍令部を独立させた（1903年）。

こうして日本海軍は人的な基盤や陸軍との連携体制を整え、約6万トンの兵力をもって実戦的な技量を高め、東海・西海両鎮守府の開設（1876年）、常備艦隊の編成（1889年）など近代海軍としての体制作りを進めて、日清戦争に間に合わせることができた。

しかし本格的な装甲艦の就役は間に合わず、8万5000トンの兵力を有し、練度も日本海軍を凌駕するとみられた清国海軍との差は歴然としていた。常備艦隊はその後も新たな就役艦を加えて練度の向上に努め、日清戦争直前には初めての連合艦隊が編成される。

進まない清国海軍の改革

日本海軍は日清対決に向け懸命の体制づくりに取り組んだが、清国でも清仏戦争終結後、海軍の増強と指揮系統の統一などの海防論が高まっていた。しかし、清国では1888年以降日清戦争までの間、1隻の軍艦も増えなかった。その理由は、満洲出身の西太后が漢人である李鴻章の私兵的な北洋水師の勢力を強化することを好まず、李鴻章も西太后の猜疑を受けることを恐れ、清朝への忠節を示すために艦隊の増強を差し控えたのだ。こうして軍艦建造予算の大半が、西太后の居所である頤和園（いわえん）の修築に流用されてしまった。

こうした状況にもかかわらず、日清戦争開戦時における清国海軍の戦力は、ドイツから輸入した巨大装甲艦「定遠」「鎮遠」を保有する北洋水師のほか、南洋水師、福建水師、広東水師を合わせると海軍総兵力は軍艦82隻、水雷艇25隻、総トン数8万5000トンを保有し、日本海軍の軍艦22隻、水雷艇24隻、総トン数5万9000トンを凌駕していた。

しかし、このうち日清戦争に参加したのは、軍艦22

隻、水雷艇12隻からなる北洋水師と南洋水師に属しながら給料未払いのため北洋水師に寄食していた砲艦3隻だけだった。その他の水師は、対外戦争よりも軍閥としての兵力温存を重視し、清仏戦争の時と同様、戦うことはなかったのだ。

日清戦争

グローバルな英露抗争と朝鮮半島

山県有朋が日本として影響力を確保すべき利益線として論じたのは朝鮮半島だったが、そこはグローバルな英露抗争の最前線でもあった。南下政策をとるロシアは、イギリスによって地中海やインド洋への南下をトルコやアフガニスタンで阻まれ、極東では朝鮮半島において妨害された。

ロシアは清国から沿海州を獲得してウラジオストク港を開いたものの、さらに不凍港を求めて対馬を一時占拠するが、イギリスの介入で撤退させられたことは前述のとおりである。代わりにロシアが極東艦隊の給炭基地として目をつけたのが朝鮮半島と済州島の間に位置する巨文島だった。

ロシアが巨文島を狙ってくることを見越したイギリスは、ロシアによる朝鮮の併合阻止を口実に東洋艦隊から軍艦3隻を派遣して、同島(ポート・ハミルトン)を占拠し、砲台や兵舎を建設、上海との間に海底電信線を敷設した(1885年)。その後、ロシアが朝鮮の現状維持と領土不可侵の確約をすると、イギリスは同島から撤退した(1887年)。

清国の属国だった朝鮮は、のちの日清戦争後の下関条約(1895年)で「完全無欠の独立自主の国」となる。しかし、ロシアは朝鮮国王高宗を取り込み、旅順の租借に成功し(1898年)、同地を太平洋艦隊の根拠地として軍港・要塞として開発した。さらにロシアは、朝鮮半島南岸の馬山浦を占拠し、単独租界を設置しようとして失敗したが(馬山浦事件、1899年)、朝鮮半島は日本の脇腹に突きつけられた匕首(あいくち)のようなものと考えられており、この半島を支配しようとするロシアの動きは日本に危機感を与えた。

日清戦争前の明治政府は当面の仮想敵国を清国としたが、潜在的な最大の脅威は不凍港を求めて南下するロシアであることに変わりはなく、その意味でロシアの脅威は日清戦争の隠れた背景だった。

日清の対立と開戦の決定

日本は欧米を手本として近代化に取り組んでいたが、アジア諸国は欧米列強により植民地化されていた。「眠れる獅子」清国は列強から、清国が属国とする朝鮮は南下するロシアから、それぞれ虎視眈々と狙われており、列強の動きに歯止めをかけるには清国の覚醒と朝鮮の独立を促す必要があるというのが明治政府の考えだった。

日本の軍艦が砲撃された江華島事件（1875年）の処理で、日本が朝鮮を独立国として扱うと、清国は強く反発する。一方、朝鮮国内では独立開化を目指す親日派が勢力を得て、清国依存の守旧派との権力争いが激化した。

前述のとおり壬午の変や甲申の変に際して日清両国は出兵するが、劣勢な日本は居留民保護が精いっぱいで、政権は清国に依存する守旧派（閔妃〔びんひ〕一族）に握られた。その後も朝鮮の独立を認めない清国と日本の関係は好転しなかったが、親日派の指導者金玉均が暗殺され、死後に死刑宣告され残忍な凌遅刑にされると日本の世論は激昂した（1894年）。

時を同じくして朝鮮全土に起こった東学党の乱（甲午農民戦争、1894〜95年）の鎮圧に朝鮮政府が清国の出兵を求めると、日本政府も清国の2倍以上の兵力を派遣する。東学党の乱は間もなく鎮圧されたため、日本政府は派兵の目的を日清共同での朝鮮の内政改革に切り替えるが、清国が朝鮮の改革を拒否し撤兵を要求してくると、日本政府は清国と断交し、開戦を決意した。

壬午の変以後、仮想敵国を清国に定めて軍備増強に努めた結果、陸軍は勝算ありと考えていたが、海軍は兵力、練度とも清国海軍がなお優勢とみて、大本営の作戦計画では海軍が制海権を握れない場合の作戦も立案されていた。

豊島沖海戦と高陞号事件

宣戦布告前だったが、豊島沖で遭遇した日清の艦隊間で交戦が起き、日本側が勝利して（豊島沖海戦、1894年）、日清戦争の戦端が開かれた。

この海戦の直後、清国が傭船した「高陞号」（英国籍）が現場海面を通りかかったため、巡洋艦「浪速」（艦長東郷平八郎大佐）が臨検すると船内から清国兵士や武器が発見された。同船は拿捕を拒んだため、警告後、「浪速」が撃沈した。この事件にイギリスの世論は激昂したが、戦時国際法に合致した行為だったことが明らかになると鎮まり、かえって日本海軍の評価を高めることになった。

黄海海戦―速射砲と単縦陣の勝利

黄海、渤海付近の制海権をめぐって連合艦隊と北洋艦隊の間で起きたのが黄海海戦（1894年）であり、その頃実用化された中口径（10〜15センチ）の速射砲の有効性が証明される。

両艦隊とも性能の異なる艦艇で編成されていたが、日本側は速力（平均10ノット）と中口径速射砲の数において優れ、清国側は「鎮遠」など装甲艦の数と大口径砲の数において優れていたが、速力は平均7ノットしか出なかった。単縦陣で進む日本艦隊に対して清国艦隊はV型陣で相対したが、清国側は日本の2000〜3000メートルの距離からの中口径砲の猛射により火災を生じ陣形が乱れ、5隻を失って退却した。日本側に沈没艦はなかった。

当時の速射砲は毎分6〜10発程度撃てたのに対し、大口径砲は数分に1発程度しか撃てず故障も多かった。また、迅速に照準を修正できる速射砲は大口径砲に比べて命中率の点でも優れていた。日本艦隊は最後まで単縦陣を崩さず、優速を活かして戦闘の主導権を握り、清国艦隊の陣形の混乱に乗じて戦果を拡大した。当時の軍艦は艦内に木造部分が多かったため、いったん火災を起こすとなかなか消火できず火薬庫に引火して爆沈することも多く、この海戦で沈没した清国軍艦の大部分もこれが原因だった。

このように、中口径の速射砲や単縦陣の優位性が示され、リッサ海戦（１８６６年）での衝角戦法は完全に否定された一方で装甲艦の防御力が再確認された。「東洋一の堅艦」といわれた清国の装甲艦「鎮遠」「定遠」は火災による大損害に加えて２００発を超える中口径砲弾の命中を被ったものの、厚さ30センチを超える装甲は打ち破られなかったのだ。装甲艦を撃破する方法はこの黄海海戦では確立されず、砲弾と装甲の対決は装甲優位のまま20世紀に持ち越されることになった。

威海衛の戦い

黄海海戦で大勝して制海権を握った日本軍は、陸軍部隊を遼東半島に上陸させ直隷（ちょくれい）平野（渤海海岸から北京に至る平野）での陸軍の決戦に備えた。

この戦いでは日本陸軍の大勝が見込まれたが、そうなると講和の相手となる清朝の崩壊につながりかねないことから決戦を見送り、代わりに威海衛に潜む「定遠」「鎮遠」などの残存艦隊の撃滅と、平和条約交渉の際の譲与の材料および将来の南方発展の基地として台湾を攻略することになった。これは絶えず戦争終結の道筋を探っていた伊藤博文首相ならではの戦争指導であり、実際、清国からの講和申し入れにつながり戦争終結へと進むことになる。

連合艦隊は威海衛の陸上砲台を攻略した陸軍と協同し、海戦史上初めての威海衛湾への水雷艇の夜襲を敢行して「定遠」などを撃破した。北洋艦隊は降伏し、丁汝昌提督は服毒自決した。優勢を誇った北洋艦隊は、李鴻章が積極攻勢を主張する丁提督の意見を容れず、もっぱら艦隊保全策をとり陸軍直衛の沿岸行動に終始させたため、その実力を発揮することなく全滅したのだ。

李鴻章は当初からその陸海軍を信頼せず、黄海海戦で敗れた後は勝利への希望を捨て、もっぱら他力本願の和平工作に走った。為政者が自軍を信頼しないのでは、そもそも勝利の大前提が失われていたといわざるを得ない。

戦争の終結――三国干渉

黄海海戦後、列強が戦後の自国の利権確保を狙って日清両国に講和の斡旋を申し出ると、李鴻章は進んで応じた。講和条約では、朝鮮の完全な独立を認める(大韓帝国)ほか、遼東半島と台湾の割譲、2億テールの賠償金などが調印された。

しかし批准交換を行なう直前、ロシアが主導するかたちで独仏を加えた三国の干渉を受け、日本はやむなく遼東半島を放棄した(三国干渉、1895年)。日本の世論は激しく反発したが、日本政府は「臥薪嘗胆」を合言葉にロシアに対抗すべく軍備増強を加速することになる。

日本海軍は、初めての対外戦争である日清戦争に連合艦隊を編成して全力で臨み、思いがけない大勝を得て将来の海軍建設に向けて展望を開くことができた。また、黄海海戦で本隊と遊撃隊の連携が成功したため、戦艦と巡洋艦の組み合わせである「六六艦隊」の発想が生まれた。一方で、開戦から黄海の制海権の確保まで時間を要したことは、陸軍にも早期の制海権獲得の重要性を認識させることになり、のちの日露戦争では開戦劈頭(へきとう)の旅順口奇襲として活かされた。

福沢諭吉の海洋国家論

ところで、この頃の海軍拡張論は貿易国家論と強く結びついていたのだが、それを最も強く支持した知識人は福澤諭吉だったことを北岡伸一は大要次のように指摘している(『日米戦略思想史』)。

福澤は清国やロシアとの海軍拡張競争を強く支持し、朝鮮の金玉均ら開化派を熱心に支援し、日清戦争に対しては私人として全国で3番目に多い寄付を行なったほどだった。三国干渉後は、日本は露仏独に対して優位を占めるべきとして、清国からの賠償金はすべて海軍拡張に充て、さらに増税をしてでも増強すべきと主張した。

また、日本が独仏露から干渉を受けたのは同盟国を持たなかったのが原因であるとして、その相手国としてイギリスをあげた。これは単なる勢力均衡ではなく、日本が貿易国家として発展することが最も必要であり、世界の貿易の中心が英米だったからである。

対清政策については、領土獲得よりも貿易の拡大が重要という考えであり、福澤は「本来吾々の目的は支那の土地に非ず、其土地は何人の手に帰するも、商売の自由に差し支えなからんには毫も頓着せず、望む所は只商売の一事のみ」（『時事新報』1898年2月25日）と述べている。

さらにこの考え方は、イギリスの非公式植民地の考え方やアメリカの唱える門戸開放・機会均等主義なども相通じたことから海洋国家である日英米協調論とも結びつき、東アジアにおける列強の関係は大陸国家群である独仏露と対立する構図となっていた。

日露戦争への道

列強は、日清戦争の結果を日本の強さというよりも清国の弱さと受け止めた。また、日本の講和条約交渉における領土要求は、戦争目的である朝鮮の独立とは相容れないもので、台湾を割譲させたことは列強の領土欲を刺激することになった。

日本に先を越されまいと焦った列強は三国干渉を行うとともに、清国の対日賠償金として借款を供与し、その見返りに次々に租借地や鉄道の権益を獲得していった。特にロシアは日本に放棄させた遼東半島南端の旅順、大連の租借、さらに満洲支配から朝鮮にまでその勢力を伸ばし、日本人の敵愾心を激化させ日露戦争に至ることになる。

日清戦争はまた、日本経済の飛躍的発展をもたらしたため、必然的に大陸に市場を求めるようになった。しかし、そこはすでに列強の角逐の場となっていたため、日本もその一角を占めて列強並みの帝国主義政策をとっていくことになり、次第に福澤が説いたような貿易国家論に基づいた海洋国家のあり方に反する方向に向かっていく。

第12章　日露戦争

日露開戦

義和団の乱と「極東の憲兵」

ロシアは李鴻章に賄賂を贈って露清密約を結び（1896年）、旅順および大連を長期借款し、シベリア鉄道から連なる満洲の鉄道網を独占して1903年には大連、旅順まで開通させた。大陸国家は、産業革命の成果である鉄道網の拡大を陸軍の戦略的な動員、展開に応用して、その戦力を増大させる時代になっていたのだ。

この頃、列強の侵略に反発し西洋文明を否定する民衆蜂起である義和団の乱（北清事変）が起き、清朝の鎮圧が不徹底だったこともあり北京を占領してしまう（1900～01年）。これに対し自国公館と居留民保護のために欧米列強と日本は兵力を派遣するが、最も多かったのは日本とロシアだった。

ロシアは、先の密約に基づいて大軍を続々と送り込み、1900年には兵力10万人に達して満洲を支配した。日本は、ロシアの権益拡大を警戒するイギリスからの再三の要請もあり、当初の海軍陸戦隊に加えて1個師団などを派遣した。日本としては、乱の鎮圧に加えてロシアをけん制するとともに、「極東の憲兵」として列強の一員として存在感を示し、不平等条約の改正の一助とすることも目的だった。桂太郎陸相は、この派兵を「列国の伴侶となる保険料」と呼んだ。

北京の公使館区域では籠城戦となったが、マクドナルド英公使を助けて各国軍隊の指揮をとったのが公使館付武官だった柴五郎陸軍中佐であり、その武士道精神は各国の賞賛を集めた。その後マクドナルドが駐日公使となったこともあり、日英関係は一気に接近し日英同盟締結に結びついていく。

日英同盟締結

日英同盟は、強まるロシアの極東進出への対抗を目的に締結され（１９０2年）、四カ国条約締結（１９２3年）まで続いた。その内容は、締結国が1国との交戦に至った場合、同盟国は中立を守り他国の参戦を防ぐこと、また2国以上との交戦に至った場合には同盟国は参戦することを定め、対象地域は中国と朝鮮とされた。

１９０５年の更新で、対象地域にインドを加え、１国以上との交戦で同盟国が参戦するよう強化された。さらに１９１１年にはアメリカを交戦相手国から除外するように改正され、のちに第一次世界大戦が勃発すると日本はイギリスの要請を受けて連合国の一員として参戦することになる。

ロシアは、満洲からの撤兵を各国から強く要求されたが応じずにいたところ、日英同盟が締結されると、3回に分けて撤兵することに態度を急変させた。しかしロシアは1回目の撤兵の後、かえって軍事占領を強化する協定を清国と結んで居座る姿勢を見せ、朝鮮国境付近を占領し（１９０３年）、侵略行為をエスカレートさせた。

対露開戦へ

朝鮮半島も占領しかねない勢いのロシアに危機感を持った日本は、ロシアの鉄道網が単線で輸送能力が限られ、極東艦隊が拡張の途上にある今なら勝ち目があると考え、開戦決意を持って対露交渉を行なったが埒があかなかった。日本の世論が、陸相クロパトキンの日本を含む極東視察に刺激されて対露主戦論で盛り上がる一方、ロシアも着々と対日戦争準備を進めた。

この頃、日本海軍は日清戦争での黄海海戦の教訓を反映した六六艦隊（戦艦6隻、装甲巡洋艦6隻で編成する艦隊）を完成しつつあった。当時、日本海軍78隻26万トンに対して極東ロシア海軍は68隻19万トンを保有し、日本がやや優勢だったが、バルチック艦隊が来援すると51万トンになり逆転する計算だった。なお、日本海軍には開戦直後に最新鋭装甲巡洋艦2隻が加わるが、これはアルゼンチンがイタリアに建造発注した新造艦を日本に譲渡したものだった。同盟国イギリスの仲介があったことはいうまでもない。陸軍も日清戦争以来の倍増計画で20万人の兵力を整備し、総合的には極東ロシア陸軍を凌駕するとみられた。

軍部からは日露対決に成算ありとの判断が示され、御前会議でも開戦やむなしの意見で一致したが、明治天皇の「今一度」の指示でロシアに口上書を送った。ロシアの回答は来ないまま、ロシア艦隊旅順口出港の至急電が入り御前会議において開戦を決定、国交断絶を通告した（1904年）。

仁川沖海戦――旅順口奇襲

出撃した連合艦隊は陸軍部隊を仁川に揚陸し、あたりのロシア艦を撃破した（仁川沖海戦）。旅順口の奇襲は、夜戦の経験不足などで成果は上がらなかったが、警戒を怠った旅順艦隊は、当夜、長官主催の舞踏会で多くの士官が艦を離れていたため反撃できず、大混乱のうちに港内に避退するのがやっとだった。

港内に引きこもり要塞砲に守られた旅順艦隊に対して、連合艦隊は港口を沈船で閉塞して艦隊を無力化しようとするが、敵砲台に閉塞船の進入を拒まれ失敗した。この時、決死隊の指揮をとって戦死して初の軍神として讃えられたのが広瀬武夫中佐だ。

奇襲と閉塞戦に失敗した連合艦隊が機雷封鎖戦に切り替えると、ロシアの旗艦を触雷沈没させることができたが、日本側もロシアの機雷によって多数撃沈されてしまった。その後の連合艦隊は、ひたすら旅順港外で待機して敵の出撃を待つしかなくなる。

この頃、ロシアは極東の形勢を一転させるためにバルチック艦隊を派遣することを決定したが、その航海は7カ月を要する困難なものとなる。

黄海海戦と旅順包囲戦

旅順艦隊はロシア極東総督からの強い要請で何度か出撃を試みるが、そのたびに港外に待機する連合艦隊の一撃で港内に舞い戻っていた。このように要塞の砲台に守られ、その範囲内での行動に終始する艦隊の用法を「要塞艦隊」という。旅順港内に籠って半年が経つ頃、ついに艦隊はウラジオストクへ向かえとの勅令を受ける。

意を決して出撃した旅順艦隊だったが、その先頭艦に命中弾を受けると大混乱に陥り、被害を受けつつ大部分は再び旅順に逃げ込んだ。連合艦隊の方も水雷部隊の不振で夜戦に持ち込めず敵を取り逃がし、1隻の敵艦撃沈もないまま海戦が終わった（黄海海戦）。

旅順港に潜むロシア艦隊はバルチック艦隊の回航を待つものと見られた。日本としては、それまでに太平洋艦隊を撃滅して、傷んだ連合艦隊各艦の整備、再訓練を済ませて決戦に臨む必要があった。このため、陸軍は旅順要塞への攻撃を繰り返し、多大の犠牲を払ってついに港内を望む二〇三高地（爾霊山）を占領、陸海軍の重砲で旅順港内のすべてのロシア艦隊を撃破した（旅順包囲戦）。

浦塩艦隊との戦い

浦塩（浦塩斯徳、ウラジオストク）艦隊は、装甲巡洋艦3隻などで日本艦隊の警戒網をかいくぐって出撃し、日本海や朝鮮海峡で陸軍の輸送船を撃沈し多くの陸兵が失われた（常陸丸事件、1904年）。さらに太平洋側でも通商破壊戦を展開し、東京湾沖に現れた時には関東一円の国民を恐れさせた。ロシア艦隊に振り回された第二艦隊に対する国民の不満は高まり、上村彦之丞司令長官を「露探（ロシアのスパイ）提督」と誹謗中傷したり自宅に投石するなどの事態となった。

その後、浦塩艦隊は旅順艦隊の出撃に合わせて南下を試みるが、ついに上村艦隊に捕捉され、壊滅的な被害を受け再起不能となった。この蔚山（うるさん）沖の海戦の勝利で、連合艦隊は極東海域の制海権を握ることができた。

日本海海戦――大艦巨砲主義への道

長途ウラジオストクを目指すバルチック艦隊は、途中、日本の同盟国イギリスによって寄港や補給を妨げられ、マダガスカルに達した頃には旅順は陥落し奉天会戦で陸軍も撃破され、前途暗澹たる困難な航海を続けざるを得なかった。
一方、旅順艦隊を撃滅した連合艦隊は内地に帰投し、整備補給を終えて鎮海湾に進出して猛訓練を繰り返しながら待機した。バルチック艦隊は、仏領インドシナのカムラン湾で後続の艦隊を待ったが、同盟国のフランスから退去要求を受け、停泊地を移動させられ、そこからウラジオストクに向かったが、日本はその後の消息がつかめなくなった。しかし、艦隊から分離されたロシアの輸送船が上海に入港したとの情報が得られ、対馬海峡通過の公算大と判断すると、やがて洋上の日本側哨戒網が艦隊を捕捉した。

東郷司令長官は、先の黄海海戦で敵を取り逃がした苦い経験から研究を重ね、砲戦に最適化した「丁字戦法」を採用して戦い、ロシア艦隊の主力艦をすべて撃沈、捕獲した。これに対し日本側は水雷艇3隻を失ったのみであり、海戦史に残るパーフェクト・ゲームとなった（日本海海戦、１９０５年）。なお、海戦の１カ月余り後、講和交渉を有利に進めるための材料として樺太上陸作戦が行なわれた。

日本海海戦は、島国が大陸の大陸軍国の侵攻を海戦で食い止めた例として、古代のサラミスの海戦（前４８０年）やアルマダの海戦（１５８８年）に匹敵する意義を持つものといえる。また、砲戦によって戦艦を撃沈して勝利した結果を受け、4カ月後にはイギリスで「ドレッドノート」が起工され、世界に大艦巨砲主義が広まるきっかけともなった。

近代兵器の実験場

近代砲術の確立によって戦艦の備える大口径砲はその威力を発揮できるようになったが、実際に戦艦同士が砲火を交えたのは日露戦争でのことだった。この戦争で厚い装甲によって防御された戦艦がはじめて砲弾によって撃沈されたのだ。

水雷兵器については、すでに日清戦争で日本の水雷艇が威海衛に停泊していた清国の装甲艦など4隻を撃沈していた（１８９５年）。日露戦争では、開戦直後の旅順口奇襲ではロシアの戦艦2隻などに魚雷を命中させたが、黄海海戦での日本駆逐艦による大規模な洋上襲撃は失敗に終わった。日本海海戦（1905年5月）では、駆逐艦と水雷艇で戦艦2隻撃沈など大きな戦果を上げた。

日露戦争で最も戦果を上げた水中兵器は機雷だった。両国艦隊が対峙した遼東半島の沿岸では、互いに相手艦艇の航路上に多数の繋維機雷が敷設され、日本は戦艦など11隻、ロシアも戦艦など3隻を失った。

戦争の終結

日本海海戦で勝利すると、ローズヴェルト米大統領の仲裁で講和交渉が行なわれることになった。戦争前から大統領はじめ多くのアメリカ人有力者は日本を支持しており、特に戦費調達では同盟国イギリスさえ日本の勝利を危ぶんだためロンドン市場での調達は難航したが、ユダヤ人銀行家による支援を受けてニューヨークの金融市場では順調に調達できた。

ちなみに日露戦争中に募集された軍事公債の半分以上は外国債であり、英米が戦後の満洲経営に参入を期待したのはいうまでもない。講和を渋るニコライ二世を説得したのもローズヴェルトであり、彼は日本を支援してロシアの満洲進出を排除することを意識していたし、戦場で勝利した日本が相応しい見返りを得るべきとも考えていた。

日本は国力の限界に達しており、一方のロシアは陸上において依然として優勢だったものの、海戦の敗北に強い衝撃を受け、不穏な国内情勢をかかえていたため講和に応じた。

1905年、ポーツマス条約が締結され、ロシアは満洲から撤兵し、日本に南樺太を割譲し、遼東半島の租借権と鉄道（長春―旅順口）を譲渡するとともに、日本の韓国における独占的地位を承認することになった。

新たな日米関係

新たな日米関係の始まり

日本は日露戦争の結果として、東アジアで権益を拡大してきた英仏独露といった欧州列強に新興勢力として仲間入りすることになった。

日米関係も新たな段階に入った。ローズヴェルト大統領は、中国における門戸開放とアメリカの勢力圏さえ尊重されれば、日本が自前の勢力圏を築くことは問題ないと考えていた。アメリカ自身が中南米を勢力圏に組み込んでいる以上、日本が東アジアで勢力の拡大を目指すことは受け入れられるというわけだ。

日米は、韓国における日本の優越的な支配権とフィリピンにおけるアメリカの統治を相互に承認する桂・タフト覚書に合意し（1905年）、同年の第二次日英同盟成立により、極東における日英米の堅固な関係ができた。

友好から対立へ

その一方で、中国進出に出遅れていた日米のうち日本が先に満洲の利権を獲得したため、アメリカは門戸開放を求めて満洲の鉄道路線を国際管理下（中立化）に置いて中国に参入することを構想する。

同じ頃、中国大陸進出を狙っていたアメリカの鉄道王ハリマンは日本が獲得した南満洲鉄道の共同経営を申し出て、桂首相と予備協定を結んだ（桂＝ハリマン協定、1905年）。世界一周鉄道建設の野望を持っていたハリマンは、アメリカが共同経営に参加すればロシアの復讐戦を抑止できるなどと説得したのだ。これに対しポーツマス講和会議から帰国した小村は、苦労して獲得した利権が損なわれることに反対し、アメリカとの協定を破棄してしまう（1906年）。

日露両国は、講和直後こそお互いに再戦を警戒していたが、戦争と革命で疲弊したロシアはフランス資本に従属するかたちとなって英仏連合の側につかざるを得なくなった。さらに日本と北部満洲の権益を維持するためには日本との協調が必要となり、日露協約（1907年）で北満洲をロシア、南満洲を日本としてそれぞれ権益を分け合うことに合意し、日露関係はむしろ好転していた。

日本は南満洲鉄道株式会社（満鉄）を設立して南満洲鉄道の経営および鉄道付属地での行政などを行なったが、これは東インド会社などの植民会社にならった国策会社だった。ちなみに鉄道付属地の守備をしていた関東都督府陸軍部がのちの関東軍だ。一方のアメリカは門戸開放を主張して満洲進出を強めていたので、満鉄などの日本の南満洲経営は実質的な「門戸閉鎖」と見て、満洲をめぐって日露両国がアメリカと対立するかたちになっていく。

このような状況を反映して、アメリカ国内の対日世論も変化する。一般のアメリカ人は、急増する日本移民への反発を強めていたが、当時盛んだった黄禍論も手伝って、日露戦争の勝利で出現した非白人の一等国日本を脅威と見るようになったのだ。

サンフランシスコ学童隔離事件（1906年）は、日本人学童が公立学校から排除されたことで起きた騒動だったが、地元新聞の煽動も手伝って日本移民排斥運動へ発展した。日本政府としても、不平等条約に始まる近代化の歴史があるため、一等国になった国民意識を背景に日本人移民に対する差別は到底看過できるものではなく強く抗議した。事態を重視したローズヴェルト大統領が収拾に乗り出し、日米紳士協定（1907～08年）で一応の沈静化が図られた。

対日戦争計画「オレンジ計画」

この頃の日米関係の緊張を背景として、アメリカは対日戦争計画であるオレンジ計画を策定した。計画はフィリピンとグアムに対する日本の奇襲と攻勢、米軍の戦力の集中と渡洋反攻、フィリピンとグアムを奪回し日本に対する海上封鎖を行なうという構想に基づくものだったが、太平洋戦争までの対日戦略策定の前提であり続けた。

この計画では、日本の攻撃に対するフィリピンとグアムの防衛がポイントとなるが、米本土から7000マイル、ハワイからでも5000マイルも離れており、1500マイルしか離れていない日本の先制攻撃を防ぐのは不可能と考えられた。また、渡洋反攻では戦域が広大となることから、国家総力戦にならざるを得ず、距離の克服と兵站支援がカギとなることが予測されたため、アメリカはその解決のための研究を続けることになる。

グレート・ホワイト・フリート

１９０７年、日米関係をさらに緊張させる出来事が起きる。ローズヴェルト大統領が、周囲の反対を押し切って戦艦16隻からなる「グレート・ホワイト・フリート（大白色艦隊）」を14カ月間の世界周航（１９０７〜０９年）に出発させたのだ（図９、１３１頁参照）。

これは、国内的には西海岸の米国民に対する海軍力の誇示と海軍拡張に向けた世論の喚起を狙い、対外的には日本に対する威圧と世界に対しての国威の発揚を目的とするもので、典型的な砲艦外交だった。

また軍事的には、主力艦隊を大西洋から太平洋に移動させる検証と長距離航海で疲労したロシアのバルチック艦隊が日本海海戦で完敗したことから、オレンジ計画で想定される渡洋作戦の演習も目的としていた。

艦隊は急きょ整備して間に合わせた戦艦16隻で編成し、米海軍には石炭補給船が８隻しかなかったので、49隻もの外国商船を傭船して世界中の寄港地に配置して燃料炭の補給を行なった。また、スパイ対策が不十分との批判を受けないよう日本人のコックなどは出発前に退艦させられた。

東海岸を出発した艦隊は、パナマ運河が建設中だったためマゼラン海峡を回ってハワイ、ニュージーランド、オーストラリア、日本、清国、フィリピンなどを経てインド洋に入り、スエズ運河を抜けジブラルタルに寄港して帰国した。

その頃の日米関係は緊迫の度を増していた。日本移民排斥運動が激化した際、ローズヴェルト大統領が在フィリピン米軍司令官に日本軍に対する防衛準備命令を出すという騒ぎが起きたり（１９０７年）、各国のマスコミが日米戦争の可能性を無責任に書き立てたりしたのだ。

このため日本政府は来航する米艦隊に威圧されたと見られることを避けるため、あえて訪日要請というかたちをとるとともに、積極的に歓迎して友好ムードを盛り上げて乗り切ることにした。

米艦隊16隻は「三笠」ほか同数の日本艦隊とともに横浜沖に投錨し（１９０８年）、東京や横浜での熱烈な歓迎を受け、その報告を受けた大統領も満足し険悪だった日米関係も修復へ向かった。

こうした歓迎の一方で、日本は前年に策定した「帝国国防方針」でアメリカを第一の仮想敵国にしていたこともあり、横浜沖には旧式艦や戦利艦を並べて歓迎する一方、それ以外の艦艇は外洋で臨戦態勢をとらせて「明治41年海軍大演習」を行なっていたのだ。

緊張した日米関係は、前述の日米紳士協定とそれに続く高平・ルート協定（1908年）で太平洋の現状維持、清国の領土保全と機会均等を確約したため、日米は協調路線に戻ることになった。

南進か北進か

北守南進から南北併進へ

1903年、日本の国家方針として「北守南進」が閣議決定された。これは、桂太郎台湾総督が提出した台湾統治意見書（1896年）がもとになったもので、ロシアの脅威を朝鮮半島、日本海以北に阻止して日本の安全を確保し、台湾を立脚地として清国南部に日本の利益圏を作り、これが完成すれば、さらに南方諸島に発展していくという構想だった。当時、ロシアが支配する北方よりもイギリスが支配する南方の植民地の方が、植民上も通商上も利益が大きいと認識されていたのだ。しかし、日露戦争の勝利で満洲を獲得すると、日本は満鉄を設立し「戦後経営」として大陸の権益の維持拡大に努め、国家戦略の議論が進まないまま満洲問題に振り回されるかたちで「北守」が実質的に「北進」へと変化していった。

また、日本周辺には急迫した脅威がなくなったことから、陸海軍が備えるべき軍備の考え方が必要とされた。この点で陸軍の山県元帥は、戦後も本国に強大な兵力を持つロシアの極東侵略の意図は変わらないため、日本は満洲に軍隊を駐留させ、鉄道を整備して軍備を拡張することが必要と考えた。

帝国国防方針の制定

天皇は、山県元帥の進言に基づき、国防方針の統一と戦後における軍備拡張の根拠となる「帝国国防方針」の検討を命じた。1907年に制定された帝国国防方針は、「基本方針」、作戦の指針となる「用兵綱領」、そして「所要兵力」から構成されていた。その基本方針では、満洲と韓国における利権とアジアの南方と太平洋に広がりつつある民力の発展を擁護、拡張していくという「南北併進」という遠大な構想が示された。このような構想の背景には、戦後の日本は海外へ発展すべきという高揚した世論と対立傾向を強める陸海軍への配慮があった。

大陸国家的な発想で国家戦略作りを主導しようとする陸軍に対して、後述するように日露戦争で立場が強くなった海軍が従属的な立場に甘んじることを拒んだのは当然だった。このような陸海軍が国防方針を定めるには、陸軍が主力となる北進と、海軍が主力となる南進を併記してそれぞれが主体となるような国家戦略にせざるを得なかったということだ。

この国防方針は、実質的に軍が作成し、閣議にも諮られていないことから、真に国家戦略とはいいがたいものだった。また、北進すればロシアと、南進すればアメリカ、フランス、ドイツ、オランダ、そして同盟国であるイギリスとさえ衝突する危険性が考えられるものだった。さらに南北併進という戦略が日本の国力に見合ったものかどうか、その妥当性を政府として検討しておらず、外交方針などとの政戦略の調整もなされていないという根本的かつ致命的な問題が放置されてしまった。

「用兵綱領」――軍備拡張の論拠

「用兵綱領」に示された海外攻勢戦略は、ロシアに対する大陸攻勢戦略とアメリカ、ドイツ、フランスに対する海洋攻勢戦略からなっていた。大陸攻勢は、満洲方面のロシア軍を撃破した後、戦力を転用してウラジオストク要塞を攻略するという構想だった。一方の海洋攻勢では、敵の根拠地と艦隊の撃破の二本柱で考えられており、たとえばアメリカに対してはその極東艦隊を撃滅し、根拠地であるフィリピンを攻略し、来攻する米主力艦隊を迎撃する戦略を構想していた。

しかし、この戦略と現実の国際情勢には明らかな食い違いがあった。当時の国際情勢は、世界的には日英仏露と独墺伊が対立し、極東では日露と米が対立していた。したがって、日本が東アジアで備えるべき主敵は米、独であり、ロシアを主敵とする考えとは乖離している。軍備の重点は海軍となるはずであり、戦時50個師団が必要という陸軍の軍備は説明しにくい。

黒野耐は『日本を滅ぼした国防方針』において、方針の策定を主導する陸軍が、対露陸軍軍備が後回しにならないように、現実の国際情勢ではなく地政学的条件を重視して、極東に大陸軍を投入できる唯一の国ロシアと大海軍を展開できるアメリカを主敵とする論理を導入したと推測している。つまり国防方針制定の目的が、実質的に軍備拡張の論拠とすり替わってしまっていたのだ。

「八八艦隊」の登場

所要兵力について、西園寺首相は天皇に対して財政状況が厳しいので整備に時間がかかる旨、説明しているがどんなものだったのか。海軍は、東アジアへ来攻する米海軍に対抗するために戦艦8隻、装甲巡洋艦8隻からなる「八八艦隊」を基幹とする兵力が必要だとした。当時、日本海軍は対米戦略を完全には確立していなかったが、日本近海において遠来の敵を迎撃するには最小限の兵力として敵の7割があれば足りるとの考え方があった。米海軍が日本に向けられる主力艦を25隻とすれば、そのおおよそ7割に相当するのが八八艦隊16隻ということになる。

ちなみにこの「八八艦隊」は佐藤鉄太郎大佐（のち中将）が『海防史論』（1907年）や『帝国国防史論』（1908年）において提示していた艦隊編制だったとされている。佐藤は日本の国力に見合った戦略的守勢をとるための戦力を構想し、侵攻艦隊は迎撃艦隊に5割以上の比較優位性を必要とするとの前提に立って、戦略的守勢に立つ「防守艦隊」は、想定敵国の艦隊に対して少なくとも7割を確保する必要があると考えたのだ。

さらに佐藤は、攻撃力と運動力を特に重視して局地優勢主義と質によって量を補う「劣勢艦隊」の論理を展開しているが、このような思想が日本海軍の提督らに浸透していった。千早正隆は『日本海軍の戦略発想』において次のように指摘している。

日本海軍の戦術家と言われた佐藤鉄太郎中将はエネルギーの法則をもじって、Force=1/2MV²（M：兵力量、V：術力）だとして、劣をもって優を破るには精鋭でなくてはならないとした。結論には誤りないのであるが、エネルギーの法則を十分に検討せずに引用して、実力が1・5倍以上であれば大軍にも対抗しうるとしたところに、誤りがあったといわなければならない。

国力を超えた帝国国防方針

ともかくも日本は「八八艦隊」で大海軍の建設に乗り出すことになった。ところが日露戦争直後からド級戦艦の時代に移行したことで戦艦の建造コストはうなぎのぼりで、予算確保は難航する。

しかも建造をつかさどる艦政本部長などの収賄でシーメンス事件（1913年）が起き、海軍建設の立役者だった山本権兵衛率いる内閣を崩壊させたため、「八四艦隊」、「八六艦隊」と段階的に予算を組まざるを得なくなり、八八艦隊の予算が成立したのは1920年で、完成は1927年と見込まれた。

八八艦隊を建設するための1920年度の海軍費は国家予算の26・5パーセントを占め、その後も年々増加し、完成後には40パーセントにも達することが見込まれ、現実問題として維持することが不可能で、明らかに日本の国力を超えた要求だった。結局この計画はのちのワシントン海軍軍縮条約の締結（1921年）で中止となる。

一方の陸軍は、常備25個師団増強のための2個師団増をめぐって内閣と対立し、陸相が辞任して内閣が倒れるという政変を引き起こした。このような日露戦争後の軍備増強をめぐる問題は、帝国国防方針に日本の財政能力を無視して陸海軍の要求する兵力を単に書き並べた結果であり、日露戦争を増税と公債で切り抜け、戦後の満洲などへの投資もしなければならない日本にとって実行できる計画ではなかった。

海軍と陸軍の対立

国防方針の策定において、陸海軍戦略が整合されなかったという根本的な問題があったが、陸海軍の力関係という点からは、海軍として海洋国家としての立場から主張し、陸軍に対して対等の立場を保つことができたともいえる。

この背景としては、まず山本権兵衛海相の存在がある。山本は海相に就任すると（１８９８年）、７年余りにわたって海軍建設の第一人者として活躍し、「日清戦争も日露戦争も五十パーセントまでは山本の力で勝ったといっても過言ではない」（伊藤、前掲書）といわれるほどの存在になり、のちには総理大臣を務めるなどその影響力は極めて大きくなっていた。

また、日露戦争において海軍が挙げた戦功もその発言力を強めた。それまで明治天皇の臨幸は、陸海軍を問わず常に陸軍の制服だったが、日露戦争後の凱旋観艦式（横浜沖）では、はじめて海軍大元帥の制服で臨幸された。このことに象徴されるように海軍が陸軍に対し堂々と胸を張れるようになるのは、日露戦争以降だったといわれている。

このように日露戦争で海軍は陸軍と対等の立場になったが、それまでは陸軍のリーダーである山県有朋は海軍建設に努力したし、陸軍首脳らも海軍と一致協力して国難に立ち向かってもきた。これは、北岡伸一によれば「彼らは、薩長や組織に分かれて激しく争ったが、明治国家の建設を担ってきたという自負と責任感から、いざという場合には協力することを忘れなかった」からであり、彼らの大部分は元武士だったため、軍事に対する偏見もためらいもなかったからでもあった（前掲書）。

しかし、日露戦争以後は次第に陸海軍の対立が激化するようになる。それは、北岡伸一が「藩閥型のシヴィリアン・コントロール」と呼ぶ、いざという時の陸海軍を協力させる機能が藩閥の勢力の衰えとともに弱まったからであり、帝国国防方針に象徴される陸海軍戦略の不一致が放置され続けたからでもあった。

第13章 第一次世界大戦とパクス・ブリタニカの終焉

第一次世界大戦

消極的なドイツ海軍——要塞艦隊

1914年、第一次世界大戦が勃発した。英仏露など連合国30カ国とドイツを中心とした4カ国からなる同盟国が、4年半にわたって6000万人以上を動員した史上初めての総力戦だった。ドイツのまわりには西部、東部、南部、そして海上に戦線が開かれ、海外植民地は蹂躙され、連合国側の圧倒的勝利に終わった。

独海軍は、優勢な英海軍が当然攻勢に出て艦隊決戦を求めてくるか、少なくとも独艦隊を直接封鎖しようとするだろうと見積っていた。このため独海軍は、北海沿岸に接近してきた英艦隊を迎撃するため、主力艦をまとめて「ホッホゼーフロッテ（大海艦隊）」として編成して、北海側ヤーデ湾のヘルゴラント島要塞の防御範囲内で水雷艇などとともに行動させた。名称とは裏腹に艦隊を要塞砲で守ろうという消極的な「要塞艦隊」の用法であるが、皇帝やティルピッツは艦隊を温存することによって戦後の講和を有利にできるとも考えていた。

バルト海側には旧式艦を配備して対ロシア戦に備えさせ、バルト海の出入口にあたる海峡は機雷により封鎖してしまった。陸軍との連携は不十分で、ドーバー海峡を渡る英陸軍兵力の輸送艦に対しては妨害を試みようともしなかった。

ちなみに、開戦時に地中海にあった独巡洋戦艦「ゲーベン」は中立国オスマン帝国へ脱出、同国に譲渡されてオスマン帝国がドイツ側で参戦するきっかけとなったが、当時の戦艦の価値を示す出来事だった。また、独極東艦隊などは通商破壊戦に活躍したが、開戦後ほどなく撃破され、イギリスの海上交通路に重大な脅威を与えるには至らなかった。

イギリス海軍による対独経済封鎖

一方の英海軍は、ドイツに対する経済封鎖と独艦隊の出撃阻止による自国の通商路保護のため、主力艦を集めた「グランド・フリート（大艦隊）」を北海の出口を抑えられる艦隊泊地スカパフローに配置した。そして1914年末には北海を交戦海域と宣言して臨検態勢を強化するとともに、英仏海軍でそれぞれ大西洋と地中海を分担して制海権を強固なものにした。

ドイツは、産業革命を経て一大工業国に発展し物資の多くを輸入に頼るようになっていたため、主要な通商路である北海を封鎖されたことにより極めて大きな打撃を受けた。封鎖は農業生産にも影響を及ぼし、1916年冬の配給食料は必要量の三分の一に過ぎず、戦争継続が危ぶまれるほどになった。後述するとおりイギリスも独潜水艦による通商破壊戦で一時は窮地に陥ったが、護衛船団方式の採用などでかろうじて通商路を維持できたため、その影響はドイツに比べると小さかった。

ジュットランド海戦

ドイツは優勢な英艦隊は艦隊決戦を求めてくるだろうと予想していたが、イギリス側としてはスカパフローに艦隊を配置することで対独封鎖という任務を達成できたため、ドイツ側の新兵器である機雷、魚雷、潜水艦などが待ち受ける危険な海域にあえて出撃することはなかった。

見込み違いとなった独海軍は、偵察部隊を出撃させて英艦隊を誘い出し、打撃を与えて戦力を漸減（ぜんげん）させるしか方法がなくなったが、暗号を解読されるなどしてドイツ側の損失が増えるばかりで、主力部隊による艦隊決戦はなかなか起きなかった。

そのような状況で起きた両軍の主力による唯一の海戦がジュットランド海戦（1916年）である。巡洋戦艦以上だけでも106隻が参加したこの海戦では、

20ノット以上で運動する両艦隊が1万数千メートルの距離で徹甲弾を撃ち合い、相手艦の厚い装甲を貫通して炸裂し、1~2万トンを超える巨艦が一瞬のうちに爆沈した。日本海海戦を経て大艦巨砲主義の時代が始まり、イギリスで近代的な砲術が確立され、ついに実戦で砲弾が装甲を撃ち破ったのだ。

この海戦の主力になったのは高速の巡洋戦艦であり、鈍足の戦艦は戦闘に参加する機会さえ与えられなかった。一方でイギリスの巡洋戦艦は、その防御力の不足で3隻が爆沈している。将来の海戦で2万メートルを超える遠距離砲戦が予想されるようになると、巡洋戦艦の高速力と戦艦の攻撃力・防御力を兼ね備えたポスト・ジュットランド型といわれる新しい戦艦が登場することになり、大艦巨砲化に拍車がかかった。

この海戦以降、両軍主力が積極的に行動することはなく膠着状態になった。独海軍は世界第2位の艦隊を持ちながら、イギリスの制海権に挑戦することはなく、北海で要塞砲に守られて沿岸で消極的な行動に終始したのだった。

潜水艦との戦い

主力艦の戦いが低調だった一方で、大きな戦果を上げたのはドイツの潜水艦（Uボート）だった。ドイツは開戦時に28隻の潜水艦を保有していたが、当初は補助的な戦力と見られていた。しかし、開戦早々、1隻のUボートが英装甲巡洋艦3隻を立て続けに撃沈したことで、一躍その評価を高めることになった。

ドイツは、英海軍の海上封鎖に対抗してイギリス周辺海域を交戦海域と宣言し、潜水艦による無警告の敵商船攻撃を開始した（１９１５年）。これによりイギリスの大型客船がアイルランド沖で撃沈され、千人以上の乗客が犠牲になるという惨事が起き（ルシタニア号事件、１９１５年）、ドイツは強い国際的非難を受けたため作戦を中断する。

ドイツにとって海外貿易に依存するイギリスを効果的に追い詰める方法はほかになかったため、結局96隻のUボートで無制限潜水艦作戦を再開する（１９１７年）。独潜水艦による通商破壊戦への備えがなかったイギリスは護衛船団方式を急きょ採用し、アメリカの援助もあってかろうじて破局を回避したが、１９１７年前半においてイギリス周辺海域における制海権の維持は、未曽有の危機に直面した。第一次世界大戦を通じて１２８０万トン余りの船舶がUボートの攻撃で失われた。

通商破壊戦以外でも、潜水艦による機雷敷設と魚雷攻撃は主力艦に対する大きな脅威となった。主要国の巡洋艦以上の主力艦の喪失を見てみると、砲弾によるものが24隻だったのに対して、魚雷が36隻、機雷が16隻と水中武器によるものが大きく上回っている。

このように実戦における潜水艦の有効性が証明されたため、第一次世界大戦後は各国海軍とも本格的な潜水艦の活用に乗り出し、通商破壊戦に加えて艦隊決戦の補助兵力として艦隊に随伴する艦隊型潜水艦が発達することになる。

アメリカの参戦

第一次世界大戦に関して、戦争が南北アメリカに及ばない限り中立を守るというのはモンロー大統領以来のアメリカの伝統的な政策だった。しかし、ルシタニア号事件で１２８人のアメリカ人が犠牲になったことをきっかけとして参戦の世論が強まった。地上戦が長期化するなかドイツが戦局を打開するために無制限潜水艦戦を再開すると、ついにアメリカ議会は参戦を決議する（１９１７年）。

アメリカは対潜護衛のため駆逐艦を派遣、次いでド級戦艦５隻をイギリスのグランド・フリートに編入させた。大戦中の米艦艇の喪失は少なく、主要艦艇では装甲巡洋艦１隻と駆逐艦２隻だけだった。アメリカは連合国の兵器工場の役割を果たし、進行中のダニエルズ計画を遅らせて戦時計画として駆逐艦２００隻以上を急造してヨーロッパに送り込んだ。

日本の参戦

日本は同盟国イギリスから、極東地域での日本の援助と独艦隊の撃滅を要請されドイツに宣戦した。イギリスは、青島基地の独艦艇が香港などを攻撃することを恐れたのだ。日本海軍は独海軍勢力を太平洋から駆逐する一方で、陸軍は独東洋艦隊の根拠地である青島要塞を攻略した。

日本海軍は戦艦など10隻余りを派遣し、南洋群島の占領、オーストラリア軍のヨーロッパへの輸送保護、インド洋におけるドイツの通商破壊戦への対応にあたった。このうち南洋群島の占領については、イギリスの警戒心を煽るとして慎重論もあったが、最終的には占領することになった。ドイツが地上兵力をほとんど配備しておらず、艦艇も日本海軍との対決を避けてインド洋方面などに移動したことから戦闘はまったくなく、日本海軍は2週間足らずで占領して軍政を敷いた。

1917年からは、地中海と南アフリカ方面の海上交通保護などのために艦隊を派遣したが、これはドイツの無制限潜水艦戦による通商破壊でイギリスの食糧事情が極度に悪化したことから要請されたものだった。地中海に派遣された第二特務艦隊は、休戦までの1年半にわたりマルタ軍港を根拠地として単独で実施しただけでも350回に及ぶ船団護衛にあたった。

第一次世界大戦は19世紀に起こった戦争の犠牲者総数の2倍にあたる900万人近くの戦死者を出す未曽有の大戦争であり、潜水艦、航空機、毒ガスなどが登場しその戦況は凄惨を極めた。

なかでも潜水艦による通商破壊戦は、総力戦の中で新しく出現した作戦のかたちだった。日本海軍は連合国軍側に立って戦い、この作戦が島国に及ぼしうる影響と対応の困難さを体験したにもかかわらず、戦後その対策がとられることはなかった。代わりに自らは参加しなかったジュットランド海戦における主力艦同士の砲戦には十分すぎる注意を向け、教訓をくみ取ろうとした。

これはたまたま八八艦隊の建設が始まる時期にあたっていたこともあるが、島国が総力戦を戦うとどうなるかということを学ぶことなく、のちの太平洋戦争でアメリカの通商破壊戦に息の根を止められる遠因ともなったのである。

ドイツの敗北と艦隊の最期

１９１８年夏には地上戦でもドイツの敗色は濃厚となり、皇帝の退位と革命を求める世論が強まるなか、ドイツはアメリカに休戦を打診する。独海軍は講和条件を少しでも有利にするため、大海艦隊をテームズ河口に進出させ英艦隊との決戦に持ち込もうとした。

ところが革命思想と厭戦気分が広まっていた独艦隊の水兵たちは、これを終戦間際の無謀な出撃とみて反乱を起こしストライキに突入した。こうして独海軍最後の出撃は潰え、兵士たちの反乱はまたたく間にドイツ全土での革命へと発展し、ヴィルヘルム二世はオランダに亡命、ドイツは敗北し第一次世界大戦は終結した。世界第2位を誇った独艦隊は、連合国側に接収される屈辱を逃れるために号令一下、艦底弁を開き一斉に自沈した。

戦争ルールの変化

第一次世界大戦では通商破壊戦が勝敗を左右する重要な戦いとなった。私掠船などによる通商破壊戦は数百年の歴史があるが、19世紀後半になると中立国船舶の保護のためのルール作りに関心が高まってきた。最初の試みは、イギリスとフランスが中心となって作られたクリミア戦争後のパリ宣言（１８５６年）であり、私掠船を禁止するものだったが、大海軍国を利し弱小海軍国に制約を課すものとしてアメリカは反対した。

さらに中立国船舶や中立国所有商品の保護などのために、船舶の捕獲に厳しい制限と手続きが求められるようになった。このようなルールは、世界最大の海軍力と商船隊を持つイギリスに有利なルールであり、その後も第二次ハーグ会議（１９０７年）、ロンドン宣言（１９０９年）で補強されていったが、第一次世界大戦で潜水艦が実用段階になり、独海軍が無制限潜水艦作戦を開始したため、もろくも崩壊することになる。

戦時国際法の規定では、交戦海域を航行する商船を攻撃する場合、潜水艦は浮上して商船に停止を命じ、船内を臨検して戦時禁制品積載の有無を調べ、積載していれば没収するか、乗員を離船・避難させたあと撃沈することになっている。

無制限潜水艦作戦とは、イギリスに向かう商船がドイツの指定する航路を外れて航行する場合に潜航したままの独潜水艦の無警告の攻撃の対象になるというものであり、作戦開始日と対象水域が公表された。この作戦の実施にはドイツ国内でも異論が出たが、国際ルールどおりだと潜水艦自身を危険にさらすことになることに加え、国家総力戦となり戦闘員と非戦闘員、前線と後方の区別があいまいとなり、勝利のために最も効果的な戦闘方式をとることに躊躇しなくなった結果、採用されたものである。無制限潜水艦作戦は、第二次世界大戦では連合国側、枢軸国側とも実施した。

パクス・ブリタニカのもと大海軍国イギリスの利害を反映して作られた19世紀後半の戦争ルールが変化していくのは、海戦のかたちが変容する歴史の流れだったといえる。

対潜作戦と護衛船団制度

通商破壊戦で潜水艦が猛威をふるったことで、その対抗手段として潜水艦を探知するための水中聴音器（ソーナー）や攻撃兵器として爆雷が開発（1917年頃）され、広く駆逐艦に装備された。

対潜戦術としては、敵潜水艦による被害を防ぐために護衛船団方式が採用された。大戦前半においては、大部分の商船は平時と同様に単独航海をし、兵員、弾薬などを運搬する船だけに護衛がつけられていたが、地中海で潜水艦による被害が増加すると、一部で護衛船団が編成されるようになった。

さらにドイツの無制限潜水艦戦で被害が急増すると、英海軍は北大西洋航路に駆逐艦の護衛をつけた船団を一定間隔で運航するようになるが、アメリカの参戦で護衛の駆逐艦が増え、商船の船団加入率が高まると独潜水艦による被害は減少していった。

潜水艦の脅威の増大に対して新たな対潜兵器や対戦戦術の開発がなされるという現代に続くシーソーゲームが始まったのだ。

帝国国防方針への総力戦思想の導入

日本では第一次世界大戦に関する様々な調査を行なった。その結果、陸海軍が共通して提唱したのは、資源や国力に乏しい日本が総力戦を戦うための国家総動員態勢を基礎とする戦備の必要性と、不足する資源を中国に求め大陸との交通連絡を確保する日支自給自足体制を確立することだった。

それまで「南北併進」で陸海軍の戦略的関心が南と北に分かれていたが、中国大陸を中心とした東アジア全域を対象として国家戦略を描く共通の基盤ができたのだ。国防上からの日支自給自足体制は国の経済政策としての日支経済提携として推進され、日本が中国全土において権益の獲得を追求する国家目標が政軍間において一致したことの意義は大きかった。このことは1907年に初度制定された帝国国防方針との重要な違いだった。

国防方針第一次改定

1918年には総力戦思想にもとづいて国防方針が見直された(第一次改定)。この国防方針は成案が残されていないが、黒野耐の推測によれば、海軍はアメリカ一国だけを仮想敵国としていたのを米ロ中三国を主敵とするようになり、これはロシア一国を主敵としていた陸軍も同様だった(『日本を滅ぼした国防方針』)。

当時、帝政ロシアは崩壊して混乱のさなかであり、アメリカは極東から遠く大兵力の投入は困難、中国一国では日本に対抗できないため、米中が提携して日本と戦い、ロシアがその隙を狙って参戦するとの見積りだった。極東においては日本と欧米列強の利害が錯綜していたことから、複数の国を仮想敵国とせざるを得なかったのだ。

そして、日本としては開戦劈頭の攻勢により短期決戦を追求するものの、結局は長期戦とならざるを得ないため、必要な地域を占領して自給自足体制を確立する、そのうえで所要の方面で決戦を求め、長期間の総力戦を戦い抜くという、短期戦と長期間の総力戦が併存した考え方となった。

海軍は、最低限の国防目標を本土の防衛、本土と大陸との連絡保持、南シナ海の保安に置いた。有事には少なくとも東アジア海域を管制し、大陸からの物資の輸入を確保して長期戦を戦い、米艦隊の来攻を待っておもむろに屈服させるという戦略構想だった。

このための海軍の所要兵力は、「八八艦隊」にさらに1個艦隊を増強して、3個艦隊（「八八八艦隊」）を基幹とする途方もないものになった。問題は、「八八艦隊」すら予算のメドが立っていないのに、さらに1個艦隊を造れるのかという点にあった。

1920年度予算では、当時の財政状況、国力に沿った整備要領を立てることになり、海軍は経過的措置として「八六艦隊」の建設で我慢すること、陸海軍間の兵力整備の優先順位を当面は海軍に置き、海軍の計画が完了する1927年以降に陸軍の計画を実行に移すことで合意が成立した。これは日露戦争以降の予算獲得をめぐる陸海軍間の競争、対立の歴史の中で、唯一ともいえる大局的見地に立った合意の成立だった。

戦略の拡大と国際的孤立の始まり

日本は総力戦を戦うための具体的な施策として軍需工業動員法（1918年）を制定し、新兵器の導入に踏み出した。しかし開始早々、資源が少なく工業生産能力が欧米列強に比較して劣るという日本の根本的な脆弱性が浮き彫りになってきた。

この弱点を補うため、日支自給自足体制の確立のための国家戦略の対象地域を中国本土を含む東アジア全域に拡大することになった。この結果、日本は中国のみならず、東アジア全域に進出した欧米列強をすべて敵としかねない国際的孤立の中に陥っていくことになる。

この戦略の見直しこそ日本が英米との協調をできなくする第一次世界大戦後における最大の転換点だった。イギリス、フランスがアメリカの支援によって長期間の総力戦を戦い抜いたように、日本も英米両国との連携を保てる限度に戦略を抑制して、新たな戦争に備えるべきだったのだ。

パクス・ブリタニカの終焉

イギリスの海洋支配の衰退

パクス・ブリタニカの世界は第一次世界大戦で崩壊した。この大戦は、シー・パワーの観点からみれば、圧倒的に優勢なイギリスに対するドイツの挑戦だった。イギリスはドイツを封鎖しその植民地を占領していったが、ドイツは新たに実用化された潜水艦による通商破壊戦を展開してイギリスを大いに苦しめた。

しかし、イギリス以外の大海軍国がすべて連合国側に立ったためにドイツの挑戦は失敗に終わった。イギリス一国の海軍力で世界の海を支配し平和を保障した時代が終わったのは明らかだったが、それはこの大戦で突如として起きたことではなく、それまでに衰退に向かう様々な変化が起きていた。

ナポレオン戦争から半世紀が経つと、イギリスの海洋支配を衰退させる国際環境の変化が起きる。まずスエズ運河の開通（１８６９年）でインド洋や南シナ海までの距離が短縮されイギリスの植民地は世界中に広がっていった。イギリスは拡大した帝国の防衛のために多数の艦艇を遠方まで展開させざるを得ず、本土防衛のためのヨーロッパ大陸に対する影響力に限界ができた。

その一方で、イギリスは伝統的なライバルである仏海軍以外にもロシア、ドイツ、アメリカ、日本といった新興海軍力を相手にする必要が生じた。こうして次第にイギリス単独での海洋支配が困難になったため、後述するように日本やアメリカといった各地域で排他的な影響力を持とうとする国との協調が必要になっていった。

産業革命による蒸気船や鉄道の発達もイギリスの海洋支配に大きく影響した。帆船から蒸気船になると湾の奥深くまで進入したり大河を遡航（そこう）できるようになったため、沿岸の都市などを砲撃しやすくなり、海軍の影響力を沿岸部から内陸部まで及ぼせるようになった。

このように英海軍の陸に対する影響力が強まった一

方で、大陸国家においては19世紀半ば以降、蒸気機関の発達で鉄道網が拡大して大陸内における大規模な物資や兵力の移動が可能となり、アメリカの大陸横断鉄道（1869年）、ドイツ統一（1871年）による鉄道発展、ロシアのシベリア横断鉄道（1905年）などと飛躍的に国力を発展させる契機となった。こうした大陸国家に対してイギリスの海軍力が影響力を及ぼせる範囲は限られていき、鉄道の発達はイギリスの海洋支配の構図を弱めることになった。

二国標準政策とその限界

19世紀後半になると、イギリスが信頼を寄せる海軍の強大さもゆらいできた。それは、第一に装甲艦の誕生以来、フランス、ロシアなどのヨーロッパ各国が急ピッチで建造を進めた結果、英海軍の優位が相対的に低下したことによる。

第二には、イギリスにとって最大の仮想敵国フランスが水雷艇を増強して通商破壊戦に重点をおいたことだ。フランスはイギリスの貿易依存度の高さという脆弱性を狙ったのだ。これに対して、英海軍は敵艦隊を封鎖する作戦にこだわる姿勢を見せたが、小型で発見されにくい水雷艇を完全に封鎖することは難しく、帆船時代の戦い方が転換点にきたのは明らかだった。

1880年代に入ると、フランスの軍艦建造のピッチが速まりイギリスとの差が縮まってきたが、ちょうどそのころ英海軍の有事即応態勢に欠陥があるとの海軍省秘密文書が明るみに出て、海軍を増強すべきとの声が高まった。

このような背景で成立した海軍国防法（1889年）は、英海軍の主力艦の勢力を世界第2位と第3位の勢力を合わせたもの以上にするというもので「二国標準主義」といわれた。この建艦計画は、第2位のフランス、第3位のロシアの建艦計画が進むにつれ拡張、継続され、従来の2倍近くの予算をつぎ込む建艦競争となったが、水雷艇に対抗する新しい艦種である駆逐艦も多数建造され、英海軍の地位をいったんは安定させた。

イギリス海軍と新しい戦略環境

しかし、建艦競争は列強国すべてに広がっていったため、世界全体の海軍勢力に占めるイギリスの割合は逆に低下した。このころ出版されたマハンの『海上権力史論』（1890年）が、各国の海軍関係者や政府指導者に大きな影響を与え、海軍力増強の理論的根拠を提供し、世界を大艦巨砲主義の時代へ導く契機となったことも一因だった。

1890年代からはドイツとアメリカの急速な海軍増強により、フランスとロシアを想定した「二国標準」がドイツやアメリカに置き換わる情勢となり、際限なく拡大を続ける建艦予算はイギリス経済を圧迫するようになったため、イギリスは根本から戦略を再検討しなければならなくなった。

イギリスが最も警戒したのは、三国干渉（1895年）を行なったロシア、フランス、ドイツの大陸国家三カ国が連携して敵対してくることだった。独立戦争や1812年戦争などの記憶からアメリカのイギリスに対する警戒感や不信感は強く、19世紀を通じて米英間は緊張関係にあったが、これらヨーロッパの大国と敵対するような余裕をなくしていたイギリスは、アメリカとの和解を模索せざるを得なくなる。

パクス・アメリカーナへの移行

ヴェネズエラ国境紛争（1895〜96年）で英米は戦争直前の緊張状態までいったが、危機を回避できたのはイギリス側が譲歩したからであり、その後両国は友好関係を構築する。イギリスは拡大を続ける独海軍に対抗して自国海軍の艦艇をヨーロッパ海域に集結させるためには中南米で紛争を起こす余裕はなかったのだ。

イギリスの譲歩の背景には、南北戦争後のアメリカの国力の発展で英米間のパワーバランスが変化したこと、米西戦争におけるイギリスの対米支持とボーア戦争におけるアメリカの好意的な中立、そして、そもそもアメリカが大西洋を越えて英本土を武力攻撃することは考えにくかったことなどがあった。

また、アメリカはイギリスとともにパナマ運河を建設することを決めていたが（1850年）、これはモンロー主義を否定するものとして米国内で批判され続けていた。アメリカは米西戦争の勝利を受けて、イギリスに同運河の独自建設を認めさせることに成功する（1901年）。これはアメリカに対するイギリスの影響力を排除した象徴的な出来事であり、パクス・ブリタニカからパクス・アメリカーナへの移行の始まりを意味するものだった。

「光栄ある孤立」の終わり

20世紀に入る頃にはアメリカに加えてフランスやロシアなどの経済が急速に成長し、同時にドイツ、イタリア、日本などの新興国が帝国主義国家の仲間入りをし、パクス・ブリタニカの基盤がゆらぎ始めた。

イギリスは、ドイツによるなりふり構わぬ植民地獲得や急速な海軍拡張に対して脅威を感じ始めた。また、ロシアのアフガニスタンや満洲への進出に対しても対策が必要になった。ここにおいてすでにアメリカとの協調路線を選んでいたイギリスは孤立政策を捨て、新興独海軍の拡張に備えて、積年のライバルだったフランスとの対立を英仏協商（1904年）で緩和し、極東海域では日本海軍との協力のために日英同盟（1902年）を結んだ。

フィッシャー改革と英連邦海軍創設

第一海軍卿のフィッシャー大将は、これらの政策変更にもとづき、それまでイギリス海峡と地中海に配備された二つの艦隊と世界各地に派遣された七つの戦隊を整理、集約した。ヨーロッパ海域に海峡艦隊、大西洋艦隊、地中海艦隊の三つの艦隊を置き、ドーバー、ジブラルタル、アレクサンドリア、ケープタウン、シンガポールといった重要な戦略拠点に五つの戦隊を配備したのだ（1904年）。

この艦隊配備の集約が始まると、海外の自治領や植民地付近の海域での海軍力が低下したため、イギリス政府は自治領となった地域では自らの予算で海軍を設立するよう求めた。各自治領は英海軍の自治領海域の警備について分担金を支払うようになっていたが、1

911年、カナダとオーストラリアが海軍を創設した。ニュージーランド海軍の創設は第一次世界大戦後となった。

このほか、フィッシャーは兵学校制度の確立、兵科・機関科の統合、砲術の改良、艦艇燃料の転換などをリードし、一連の改革は「フィッシャー改革」と呼ばれた。戦艦「ドレッドノート」の建造のリーダーシップをとったのも彼であり、ド級、超ド級戦艦時代の幕開けとなった。

日本海海戦(1905年)でロシアのバルチック艦隊が撃破されると、北海におけるロシア海軍の脅威がほぼ消失し、フランスもまた海軍大国の地位から大きく後退する。代わってイギリスの最大の脅威となったのは増強著しい独海軍だった。莫大な予算を使って建設される巨大な独海軍は、フランスやロシアに対してというよりも、イギリスに対抗しようとするものと考えるのが自然であり、この頃からイギリスはドイツを最大の仮想敵国と考えるようになる。

海洋大国アメリカの発展

第一次世界大戦以前においては、全世界の海上貿易の約半分を英国船が担っており、第2位の米国船は1割ほどに過ぎなかった。また、造船業での世界シェアもイギリスが圧倒的だった。

ところが、第一次世界大戦でイギリスが経済的に疲弊した一方、戦場にならなかったアメリカは世界の兵器工場、食糧庫となり、驚異的な経済成長を遂げた。海運の面では戦争初期こそ他国船舶に依存していたが、1916年に船舶法が制定されて国防と商業の両目的にかなった商船隊を建設することになると、国を挙げて造船所の拡充に乗り出し、外航船の建造量は23万トン(1913年)から300万トン(1919年)に急増した。

全世界で大戦中に失われた船舶は約1200万トンだったが、アメリカは900万トンもの船舶を建造し、1920年には1240万トンの商船隊を有する大海運国となった。しかし、依然としてイギリスは世界中に艦隊の根拠地や給炭施設のネットワークを維持しており、それを持たないアメリカにとってイギリスとの協力関係は重要な意味を持っていた。

パナマ運河の戦略的価値

大戦勃発直後に完成していたパナマ運河は、スエズ運河とともに世界の海上交通に重要な役割を果たし、アメリカの太平洋と東アジアへの進出を助けた。

パナマ運河の開通によりアメリカの海洋戦略は勢いを増し、１９１９年に太平洋艦隊を編成するとハワイの基地機能や貯油能力が拡充され、従来のミッドウェー島に加えてウェーク島にも通信中継所が置かれた。１９３２年には大西洋側の訓練部隊を除き兵力の大部分を太平洋側へ集中させたが、第二次世界大戦が始まると、海軍兵力は太平洋艦隊と大西洋艦隊にバランスよく再配分されて太平洋戦争に突入することになる。

第14章　戦間期のシー・パワー

ワシントン海軍軍縮条約

ドイツに対する軍備制限──ヴェルサイユ条約

第一次世界大戦は終わったが、未曾有の大消耗戦の戦費は各国の経済に重くのしかかった。大戦終結を受けて開かれたパリ平和会議（１９１９年）で平和と軍縮を求める声に切実なものがあったのは当然で、その願望はヴェルサイユ条約のかたちとなってドイツに対する軍備制限を課すとともに国際的な海軍軍縮の機運を生み出すことになった。

ヴェルサイユ条約は敗戦国、特に独陸海軍に対して厳しい軍備制限を課した。新生独海軍が保有できる艦艇は、前ド級戦艦6隻、軽巡洋艦6隻、駆逐艦12隻、水雷艇12隻などとされ、潜水艦や海軍航空隊の保有は禁止された。また代艦の建造も厳しい条件が課されたので、艦艇の旧式化は著しかった。さらに参謀本部は廃止、兵員についても徴兵制を禁止されたうえ1万5000人以下に制限され、予備員も確保できないようにされるなど徹底的な弱化策がとられた。

連合国側はドイツに最低限の軍事力を持たせてソ連の革命勢力に対する防波堤にしようとしたが、当のドイツはフランスの脅威に備え、逆にソ連と接近し、軍事訓練の相互協力やドイツの新兵器をソ連で開発するなどした。また潜水艦や航空機関係の人材を、オランダ、スペイン、フィンランド、日本などに派遣して、その技術の温存を図った。

ワシントン海軍軍縮条約

国際連盟の創設に加えて条約がもたらしたもう一つのものは、一般軍縮の提唱である。これは各国の主張が対立して決裂したが、個別の海軍軍縮交渉は、各国とも建艦競争の重い財政負担を抑えたかったことと海軍軍備は計量化でき交渉になじみやすかったことから、一応成立した。

第一次世界大戦後のアメリカの関心は、唯一のライバルとなった英海軍との均勢を保つことと、東アジアにおける権益を維持するため日本の膨張を抑制することだった。戦勝国となった日本はドイツ領だった南洋諸島を獲得して中部太平洋に進出したが、このことは米英の警戒感を高めずにはおかなかったのだ。アメリカは、軍縮交渉において世界第3位の日本海軍を抑え、日英同盟の排除を目指した。

イギリスの問題は、財政の窮乏で大戦間に急拡大した米海軍との建艦競争を回避することと、日本の脅威から極東における権益を守ることだった。この頃、日米はそれぞれ八八艦隊計画と世界第1位の海軍力を目指すダニエルズ・プランにもとづいて建艦競争を繰り広げていた。イギリスも早速シンガポールに八八艦隊を配備する計画を立てるなど建艦競争に対抗する動きをみせた（1919年）。

こうした建艦競争に要する海軍予算は各国の財政を圧迫し、米英で歳出の2割を超え、日本では3割を超えるほどだったため、ハーディング米大統領が軍縮を呼びかけるに至ったのである。大戦で疲弊した仏伊もこの提案に賛同し、英米日仏伊の五大海軍国が軍備制限に関するワシントン会議を開き、おおむね米原案にもとづいて、建造中の艦艇をすべて廃棄したうえで、主力艦保有の英米日仏伊の比率を「5：5：3：1・75：1・75」とすることに合意した。

この条約により、「二国標準主義」をとってきた英海軍が「一国標準主義」に後退し、西太平洋における日本の海軍力を認めるかたちになった。また、かつては世界第2位の海軍国だったフランスは、二流海軍国と見ていたイタリアと同格に扱われることになり、隣国ドイツが厳しく軍備を制限されたため、地中海の制海権を争う伊海軍を第一の仮想敵として海軍軍備を整備することになった。

主力艦の比率と同時に、日本の提案により香港を含む太平洋上の各国要塞およびハワイ、シンガポールを除く海軍根拠地の現状維持も定められた（要塞化禁止条項）。このワシントン海軍軍縮条約は1922年に調印され、有効期限の1936年まで建艦競争は止み、「ネイヴァル・ホリデー」の期間に入る。

対米7割の根拠

条約の交渉では、強硬に対米7割を求める日本と、6割を主張するアメリカが激しく対立した。アメリカは、関係が悪化していたイギリスと開戦した場合に日英同盟にもとづき日英が連合することを警戒していたのだ。結局、日本は要塞化禁止条項などを条件に全権の加藤友三郎海相の判断で6割を受け入れて決着した。

加藤は「国防は軍人の専有物にあらず」として、八八艦隊が計画どおり完成しても財政的に維持できずこれ以上の軍拡に国力がたえられないこと、軍縮に応じることで仮想敵国との戦力比を固定でき国際平和にも資するとの冷静な判断を下していたのだ。

ただし、加藤の対米戦についての考えは、それを永久に回避するのかといえばそうではなく、軍備を整え国力を涵養するまでの当面の間、戦争を避けるというものだった。それは海軍が日米不戦という立場をとれば、米海軍を目標に大海軍を建設してきた自らの存在意義を否定することになり、国家戦略も米英と衝突する可能性の小さい「南守北進」となってしまう。そうなると日本の国防は「陸主海従」となり、海軍の目指してきた「海主陸従」と反してしまうので日米不戦は封印せざるを得ないという矛盾も抱えたものだった。

そもそも日本が対米6割ではなく7割という比率にこだわった理由は何だったのか。敵味方の勝敗を予想する数理モデルに「ランチェスター第2法則」があるが、これは敵味方の兵力それぞれの2乗の差の平方根が1会戦後の残存兵力となるというものである。日本海軍は対米開戦時の比率を「10：7」にしたいと考えていた。

数字を当てはめるとわかるとおり、米国が全艦隊「10」のうち半分の太平洋艦隊の「5」と日本の「7」が会敵すれば、日本側は米側を全滅させてさらにほぼ「5」の兵力が残ることになる。これが「6」だと残存兵力はほぼ「3」に減ってしまう。またこれとは別に、艦隊は1000マイル進出するごとに戦闘力が約10パーセント消耗するという一般論があり、ハワイから5000マイルほどの極東海域で会敵できれば十分互角の戦いになり得るとの読みもあった。

佐藤鉄太郎が、攻者は防者に対し数的に優位であるべきことを論じて日本海軍の戦術思想に影響を与えたことは前述のとおりである。米国が最初にオレンジ計画を策定し、大白色艦隊が日本を訪問した頃（1908年）なら、フィリピンを守るために来攻する米艦隊を極東水域で迎え撃つ決戦シナリオは妥当性があったかもしれない。

しかし、日本海軍がこのシナリオに固執して大艦巨砲、艦隊邀撃作戦一本槍だった一方で、アメリカは艦隊決戦よりも日本と南方との分断、そして本土封鎖を重視するようになっていった。日米の戦いが航空機や潜水艦を主役とする局地的な遭遇戦の連続となり、艦隊決戦はほぼ起きないということが証明されるのは20

年後のことである。

ワシントン体制

ワシントン会議では、海軍軍縮条約のほかに四カ国条約と九カ国条約が締結され、アジア・太平洋地域の国際秩序を維持する体制が作られた（ワシントン体制）。

四カ国条約（１９２１年）は、日英米仏が太平洋地域に持つ領土や権益を相互に尊重し軍事基地化せず現状維持を図るというもので、ハワイとフィリピンの間の中部太平洋の旧ドイツ領南洋諸島を日本が委任統治領として獲得したことによる脅威論の高まりなどを背景として結ばれた。有効期間は10年間とされた。この条約の結果、満期のきた日英同盟はアメリカやカナダの強い要求で更新されずに破棄された。

九カ国条約は中国の主権を尊重し、門戸開放、機会均等の原則を承認するというもので、太平洋と極東に領土を持つ九カ国間で結ばれたが、中国に大きな影響力を及ぼし得るソ連を含んでいなかった。この条約で中国における従来からの日本の権益は認められたが、その後の大陸進出には足かせとなった。

第一次世界大戦の結果、アジア・太平洋地域からドイツ勢力が消え、疲弊したヨーロッパ諸国の地位が後退すると、日米の対立が大きく浮上してくるのだが、日本はワシントン体制のもと国際秩序を維持する「協調外交」をとる。１９２０年代は、日本はシベリア出兵や関東大震災で国力を消耗し、欧米諸国も大戦後の復興や世界恐慌で戦争どころではなかったのだ。

しかし、群雄割拠状態の中国で国民党の蔣介石が北伐を開始（１９２６年）すると、日本は居留民保護のため山東省に出兵（山東出兵）し、中国の反日感情をさらに悪化させる。日本陸軍は総力戦を戦う資源を得るために満洲を武力制圧することを狙っており、関東軍はついに満洲事変（１９３１年）を起こし、ワシントン体制は崩壊する。

国家戦略の喪失とロンドン海軍軍縮条約

帝国国防方針第二次改定

ワシントン体制の成立により、日英米の協調による新秩序が一応できあがった。日本がこの体制にあわせて抑制的な国家戦略をとる限りは米英は味方であり、仮想敵国はソ連、中国となるはずだった。

しかし、ワシントン体制を受け入れて、幣原喜重郎外相のもと「協調外交」を行なった政府と異なり、軍はワシントン体制を一時的な妥協と認識し、日本の海外権益を維持拡大するそれまでの構想を放棄しようとしなかった。

こうしたなかで1923年、国防方針が陸海軍主導で改定された。この第二次改定では、仮想敵国の第一がアメリカに改められ、次いでソ連、中国とされた。また、それまで明確に国家戦略が示されていたのが、「国防の本義」という抽象的内容に変更された。

南守北進か北守南進かで陸海軍はまとまらず、中国本土なしでは資源が確保できず陸海軍ともに困る。結局、陸海軍が合意できる国家戦略は、東アジア全域に日本の権益を追求することになってしまう。しかしそうするとワシントン体制の考え方に反し、政府の考えとは大きくかけ離れてしまうので、国家戦略とこれを実現するための政戦略を省略してしまい、陸海軍間で合意できる作戦構想と所要兵力を実質的な中身とする国防方針に単純化、矮小化することになったのだ。これは第二次改定の致命的な問題だった。

国防政策の迷走の始まり

第二次改定の「用兵綱領」では漸減邀撃（ぜんげんようげき）構想のほか、陸軍作戦について中国大陸での「対数国戦」に代わって「対ソ一国戦」「対中一国戦」が別々に示された。総力戦についても、「海外物資の輸入を確実にして国民生活の安全を保証し、以て長期の戦争に堪ふるの覚悟あるを要す」という一文が示されただけだった。

このように第二次改定では、第一次改定で示された長期の総力戦を重視する考え方から、むしろ初度制定（１９０７年）の短期決戦思想に逆戻りした。これは長期戦であれば国力の差から対米戦は回避すべきとなるところを、短期決戦であれば開戦時の決戦兵力さえ準備できれば対米戦も可能という判断になりやすい危険性を秘めたものだった。

この改定は、昭和にかけて日本の国防政策が迷走を始める出発点となった。そもそも国力が乏しい日本が米英をはじめとする列強国群と戦うことは全く無理であり、国家戦略はワシントン体制の枠内で米英と対立しない範囲に抑制しなければならなかったのだ。

日本の漸減邀撃構想

アメリカを主敵にした第二次改定の用兵綱領では漸減邀撃構想を次のように示した。海軍は開戦後すみやかに東アジアにいる米艦隊を制圧するとともに、陸軍と協力してフィリピン、グアムの米海軍の根拠地を破壊する。その後、米海軍の主力部隊が東アジア方面に進出するにしたがって、その途上において勢力を漸減し、機をみて我が主力艦隊をもってこれを撃破する。

この構想は日本海海戦での完勝という成功体験にもとづくもので、ミクロネシアに展開させた潜水艦による反復襲撃の後、小笠原とマリアナ諸島西方で巡洋艦や駆逐艦で夜戦を仕掛ける二段構えの邀撃作戦により敵主力を日本側の７割以下に漸減させ、決戦を行なうというものだった。

その決戦海面は、日露戦争後は小笠原諸島付近と想定されていたが、第一次世界大戦後に南洋諸島を獲得したことで、そこから陸上攻撃機を発進させ米艦隊を攻撃する構想が生まれ、さらにトラック諸島を艦隊泊地として活用することでマリアナ諸島付近まで大きく東に移動した。

米海兵隊作戦計画７１２Ｄ

対するアメリカの対日作戦構想であるオレンジ・プランは、①フィリピンとグアムに対する日本の奇襲と攻勢、②戦力を集中して渡洋反攻を開始、③フィリピンとグアムを奪回、沖縄経由日本本土へ進撃、④日本

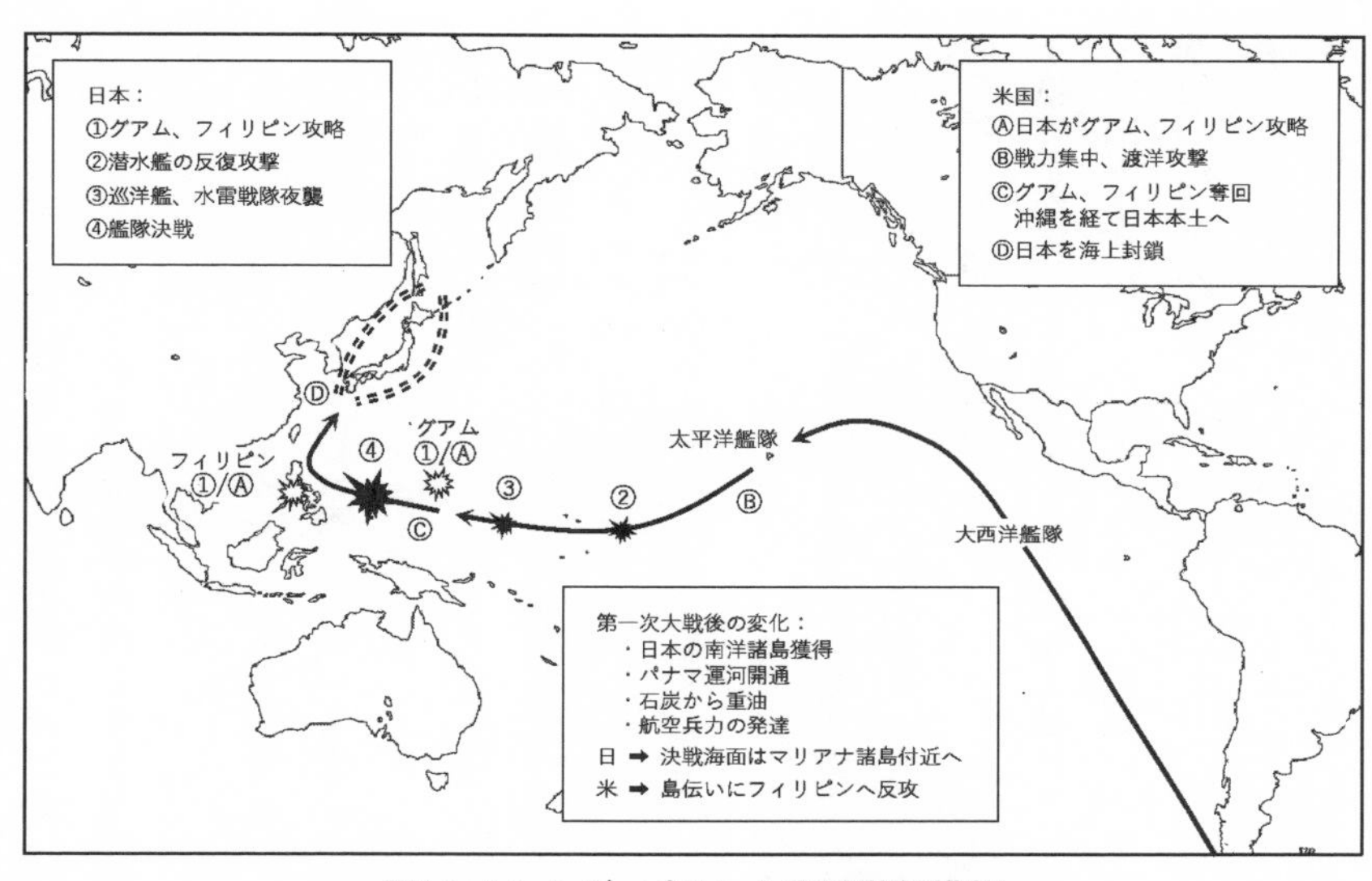

図10 オレンジ・プランと漸減邀撃構想

を海上封鎖という4段階からなっていた。

第2段階からは大西洋艦隊を回航して戦力を集中して渡洋反撃を開始し、第3段階でフィリピンとグアムを奪回し、ここを反攻拠点として日本本土に進攻、日本艦隊を撃破し制海権を獲得、海上封鎖して経済活動を麻痺させる「飢餓作戦」で降伏させるというもので、日本の漸減邀撃構想の裏返しのようなもので両者はかみ合っていた。

しかし、第一次世界大戦、日本の南洋諸島の領有、パナマ運河の開通、艦船燃料の石炭から重油への転換、航空兵力の発達などを背景として対日作戦構想は変化する。

まず、グアムの要塞化と十分な陸海軍兵力の前方配備が検討されたが、巨額の費用とワシントン海軍軍縮条約で西太平洋の現状維持が取り決められたことから採用されなかった。また、日本の先制攻撃に対して大西洋艦隊が来援次第、即時反攻するという「マニラ直行便」も検討されたが、航空兵力の発達で来援兵力の到着まで西太平洋を守り切れないことが明らかになりこれも放棄された。最終的に採用されたのが、海兵隊を活用してハワイから中部太平洋の島々を飛び石伝いにフィリピンへ反攻する構想だった。

このミクロネシアの島々を水陸両用戦で奪って島伝いに日本本土に迫るという新しい戦い方を「海兵隊作戦計画712D」（1921年）として具体化させたのが米海兵隊のエリス少佐であり、以後海兵隊はひたすら両用戦能力の向上に努め、部隊編成、装備、ドクトリンなどを進化させていった。

日本海軍は米海軍・海兵隊が島を前進基地として活用する可能性を認識していたが、小笠原やミクロネシアに艦隊のための港湾、支援施設や要塞の建設はほとんど行なわなかった。これは委任統治や太平洋防備制限条項を遵守したというよりも、そもそも艦隊決戦一本槍で正面装備を重視する日本海軍の体質というべきで、開戦までのミクロネシア方面の部隊の増強や前進基地の建設も緩慢だった。

「導火線」となった「海の生命線」

満洲事変をきっかけに日本が国際連盟からの脱退宣言（1932年）をすると平穏な南洋群島に転機が訪れる。連盟脱退にともない南洋群島の委任統治の受任国としての資格を失うのではないかという声が上がり、海軍が「海の生命線」というキャンペーンを映画、書籍、歌謡曲などで展開したのだ。

海軍省が発行した国民向けの啓蒙冊子『海の生命線』（1933年）は、「南洋群島が不幸敵に利用されたら、飛石伝いに敵は我本土に近寄るであろう。その時は西太平洋から帝国海軍の威力が失われるであろう。砦が陥り壕が埋められては本城は到底持ち耐えることが出来まい」と書いて、南洋諸島の重要性を訴えている。まさにエリス少佐の作戦構想を予言したかのようなキャンペーンだった。こうした海軍の心配をよそに、実際には日本の統治はそのまま続けられた。

日独伊三国同盟が締結されると（1940年）、南洋群島がドイツから日本に譲渡された。そもそもドイツは同群島に執着していなかったのだが、日本海軍が軍事基地化を欲しているという「価値」に気づくと、海軍の首脳陣から英米協調派が一掃されたタイミングで海軍を揺さぶり、日本をナチスドイツとの軍事同盟へ引き込むのに使ったのだ。

海軍は、米艦隊を攻撃する航空機、艦艇の出撃基地とするために本格的な飛行場や港湾施設の建設を始めるが、島の要塞化は進まなかった。艦隊決戦一本槍の海軍は、キャンペーンでは「海の生命線」といいながら、太平洋の戦いが島の争奪戦になることに真剣に備えてはいなかったのだ。

アメリカは、ハワイとフィリピンの連絡線を遮断するかたちで軍事基地化される日本の南洋群島を脅威に感じ、日本もまたアメリカの南洋群島に対する野心を疑い、日米の相互不信を不可避的なものにしていった。のちにニミッツは日本が統治する南洋諸島を「太平洋に張られた巨大な熱帯グモの巣」と呼んだ。

やがて太平洋戦争においてアメリカは、島伝いに日本本土に迫り、爆撃機の発進基地を建設し、日本を海上封鎖し都市を焦土と化した。日本は南洋群島を領有したがために、結果的に本土からはるか遠くに防衛線を持つことになり、それがアメリカとの衝突を招き、「『生命線』は国家を丸焼けにする『導火線』になってしまった」（井上亮『忘れられた島々』）のだ。

「艦隊派」と「条約派」

ワシントン体制については加藤友三郎海相らの海軍主流（「条約派」と通称されたが、派閥的な実態は希薄だった）が基本的に是認して英米との協調を重視していた反面、加藤寛治軍令部次長らに同調する勢力（通称「艦隊派」）はこの体制を否定し日米必戦の考えを抱いていたものの、加藤海相の力量で一応の統一を保っていた。しかし、加藤友三郎が病没し（１９２３年）、加藤寛治が軍令部長に就任すると（１９２９年）、ロンドン軍縮会議を翌年に控えて海軍中央で両派の意見が対立する。

「艦隊派」の対米作戦構想は、漸減邀撃構想そのものであり、対米６割に抑えられた主力艦の不足を補助艦の増強で補うことが絶対条件と考えていた。あわせてパナマ運河を通航できない大型戦艦を日本が保有することにより、アメリカに太平洋正面専属の大型戦艦の建造を強要して資源を消耗させ、この間に日本の国力を増進させようと考えていた。長期総力戦の時代に1、2回の艦隊決戦で決着をつけられると考え、アメリカの巨大な建艦能力を甘く見ていた点で大きな欠陥のある考え方だった。

「条約派」の考え方の原点は、加藤友三郎が1917年に示した思想だったが、彼の後継者たちは次の軍備制限に備えて、新たな守勢的海軍戦略を考えた。それは、「極東海面において、英米のどちらか一国が使用できる海軍力に対抗でき、かつ少なくとも台湾海峡以北のアジア大陸との交通線を維持するのに必要な海軍軍備を整備する」というもので、それまでの「南シナ海の保安」を外し、「東アジア海域」が「極東海域」に狭められ、長期間の総力戦を強く意識したものだった。

しかし、この「条約派」の考え方は、1929年のロンドン軍縮会議に対する訓令案において、「極東海域」が「西太平洋」に置き換わり、「台湾海峡以北のアジア大陸との交通線を維持する」という目標が削除されていた。軍令部の首脳が「艦隊派」に交代したためである。

ロンドン海軍軍縮条約

ワシントン軍縮会議に続いて第二次軍縮会議が開催されたが（1927年）、各国間の不信感で行き詰まってしまう。その後、1928年に成立した不戦条約と英米間の予備交渉が行なわれたことで打開され、世界恐慌（1929年）で各国とも莫大な建艦予算の抑制が急がれたこともあり軍縮会議が開かれ、ロンドン海軍軍縮条約が成立した（1930年）。

これにより、英米日の補助艦比率は「10：10：7」とされ、日本の主張はおおむね容れられたが、仏伊両国の不満は解決されなかったため両国は条約に参加しなかった。

会議では日米間で再び7割か6割かで厳しい折衝が行なわれ、最終的に全体として6・975割で妥結した。当時の日本の財政状況は「国家のすべての施設を停止して一切の費用を海軍に振り向けてもなお足りない状況」（戦史叢書『海軍軍戦備〈1〉』）にあり、会議を決裂に追い込む選択肢はなかったのだ。

それでも、またも「劣勢比率」を押し付けられたとしてアメリカに対する敵対意識が増幅されるとともに、日本国内にも対立を生じさせ、統帥権干犯問題（1930年）や五・一五事件（1932年）などの軍縮の波紋を引き起こし、昭和動乱の原点となった。

軍縮のもう一つの余波は、条約対策として重装備、軽量化が行き過ぎ、復元性能や船体強度の不足をきたし友鶴事件（1934年）や第四艦隊事件（1935年）を引き起こしたことである。艦艇は新旧を問わず設計の再検討とそれにもとづく改造工事を行なわなければならなくなり、ただでさえ遅れ気味の建艦計画をさらに遅らせることになってしまった。

無条約時代と海軍航空の発展

ヴェルサイユ体制の崩壊

軍縮会議での各国の対立は解けず、脱退国も出るなどしたため、1930年代になると軍縮条約の効果は低下してきた。1933年になると日本は国際連盟から脱退、ドイツもヒトラーが政権の座につき軍縮会議および国際連盟から脱退し、ヴェルサイユ条約軍事条項を一方的に破棄して再軍備宣言を行なった（1935年）。

ヒトラーは対英戦を意図していないことを示すため、イギリスに海軍協定の締結を提案した。ドイツに対して宥和政策をとっていたイギリスは、再軍備が始まったばかりの独海軍の艦艇と潜水艦の保有トン数をそれぞれイギリスの35パーセントと45パーセントに制限する個別協定を結んでしまった（英独海軍協定、1935年）。

イギリスにしてみれば、日本がすでにワシントン条約の破棄を通告してきているなかで、ドイツの海軍軍備が脅威にならないように足かせをはめ、軍拡競争の相手を減らすことができるのだから悪くない話だった。しかし、ワシントン条約によって主力艦をイギリスの35パーセントに制限されているフランスには大きな脅威となった。フランスは伊海軍に加えてヴェルサイユ条約のくびきを脱した独海軍の増強にも対抗する必要が出てきたため、単独で2正面戦争を戦うことも覚悟して主力艦の大量建造に着手した。

また、英仏伊はドイツけん制のためストレーザ同盟を結んでいたが、イギリスは英独海軍協定について仏伊に対する事前の協議をしなかったため、この同盟は短期間で崩壊してしまった。こうしてヴェルサイユ体制は崩壊した。この日、ヒトラーはレーダー海軍総司令官に対して「わが生涯で最良の日」と語ったという。やがて軍縮条約は失効し、世界は際限のない建艦競争の時代に突入する。

日本海軍の軍備増強

日本は、軍縮会議で軍備の大縮減を主張したが顧みられなかったため、1936年末をもって軍縮条約からの離脱を決めた。この時の海軍勢力は日本が約70万トン、アメリカ約80万トン、イギリス約100万トンだった。

無条約時代となり、日本はほかの海軍国と同様にそれまでの制限を超えた軍備の増強を図るが、なかでも第一に取り組んだのは戦艦の対米保有比率の向上だった。もはや隻数では対抗できないので個艦の能力向上を図ることにし、「大和」「武蔵」を含む4隻の世界最強の巨大戦艦を補充計画で建造することにした。「大和」1隻で航空機1000機が作れるとの強い反対を退けて起工されたものの、就役してわずか4年後には航空主兵の時代の到来を日本海軍自ら真珠湾で証明することになる運命にあった。

軍縮会議で抑えられていた潜水艦も、補充計画により開戦直前までに65隻9万9000トンが建造された。これらの潜水艦は邀撃漸減作戦において敵主力艦を攻撃するためのものであり、猛訓練の結果、潜水艦の用法は完成の域に達したと考えられた。しかし太平洋戦争において潜水艦部隊はほとんど見るべき戦果を上げられなかった。それは行動能力において潜水艦は水上艦艇に大きく劣り、主力艦攻撃という用法にそもそも無理があったこと、また、哨戒機の発達により潜水艦の行動が大きく制約されるようになったことが原因だった。

戦艦や潜水艦に加えて戦間期を通じて大きく躍進したのが海軍航空戦力であり、特に日本海軍では艦隊主力との決戦に先立って航空撃滅戦が想定されていたため、零式戦闘機を登場させるなど海軍航空の増強に力が注がれた。

戦間期におけるイギリス再軍備

大戦終結後の「平和の配当」を求めがちな状況の中で、次の戦争に備えなければならない戦間期の国防政策の運営の困難さを中村悌次はイギリスの例をあげて大要次のように論じている（『第一次、第二次世界大戦間における英国国防政策の教訓』）。

第一次世界大戦で１００万人近い戦死者を出したイギリスでは、再び大陸の戦争には巻き込まれないとの決意が圧倒的な世論となり、イギリス内閣は3軍の軍備計画の前提として、次の10年間は大戦を戦わず遠征軍も派遣しないという「10年ルール」を定めた（１９１９年）。

この方針は大戦後の財政危機を乗り切るには国防上のリスクといえども受容せざるを得ないとの考えから決定されたもので、軍の士気や軍需産業への影響についてはほとんど考慮されていなかった。また、国際情勢も世界恐慌、満洲事変、ヒトラーの登場、軍縮会議の不調など悪化の方向にあったが、世論への配慮もあり一度決めた方針はなかなか変更されなかった。

ようやく変更されたのは１９３４年のことで、日独両国との戦争に備えるため、累積した国防態勢の問題を解決するために「第一次欠陥是正計画」が策定され、５カ年をかけて空軍の増強を優先することとされた。その後も情勢の悪化が続いたため、１９３５年には「第二次欠陥是正計画」、１９３６年にはついに「再軍備計画」に発展した。第二次世界大戦勃発の２年半前のことである。

１９３７年には国防目的に特化した国債の発行が認められたが、軍備増強は増税せずに歳入の範囲内でできる規模にとどめ、軍需生産体制も平時ベースで全力を挙げることにし、それ以上の計画は１９３９年に国際情勢に応じて再検討することとされた。

１９３８年になると情勢は急迫し、ドイツのズデーテン進駐にともなうミュンヘン危機に際して、英軍は多くの欠陥を露呈したため、国防態勢の全面的検討が行なわれ、財政的制約を緩和して改善を急ぐことになった。

当面は防空態勢の不備是正が急務とされたが、海軍も掃海艇と護衛艦艇の不足が明らかになったので、それぞれ１００隻ほどを建造することになった。軍需生産は戦時体制がとられるようになり、懸命の増産を図ったが、艦艇建造では熟練工の不足に加えて装甲板と大砲の生産能力に重大な不足が生じて建造のネックとなってしまった。

このようにイギリスの再軍備は長期にわたる怠慢のツケで、国家的危機が現実のものとなってからの死に物狂いの泥縄式となってしまった。その原因は、世論におもねた政策、財政的制約、そして軍需生産能力の制約だったことは明らかだった。

国防態勢は、平素から即応態勢を維持するのが理想ではあるが、実際にはきわめて困難で非効率なことも多い。したがって平時における必要最低限度の即応態勢の確保と一定のリードタイムをもって増強される態勢の組み合わせになるのが普通である。

情勢の悪化に対して泥縄式になってしまった戦間期のイギリスの例は、そのような適当なリードタイムを確保する的確な情勢判断と緊急時の増強に即応できる態勢を平時から確保することの難しさを示している。

戦間期における海軍航空戦力の発展

第一次世界大戦での教訓から、各国は戦艦を中心とした艦隊の整備に莫大な資源を投下した。海軍軍縮でも主力艦が主なターゲットとなったのはその証左でもある。第二次世界大戦の海戦における主役は戦艦ではなく空母部隊になるのだが、戦間期の主要国海軍では将来の航空機や空母部隊の将来性に確信が持てず、軍縮の影響もあり空母への資源配分は非常に難しかったのが現実だった。

海軍航空戦力に着目していた日米英のうち、十分に戦力化できたのは日米のみであり、日本海軍は太平洋戦争開戦当初のハワイ作戦でその有効性を証明して西太平洋で圧倒的な優位に立ったが、その後、実際に航空機中心の海軍に移行したのはむしろ米海軍の方だった。

イギリスの海軍航空

空母を世界で最初に実用化したのは英海軍であり、第一次世界大戦直後に空母「ハーミス」を就役させ、その後も追加建造して、日米をリードしていた。イギリスは1918年に陸海軍の航空部隊を独立させ空軍の創設を決定したが、この時に航空機の開発生産や教育訓練など、関連するすべての権限が空軍に集中させられ、海軍のパイロットも空軍に移籍してしまった。

イギリスは、進水前の客船を改造して世界初の全通甲板を有する空母「アーガス」を就役させ（1918年）、海軍航空部も再建されたが（1921年）、1927年まで海軍士官が部隊を指揮することはなく、海軍部内における航空出身者の影響力は限られたものであり、海軍航空の発展を妨げた。

こうした組織的な理由に加えて、イギリスの戦間期の戦略環境からは通商保護が第一とされ、空母は単艦で艦隊に配備され巡洋艦などとともに海上交通の保護を任務とされていた。こうした状況を受けて第二次世界大戦の開戦時（1939年）の艦載機は性能の劣るものが200機あまりしかなく、同時期の日米とは大きく引き離されていた。

アメリカの海軍航空

空母を開発したのがイギリスなら、停泊中の巡洋艦の仮設甲板を使って初めて艦艇から航空機を発着艦させたのは米海軍である（発艦１９１０年、着艦１９１１年）。初期の海軍の航空機は洋上偵察や戦艦の弾着観測用に用いられていたため、米海軍では離着水する水上機を艦上クレーンで上げ下ろしする水上機母艦が建造された。艦上から水上機を射出するカタパルトが実用化されると（１９１５年）、すべての戦艦と巡洋艦に装備され弾着観測に活躍した。大艦巨砲主義の時代、航空機はあくまでも砲戦の補助的な存在だった。

第一次世界大戦では、航空機は陸上の航空基地から発進して船団護衛や潜水艦捜索にも用いられるようになる。開戦時のアメリカは、航空機54機とパイロット43人を擁するのみだったが、終戦時には航空機２０００機以上、飛行船15機、パイロット３０４９人に拡大していた。

英海軍における空母の発達に触発され、米海軍でも海軍航空の増強が始まる。イギリスと同様、空軍を独立させ海軍航空もその一部とすべきとする議論があったが、空母の将来性を重視する海軍大学校長のシムズらはこれに反対して、海軍航空を海軍内にとどめることに成功する。

米海軍は、のちに「海軍航空の父」と呼ばれるモフェット少将を長とする航空局を創設し（１９２１年）、空母部隊の建設と運用構想の形成に重要な役割を担わせた。また、航空出身者に上級指揮官のポストが用意されたため、彼らの海軍部内における影響力も増大していった。

米海軍最初の空母は、給炭艦を改造した「ラングレイ」であり（１９２２年）、主に実験艦として用いられた。本格的な空母の建造は、ワシントン海軍軍縮条約の制限を受けて建造中の巡洋戦艦を改造した「レキシントン」級空母２隻（１９２７年）として実現した。この空母は１２０機もの搭載機と33ノットという高速を活かして空母と艦載機の運用方法の開発に重要な役割を果たすことになる。

米海軍では１９２３年から４０年にかけ21回の大規模な艦隊演習（フリートプロブレム）が行なわれ、様々なシナリオのもと空母の作戦への活用法が研究された。１９３０年代には高速の空母と艦載機を攻撃に活用する戦術が進歩してきたため、戦艦部隊から独立した空母機動部隊として行動させる新たな運用方法も考案された。

しかし当時はまだまだ大艦巨砲主義が主流であり、空母の隻数も少なかったことから、従来の戦艦中心の部隊の一部として空母を運用すべきとの意見が支配的で、空母の潜在能力を十分に発揮させられずにいた。皮肉にもこのような課題を一挙に解決する契機となったのは日本海軍の真珠湾攻撃（１９４１年）であり、米海軍の戦艦群が一挙に撃沈された一方で空母は無傷だったため、米海軍を空母中心の海軍へ急速に変革させる結果になった。

日本の海軍航空

日本海軍も早くから航空戦力に着目しており、太平洋戦争開戦時の真珠湾攻撃を成功させる空母機動部隊の建設に成功した。この原動力になったのは砲術出身の山本五十六であり、航空機の将来性に早くから関心を示し、大佐になって海軍航空に直接関わるようになった。山本はロンドン軍縮会議からの帰国後、海軍航空本部技術部長として主力艦の「劣勢比率」を補うために条約の制約を受けない航空戦力の増強に邁進する。

１９３２年には海軍航空廠が設立され、山本は「国産、全金属、単葉機」を海軍機の条件として民間航空機メーカーを競わせ、優秀な航空機を開発する体制を敷いた。高性能の航空機が登場し、航空戦術の進歩とあいまって艦艇に対する有力な攻撃兵力として認識されるようになったのは、この頃からである。

日本初の空母は「鳳翔（ほうしょう）」（１９２２年就役）であり、当初から空母として建造された世界最初のものだった。八八艦隊計画では「鳳翔」より一回り大型の空母２隻が予定されていたが、ワシントン軍縮条約を受け、巡洋戦艦「赤城」と戦艦「加賀」を空母に改造（それぞれ１９２７，１９２８年）したため、いきなり巨大な空母が誕生したことになる。これは米海軍においても同じで、「レキシントン」級２隻とともに世界の四巨艦と称された。

日本海軍は１９２８年には世界初の航空戦隊を編成し、上海事変（１９３２年）では「鳳翔」の艦載機が日本海軍航空史上初の空中戦を戦い、支那事変（１９３７年）では済州島や台北に展開した攻撃機が上海、南京に対する渡洋爆撃を敢行、１９４０年には零式戦闘機が中国戦線に投入され大戦果を収めた。太平洋戦争開戦前には中国での作戦を打ち切り、主力空母６隻（編成当初は４隻）からなる航空艦隊（空母機動部隊）を編成した（１９４１年）。

このように急速に発展してきた海軍航空だったが、依然、海上兵力の根幹は戦艦であり、海軍力の象徴として無形の効果を持ち、たとえ戦闘機１０００機でもこのような効果は望めないとの考え方が日本海軍の支配的な考え方であり、当時の世界の海軍に共通したものだった。

第15章 第二次世界大戦──大西洋の戦い

ヒトラーの海軍

大戦勃発──幻に終わった「Z計画」

ヒトラーは、レーダー海軍総司令官に対し、１９４４年までは開戦しない前提で対英戦に備えた海軍軍備の拡張を指示する（１９３８年5月）。

すでにドイツはヴェルサイユ条約を破棄して再軍備宣言（１９３５年）をし、英独海軍協定の締結により戦艦6隻、空母4隻などの増強に踏み出していたが、これは第一の仮想敵である仏海軍との平衡（パリティ）を実現するものだったので、改めて対英戦を前提とした軍備計画の検討を始めなければならなかった。

検討においては、ヴィルヘルム二世のもとで海軍を増強し始めた時と同じように、通商破壊戦を主任務として高速巡洋艦を主力とする考え方と、決戦のための強力な戦艦を主力とすべきとする考え方が提示された。結局、ヒトラーは対英戦をまだ先のことと考えていたため、後者の戦艦などを中心とした大艦隊を整備する「Z計画」を選択し、英独海軍協定を破棄した（1939年4月）。

「Z計画」は、戦艦6隻、装甲艦（ポケット戦艦）12隻を主力として軽巡24隻、偵察巡洋艦36隻などを整備しようとする大規模なもので、英艦隊に決戦を挑める艦隊でありながら、長期間の通商破壊戦を展開できる行動力も持たせるというものだった。

レーダー海軍総司令官は、この大計画に対してヒトラーの後継者で空軍総司令官だったゲーリングからの支援を得る見返りに、海軍航空の建設計画を正式に放棄した。この決定により、ドイツは空母を完成させることができず、Uボート戦を支援するはずの長距離哨戒機部隊も持てないことになった。

「Z計画」の採用を決定して間もなく、ヒトラーはポーランドへの侵攻を開始し、第二次世界大戦が始まった（1939年9月）。レーダーが驚愕したのはもちろんだが、大戦の勃発を受けて建造に時間のかかる大型艦計画は取りやめられ、Uボートなどを中心とするものへと切り替えられていき、同計画は幻に終わった。

ヒトラーの戦略とレーダーの戦略

ドイツは、東にソ連、西にフランスという陸軍大国に挟まれ、その国境線には天然の要害というものがないため、第一次世界大戦前には東西からの挟み撃ちに備えた「シェリーフェン・プラン」があった。これは、西部戦線にほぼ全兵力を集中させて一気にフランスを陥落させた後、鉄道を活用して東部戦線へ迅速に兵力を移動させてソ連にあたるというものだった。

海に関しては、ドイツは北海とバルト海に面している。大西洋に出るには北海を北上して英海軍の根拠地であるスカパフローの近くを通ってイギリスの北端をまわるか、オランダ沖を西進してドーバー海峡を抜けなければならない。また、北海をイギリスに封鎖されたら海上貿易は内海であるバルト海経由のみになってしまう。このようにドイツが置かれている地理的条件は陸海とも極めて不利であった。

ヒトラーの最終目的は欧州大陸での覇権を握ることであり、英米と対峙するための「生存圏」を確保するというものだった。そのためには当面イギリスとの戦いは避け、フランスとソ連を屈服させた後、対アングロサクソン戦争に備えるというのが基本戦略だ。

対するレーダーの海軍戦略は、最も危険な敵はあくまでもイギリスであり、通商破壊や海上封鎖で締め上げて屈服させるというものだ。そのため、敵が船団護衛などの対策を確立する前に無制限潜水艦戦を開始して、可能な限りの打撃を与えるべきだとヒトラーに訴えた。

イギリスの海軍戦略の柱は、自国および連合国との海上交通路を守ることであり、アメリカとの大西洋ルート、アフリカ南端をまわるインド洋ルート、ジブラルタルからスエズ運河に至る地中海ルート、ソ連を支援する北極圏ルートなどが戦略的に重要だった。対英戦を避けたいヒトラーは逡巡したが、Uボートがスカパフロー奇襲作戦で英戦艦を撃沈するという大金星を上げると（1939年10月）、一転、無制限潜水艦戦の開始を認めた。

また、ドイツはソ連からの石油などの資源輸入なしには戦えず、Uボートの訓練海域であるバルト海の安全も維持しなければならないため、まずイギリスを破りソ連はそのあとになるというのがレーダーの基本戦略だったが、ヒトラーの戦略とは明らかに相容れないものだった。

通商破壊戦の開始

ドイツが二度目の大戦に突入した時、「Z計画」は着手した途端に中止されたので、海軍の主力艦はわずかに巡洋戦艦2隻と装甲艦（ポケット戦艦）3隻で、空母は1隻もなかった。このため、主力艦の戦力で英海軍にはるかに劣る独海軍は、艦隊決戦を回避して通商破壊戦を基本戦略とするしかなかった。

当初、独海軍は通商破壊戦を少数の水上艦で開始した。イギリスの海上交通路を直接脅かすほどの戦力はなかったため、通商破壊艦を大洋で行動させ、英海軍をかく乱し兵力が分散した隙をついて商船を襲撃するという作戦をとるのが精いっぱいだった。

独海軍は2隻の装甲艦を大西洋に展開させて通商破壊戦を開始した。このうち「ドイッチュラント」は、商船2隻を撃沈しただけで本国に帰投させられたうえした艦の喪失を恐れて命じたのだ。ヒトラーが国名を冠した艦の喪失を恐れて命じたのだ。もう1隻は南米方面で9隻の商船を撃沈したところで英艦隊に捕捉され、交戦の末に中立港モンテビデオ（ウルグアイ）に入港して自沈した（ラプラタ沖海戦）。代わりに出撃した巡洋戦艦2隻は、捕捉しようとする英仏艦隊を翻弄することには成功したが、戦果は英仮装巡洋艦1隻にとどまり、少数の水上艦艇による通商破壊戦の限界を示した。

このような通商破壊戦にあてる水上艦艇の不足を補うために独海軍が力を入れたのが仮装巡洋艦であり、比較的高速の大型商船を改造して中立国商船などに偽装し、15センチ砲などを数門備え、なかには魚雷や水上偵察機を搭載したものまであった。これらの仮装巡洋艦は、補給船の支援を受けつつ大西洋からインド洋、一部は太平洋にまで展開して多数の商船を拿捕、撃沈したが、英軍が独軍の暗号を解読して警戒を強化し、アメリカが参戦すると活動は抑えられていった。

効果的だった機雷戦

一般的な機雷の用法は防勢的なものだが、ドイツは攻勢的に用いた（攻勢機雷戦）。独海軍は、開戦直後から駆逐艦や航空機を使ってテームズ河口などの英本土沿岸一帯に新たに開発した磁気機雷を敷設し、半年あまりで67隻25万トンもの英輸送船を撃沈し、戦艦も損傷させるという予想外の戦果を上げた。

しかし英海軍が磁気機雷への対抗策をとるようになると効果は失われ、その後は英独海軍双方がお互いに機雷敷設と掃海を繰り返すようになった。また、磁気機雷に続いて音響機雷、水圧機雷などが登場し、起爆装置にタイマーやカウンターをつけて掃海を困難にするなど、機雷の複雑化、高度化が進んだ結果、終戦まで続いた機雷戦は熾烈なものとなった。

ノルウェー攻略

1940年3月、ヒトラーはノルウェー攻略を決定する。すでに開戦直後にレーダー海軍総司令官からノルウェー沿岸占領を進言されており、イギリスによるノルウェー上陸占領も迫っていると判断されていた。ここにUボート基地を造れば、スウェーデンからの鉄鉱石を輸送する海上交通路などの安全も増す。

第一次世界大戦で「大海艦隊」をヴィルヘルムスハーフェンに封鎖された独海軍にとって、大西洋に面したフランスやノルウェーの港を確保することは戦略上大きな意味があったし、Uボートの訓練のためのバルト海の安全確保も図れると考えられた。

攻略にあたっては、独海軍は揚陸艦を保有していなかったため、空挺部隊を投入するとともに駆逐艦で山岳兵部隊などを輸送してオスロなどの沿岸主要都市へ奇襲上陸した。上陸作戦は成功したものの独海軍の損害は大きく、オスロ攻略戦などでは要塞からの砲撃で主力艦が撃沈され、英海軍が反撃に出ると、独海軍の駆逐艦の半数が失われ大きな代償を払うことになった。

この戦いで英海軍は空母3隻を逐次投入したが、艦上戦闘機の能力不足により、圧倒的な艦艇兵力を持ちながらもドイツの急降下爆撃機の勢力圏内では行動できず、はるかに劣勢の独艦艇部隊の作戦行動を許してしまった。開戦時の英空母は7隻で、数こそ日米を上回っていたが、その艦載機は複葉機も含まれているなど時代遅れで海軍航空戦力には大きな欠陥があったが、この原因が戦間期の政策にあったことは前述のとおりである。

Uボートの活躍

第一次世界大戦末期、連合国側が護衛船団方式をとり、単艦のUボートによる攻撃による戦果が上がらなくなると複数艦による協同攻撃が試みられたが、戦術として確立しないまま敗戦となった。Uボート艦長として捕虜となったデーニッツは、帰国後、集団攻撃戦術の開発に取り組み「狼群作戦」として完成させる。

第二次世界大戦開戦時、大西洋で作戦可能なUボートはわずか22隻であり、その三分の一を展開させたとしても7隻しか出撃させられないことになる。潜水艦隊の司令官となったデーニッツは、Uボート300隻体制を要求するものの、この時点では空軍第一の立場をとるヒトラーは認めなかった。結局、その後の増勢で200隻余りに達するが、それは1943年のことである。

1940年に入るとイギリスは護衛船団を運航し始めたため、狼群作戦のチャンスが到来した。しかし、Uボートはノルウェー攻略作戦（1940年3月）に転用されてしまう。

大西洋で本格的に狼群作戦を展開できたのは、ノルウェー作戦終了後からであるが、占領したフランスの基地から、無線傍受で集めた船団の情報を活用して出撃を繰り返し、1940年6月から10月にかけて280隻もの船舶を撃沈し、Uボート戦の第一の最盛期となった。

ドイツ海軍の終焉

フランスの降伏と英本土上陸作戦

1940年6月、フランスが降伏するとドイツは大西洋岸に基地を持つことになった。ヒトラーはソ連打倒に着手するため、大陸を封鎖しようとするイギリスとの決着を急いで和平を呼びかけたが、チャーチル率いるイギリスが屈服しなかったため、英本土上陸作戦（アシカ作戦）の準備を各軍に命じた。

レーダー海軍総司令官はフランス占領という好機をとらえて地中海の制海権を握り、ジブラルタル、マルタ、スエズの交通線を遮断すればイギリスを追いつめられると考えたが、ヒトラーの認めるところとならなかった。

デーニッツ潜水艦隊司令官は、海軍の戦果はUボートによるものでレーダーの重視する主力艦は役に立っておらず、Uボートを他作戦への支援などへ転用せず、大西洋の通商破壊戦に専念させるべきだとしてレーダーを批判し、両者は対立を深めていく。

ヒトラーの上陸作戦は、ドーバー海峡の制空権を握ったうえで、機雷堰で作った回廊に沿って陸軍の大部隊を送り込むというものだった。このため、イギリス本土への揚陸戦用の艦艇を保有していなかった独海軍ではUボートや艦艇の建造を中止して、かき集めた商船や艀（はしけ）などを上陸作戦用に改造する工事を急ピッチで行なった。

しかし結局、上陸作戦は発動されなかった。独空軍が3カ月あまりにわたった英本土航空戦（バトル・オブ・ブリテン）に勝利できず、制空権を確保できなかったからだ。ヒトラーは正式に上陸作戦の延期を命じたが、彼の関心はこの時すでにソ連に向けられていた。イギリスは持ちこたえ、危機を脱したのだ。

不利になるUボート戦

バトル・オブ・ブリテン（1940年7〜10月）の終結にともない多数の航空機が船団護衛の強化に回されるようになり、Uボートの行動が制限され始める。1941年以降は、それまでのアスディック（音波探知機、ソーナー）に加えて無線方位測定装置、レーダーなどが登場し、さらにドイツのエニグマ暗号が解読されたことなどからUボート戦は不利になっていった。

日本が真珠湾を奇襲してアメリカが参戦（1941年12月）すると、デーニッツはアメリカの商船が無防備で米海軍も対潜戦に不慣れな今こそ好機と判断して、アメリカ東海岸からメキシコ湾、カリブ海にかけてUボートを展開させて大戦果を上げた。デーニッツは、最小のコスト（Uボートの喪失）で最大の成果（船舶撃沈トン数）を上げられそうな海域を選んで行動させるという方針をとっていたため、1942年になると船団護衛態勢が強化されたアメリカ海域から相対的に護衛態勢のゆるい大西洋にUボートを戻した。

その頃、北アフリカ戦線のロンメル率いる独アフリカ軍団は、マルタ島を基地とする英潜水艦などによりその補給線を攻撃され、一時はドイツ船団の70パーセントを沈められるほどだった。ヒトラーは、この危機を打開するためにデーニッツの反対を押し切り、またもやUボートを地中海へ転用して英海軍に大打撃を与えるが、Uボートのほとんども撃沈されてしまう(「ジブラルタルのネズミ捕り」)。これにより大西洋の通商破壊戦は一時下火となり、イギリスの生命線は息を吹き返すことになった。

地中海の戦い

イタリアは、いよいよフランスが劣勢となり降伏が迫ったのに乗じて連合国に対して宣戦布告し(1940年6月)、地中海の要衝マルタ島を空爆するとともに、連合国の海上交通路を脅かすようになる。

その頃の地中海の海軍勢力は、水上艦艇については英仏海軍と伊海軍がおおむねパリティで、潜水艦については伊海軍が凌駕しており、その一部をデーニッツの指揮下に入れた時期もある。

また、英海軍はおおむね1~3隻の空母を地中海に展開していたが、前述のとおり欠陥のあった英空母戦力でも、地中海においては伊海軍が海上における航空兵力をほとんど持たず、独空軍も独ソ戦が始まると主力をソ連戦線に移動させたため、相対的に優勢を保って積極的な作戦を展開できた。

特に地中海中央に位置しイタリアから至近距離にあるマルタ島は、北アフリカ戦線の独ロンメル軍団への補給線を管制できる位置にあるため、同島への航空機の輸送や船団護衛にあたっては英空母が活躍した。

英海軍に補給線を攻撃されたドイツは、前述のとおり地中海へ転用したUボートにより英空母2隻を撃沈している。海上補給路の攻防は激しく、イギリスはエジプトへの派遣軍に対して地中海経由での戦力増強ができなかったため、アフリカ南端をまわり紅海側から補給支援を行なったこともあるほどだ。

イギリスは多大の犠牲を払ってマルタ島を守り抜き、そのおかげで北アフリカのロンメルの進撃を食い止めることができ、ジブラルタルからスエズ運河までの海上交通路を守ることができた。やがて連合軍は反攻に転じ、北アフリカ戦線での伊軍も敗北、ムッソリーニは解任され、イタリアは降伏（１９４３年９月）、地中海の戦いは終わった。

大西洋での通商破壊戦

英本土上陸作戦（アシカ作戦）が中止され、独海軍は再び通商破壊戦に専念しようとするが、もともと少なかった主力艦がノルウェー攻略でさらに失われてしまったので、独海軍は行動可能な重巡などを単艦で行動させることにした。

イギリスは多数の船団を広大な海域で運航させた結果、護衛兵力が分散してしまい、配備された護衛兵力の小さい船団ではドイツの通商破壊艦が大きな戦果を上げ、ほかの船団の運航も一時中断せざるを得ない状況に陥った。また、神出鬼没の独艦を捕捉することは困難であり、圧倒的な兵力を持つ英海軍も大いに振り回され、独海軍が意図した通商破壊戦の間接的な効果が発揮された。

一方で、少数の主力艦しか保有しない独海軍が圧倒的に優勢な英海軍に圧力をかけるには、兵力を極力温存しつつ出撃を繰り返さなければならなかったので、艦の喪失はもちろん、被害を受けることも恐れる傾向が強く、護衛兵力が強力な船団に対しては戦闘を避けるという方針で臨んだ。このため独艦艇は消極的な行動を繰り返すこととなり、海軍に対するヒトラーの不信感を募らせることになった。

１９４１年に入ると独海軍は前年に占領したノルウェーとフランスのブレスト港をイギリス攻撃の基地として活用するようになり、水上艦による通商破壊戦は成果を上げ、同時期のＵボートの戦果を若干上回るほどになった。

対する英軍はブレスト港に空襲を繰り返し、港外には機雷を敷設して独艦隊の行動を妨害した。

出撃した独艦には執拗な追跡と攻撃を行ない、ドイツ側の被害は増え戦果は上がらなくなった。また、独海軍の暗号を解読した英海軍は、洋上に秘密裡に配置されたドイツ通商破壊艦用の補給船を次々に撃沈したため、水上艦による通商破壊戦は困難となった。第一次世界大戦の戦訓から、フランスの港湾を利用してイギリスの海上交通路を脅かすという独海軍の作戦は、航空機の発達により成り立ちにくいものとなったのだ。

一方のUボート戦も苦戦を強いられるようになってくる。大西洋には連合国の陸上哨戒機が到達できない空白海域があり、Uボートが活動しやすい危険な海域（ブラック・ピット）となっていた。この対策として、1943年頃からは船団に小型の護衛空母をつけて艦載機で海域を哨戒できるようになりブラック・ピットが消滅するとともに、Uボート狩りのための新兵器の登場やハンター・キラー戦術も確立したことから、Uボート戦は終焉に向かうことになる。

連合国をあげて取り組んだ対潜戦能力の向上が、Uボートの性能向上と狼群戦術を上回った結果であるが、ドイツが早期にUボートを増勢しなかったこと、また常に不足していたUボートがさらにほかの作戦に転用されることが多く、通商破壊戦に専念できなかったことも大きな失敗だった。

大西洋の戦いの終わり

ヒトラーは、勢いを増した連合軍がノルウェーを奪還し、バルト海経由でドイツの背後から襲いかかってくることを恐れて、戦果の上がらない通商破壊艦をブレストからドイツに回航させノルウェーの守りを固めようとした。

レーダー海軍総司令官は、英仏海峡の回航はリスクが大きいので通商破壊戦の続行を訴えたが、ヒトラーの命令でドイツ艦隊のブレストからの脱出、回航が行なわれた。この撤退作戦は、英仏海峡を白昼突破するという大胆な行動で成功するが（チャンネル・ダッシュ、1942年）、またしても機雷によって戦艦2隻が損傷してしまった。この作戦で脱出を許した英海軍が面目を失ったことは確かだが、基本的に独艦隊の撤退作戦であり、大西洋の戦いは実質的に英海軍の勝利で幕を下ろすことになった。

独ソ戦の開始と北極圏の戦い

1941年6月、ヒトラーはスウェーデンなどからの資源確保のためのレニングラード（クロンシュタット軍港）の占領や「生存圏」拡大のためのウクライナ攻略を戦略目標として独ソ戦を開始した（バルバロッサ作戦）。独軍は初期段階でソ連軍を撃破できず、戦略目標の優先順位も不明確なまま冬を迎えて敗退し、戦争の決定的な転機となった作戦である。

イギリスはソ連を支援するための船団を北極圏のムルマンスクなどに送り続けた。独海軍は、ブレストから回航した戦艦などを含む主力艦で船団を攻撃し、空軍機やUボートとの連携で大きな戦果を上げ、イギリスは一時船団の運航を中断するほどだった。しかし、水上艦艇だけの船団攻撃において、ヒトラーの「危険は冒すな」との命令で好機を活かせず撤退したことから作戦は失敗に終わってしまう（バレンツ海海戦、1942年）。

レーダーの解任

自らの命令で失敗したバレンツ海海戦だったにもかかわらず、海軍不信と怒りが頂点に達したヒトラーは、ついに水上艦艇部隊の解散を命じてしまう。役に立たない主力艦はスクラップとし、その砲は沿岸砲台として利用し、人員や生産力を水上艦より効率的なUボートなどにまわせというのだ。この後、艦隊の解散に反対するレーダーは海軍トップとして10年あまり仕えたヒトラーから解任され、海軍総司令官をデーニッツに交代させられる。

デーニッツはかねてから、通商破壊戦にはUボートが適していると主張してきたが、艦隊の解散は英海軍の行動の自由を増し対日戦にも悪影響を及ぼすこと、また荒れる北極圏での船団攻撃には水上艦が必要であるとしてヒトラーを説得し、結局、解散命令は撤回され、水上艦は「練習艦」として存続を許された。

こうして、ドイツの水上艦艇部隊は辛うじて存続したが、アメリカが参戦し英海軍も新型戦艦を就役させたため、独海軍と連合国海軍の戦力差は大きくなる一方だった。

　ドイツの燃料事情は悪化の一途をたどっていたため、1943年12月の船団攻撃で巡洋戦艦を撃沈されたのを最後に戦略を見直し、戦艦「ティルピッツ」をノルウェーのフィヨルドの奥に待機させ、援ソ船団をけん制するという文字どおりの艦隊保全戦略へと移行した。

最後の戦い

戦艦「ティルピッツ」は、英海軍にとって最後の大きな脅威となり、このため新型戦艦を本国海域にとどめざるを得なくなり、対日戦への参加を遅らせる効果も生んだ。英海軍は特殊潜航艇も使ってフィヨルドの厳重な守りを突破し、艦載機や重爆撃機の空襲を繰り返し、「ティルピッツ」の撃沈に成功した。艦隊保全戦略も、その艦艇が停泊、待機しているだけであれば発達した航空兵力の格好の標的となることは当然である。

　1944年になるとドイツ本土に迫るソ連軍への防衛戦に重巡が投入され、沿岸地帯ではその巨砲が威力を発揮した。同年末以降、独艦隊は、包囲、孤立した陸軍部隊や民間人の救出作戦をバルト海で展開する。同年6月の連合軍のノルマンディー上陸作戦では、独海軍はわずかに水雷艇3隻が出撃し、駆逐艦1隻を撃沈したのみだった。

　1945年4月に入ると、連合軍空軍によりバルト海に展開した主力艦は次々と撃沈されていった。

　4月30日、独海軍総司令官デーニッツが突然ヒトラーの後継者に指名され、総統に就任した。5月2日、デーニッツは連合軍に降伏を申し出て、「ヒトラーの海軍」は終焉を迎えたのである。

第16章　太平洋戦争への道

無謀な開戦へ

帝国国防方針第三次改訂

日本の国防政策が第二次改定の時から迷走し始めたことは前述のとおりだ。日本は1932年に満洲国を承認したが、この頃にはソ連が極東の軍事力を急速に増強しつつあったので、陸軍は北方の脅威を除いた後に南方に進出するという「まず北進、そのあと南進」を海軍に提案してきた。これに対して海軍はあくまで「北守南進」を前提とした南進策に固執した。無条約時代に入った海軍としては、対米軍備を早急に完成するための南進策という面もあったため、陸海軍の主張は平行線をたどった。

陸軍側の主導者だった石原莞爾参謀本部第2課長（作戦）は海軍との調整をあきらめて、要求した陸軍の所要兵力が認められることを条件に同意したため、国防方針の第三次改定が成立した（1936年）。日本はこの第三次改定で太平洋戦争に突入することになる。

この改定では、短期決戦を基本として開戦初動の兵力を大きくすることを重視し、アメリカ、ソ連、中国、イギリスを仮想敵国とした。長期戦への覚悟と準備には一言触れているのみである。用兵綱領として、短期決戦思想を示して、それぞれの想定敵国と単独に戦う場合の作戦目的と作戦要領の骨子を示している。

第三次改定は、主敵を米ソ同等として、所要兵力に陸軍の要求を取り入れた以外は、対一国戦、短期決戦という海軍側の考え方が色濃く反映された現実離れしたものだった。

海軍の軍備構想

海軍は、西太平洋において今後10年間は対米比率7~8割を保持できる軍備として、戦艦12隻、空母10隻、巡洋艦28隻など約130万トンの艦艇と、基地航空65個隊（戦時1402機）などの兵力を保有するとした。言うまでもなく、漸減邀撃作戦を成功させるための戦力量だった。しかし、この対米比率の算定は、日本は軍縮条約に拘束されずに増強する一方で、アメリカは条約下の整備ペースを維持するという都合のよい前提でなされており、重大な誤算を含んでいた。

この所要兵力を整備するための「第三次補充計画（③計画）」は1937年度に着手したが、その前の②計画は造船能力の限界と友鶴事件や第四艦隊事件にともなう多数の大改装工事が立て込んでいたため、すでに1~3年遅延していた。

いずれにせよ、③計画の目玉は大艦巨砲の象徴ともいえる超ド級戦艦「大和」「武蔵」の建造であり、アメリカにパナマ運河の拡幅または太平洋専属の大型戦艦の建造を強要することを狙ったものだった。これは隻数で太刀打ちできない日本が英米の最新戦艦を圧倒するために一点豪華主義で建造した艦隊決戦派の新兵器だったが、結果的に「無用の長物」となったのは戦史が示すとおりである。

軍備拡張競争の敗北

日中戦争が拡大するなか、アメリカではローズヴェルト大統領がファシズムに対抗できる軍備の必要性を訴えて「新ヴィンソン海軍拡張計画（第二次ヴィンソン案）」に署名し（1938年）、大々的な海軍拡張に乗り出した。この計画が予定の1941年に完成すると戦艦24隻、空母8隻を含む190万トン、航空機3000機の大海軍に膨れ上がり、③計画下の日本海軍の対米比率は64パーセントまで低下することが見込まれた。

年々激化する建艦競争に追い込まれた日本海軍は「昭和14年度海軍軍備充実計画（④計画）」を策定し、1931年度からの①計画以来最大の軍拡計画がスタートすることになった。この計画は「大和」型戦艦2隻を含む80隻32万トンの艦艇を1944年度までに、航空機1511機を1943年度までにそれぞれ整備し、対米比率を8割に戻すはずのものだった。

しかし、④計画は非力な国力に加えて日中戦争の泥沼化で無理に無理を重ねた計画であり、その前の③計画の航空機の生産を達成するには、たとえば「大和」「武蔵」の建造を中止しなければ成り立たないものだった。

アメリカでは④計画に対抗して「第三次ヴィンソン案」が承認され（1940年）、その直後には壮大な「スターク計画」が可決された。これは、当時の日本の年間GNPを1割近く上回る100億ドルを投入して1946年までに艦艇を7割増強し、航空機1万5000機を整備するという途方もないもので、太平洋で日本と、大西洋で独伊との二正面作戦が可能になるまさに「両洋艦隊案」だった。この計画が完成すれば、④計画が完成した1944年の日本海軍と1946年の米海軍の比率は43パーセントにまで低下することになる計算だった。

日本海軍はこの後、⑤計画を策定しようとするが、すでに軍備拡張競争の勝負は明らかで、開戦を迎えるのは⑤計画着手前の計画段階のことだった。

時代遅れの漸減邀撃構想

海軍が必死に取り組んだ軍備増強は、30年前に一路ウラジオストクを目指すロシアのバルチック艦隊を対馬海峡で邀撃撃滅した日本海海戦をそのまま対米戦に引き写したものだった。これは広大な太平洋を隔てて対峙する日米艦隊とは条件が全く違ううえ、主力艦中心の艦隊決戦は起こりにくくなっているという海軍戦略の変化を見落とした時代遅れのものだった。

この原因の一つとして、「海戦要務令」が時代遅れで艦隊戦術をミスリードしたことがあげられる。海戦要務令は海軍最高の戦術規範として天皇の允裁（いんさい）を仰いで公布された海軍参謀の虎の巻だった。その初版は米国留学から帰国した秋山真之大尉の「海戦に関する綱領」を取り込んで1901年に作成され、その後、八八艦隊の整備、日英海軍軍事協約、ジュットランド海戦の教訓、航空機や潜水艦の発達などを受けて太平洋戦争開戦までに4回改定された。

1920年代頃までは、海戦要務令の説くところが最高の戦法だったと思われるが、時代が下り、海軍のドクトリンとして画一的に教育されるなかで硬直化していった。また、要務令の改定は海軍戦術の進歩に遅れがちで、艦隊決戦に大きな比重を置いていたため「艦隊決戦要務令」といわれていたほどだった。

1930年頃には航空戦力が進歩してきたが、海戦要務令（航空戦の部）の草案が作成されたのは1940年のことであり、結局、太平洋戦争に間に合わなかった。この草案では全体の半分が航空決戦に充てられており、奇襲や索敵の重視、空母の分散配備、敵空母の攻撃は爆撃によるのを例とするなどとしていたが、ミッドウェー海戦（1942年）ではことごとくこの逆を行なって歴史的な大敗を喫したのだった。

結果的に海戦要務令は日本海軍の戦略、戦術思想を画一的に縛り、より重大な過ちはこれに基づいて軍備をしたことだった。漸減邀撃作戦での艦隊決戦を唯一の目標としていたから、艦隊はそれを目標として建造されたのだ。

邀撃構想の問題点については、当時から航空関係者を中心に個別に指摘されていたが、航空本部長だった井上成美（しげよし）はより包括的に「新軍備計画論」としてまとめ、海相に提出した（1941年）。この意見は、太平洋戦争の実際の推移を予言したともいえる卓見だったが、開戦を直前に控え、すでに手遅れというしかなかった。

進化したレインボー計画

米軍の対日戦争計画オレンジ・プランは、1938年まで改訂を繰り返したが、第二次世界大戦直前、連合国対枢軸国の枠組みを前提とした新しい戦争計画として一連のレインボー計画が承認された。このうち欧州戦線を優先し同盟国とともに対日戦を戦う計画が「レインボー №5」であり、真珠湾攻撃の直後、この計画にもとづいて英米首脳間で合意したのがドイツ打倒を優先する連合国統合戦略計画「ＡＢＣ－１」だった。

真珠湾攻撃で戦艦部隊を失った米海軍の反攻は遅れ、フィリピンとグアムは放棄せざるを得なかった。米海軍はオーストラリアを反撃の根拠地と考え、ハワイ―サモア―オーストラリア連絡線の防衛に全力をあげる。その後のミッドウェー作戦で日本海軍は完敗し、引き続く大消耗戦の後、米軍が島伝いの渡洋反攻を始めると旧オレンジ・プランのシナリオどおりの展開となっていった。おそらく事前の想定と異なったのは、マッカーサーの南西太平洋作戦と日本の特攻作戦くらいのものだっただろう。

日本海軍が艦隊決戦一本槍だった一方で、アメリカはマハン流の艦隊決戦から脱皮して、広大な海域における海洋総力戦を航空兵力と海兵隊による水陸両用戦により海から陸を屈服させる戦い方に進化していたのだ。

無謀な開戦へ

開戦2カ月前、山本五十六連合艦隊司令長官は永野修身(おさみ)軍令部総長に対して、間違いなく長期戦となり戦争継続は次第に困難となり国民生活は非常に窮乏するため、第三者としての立場からは、そのような戦争は為すべきではないとの意見を吐露している。

しかし、日本海軍は開戦を決意した。その理由は、日米間で日を追って戦力の格差が広がっていくことに加え、石油の枯渇に象徴される戦力の「立ち枯れ」の問題があったからだった。1941年7月、日本の強引な南部仏印進駐を契機に、アメリカはついに日本の生命線ともいえる石油の全面禁輸を打ち出していたのだ。同年9月の石油備蓄量は940万バレルであり、2年足らずしかもたない計算だった。こうした追い詰められるような状況の中で、結果的には山本五十六を含めて戦いを急ぐことになった。

これより先、開戦13カ月前の1940年11月、海軍大臣は遅れている戦備計画を促進するために出師(すいし)(出兵)準備を発令している。しかし、この出師準備は、実際には開戦時においてさえ完成せず、特に弾薬、魚雷などの充足率は1～3割に過ぎなかった。苦し紛れに不足していた航空用魚雷を艦船用魚雷から転換しようとしたが、かえって魚雷の生産が数カ月間も全面的に停止してしまうなど戦時生産体制はあまりにもお粗末だった。

また、開戦直前に算定した⑤計画完成のための所要資材のうち、鋼材は70パーセント、アルミが50パーセント、ニッケルは15パーセントしか取得の見込みがなかった。このような海軍内の問題に加えて、陸軍と海軍との物資取得をめぐる「分捕り合戦」はまさに「無政府状態」(戦史叢書『海軍軍戦備〈1〉』)というべき状況となっていた。

1941年11月、天皇に拝謁した嶋田繁太郎海相は、「海軍大臣として、総ての準備は完了したと考えるか」と問われ、「人員、物資は十分に整備を終わり、大命の下るのをお待ちいたしております」と奉答したのだった(千早正隆『日本海軍の戦略発想』)。

確かに戦争資材の不足とは裏腹に、猛訓練に明け暮れる連合艦隊の士気、練度は極めて高く、その戦力はかつてないほど高まっていた。しかし累次にわたる戦備計画に示された460隻にのぼる艦艇は1944年度を待たねば完成せず、3000機もの航空機は1943年度にならなければできあがらない「仕掛かりの戦力」であり「虚の戦力」だった。日本の国力で十分な戦備を整えるには余りに時間が足りなかったのだ。

開戦への道

大戦勃発—成立しない大東亜共栄圏

日本が日中戦争の泥沼にあった1939年9月、第二次世界大戦が勃発した。日本は東アジアにおける英米中心の現状を打破して「大東亜共栄圏」を建設することを基本方針とする「基本国策要綱」を決定する(1940年7月)。大東亜共栄圏とは、日満支を中心とし、おおむねインド以東、ニュージーランド以北の南洋方面を含む広大な「自給圏」を建設する構想だ。

基本国策要綱を受けて大本営政府連絡会議は「時局処理要綱」として日中戦争解決の促進と南方問題解決

の二つの目標を示した。陸軍は日中戦争の行きづまりを南方への武力行使によって打開して戦略転換を図ろうとしたが、海軍はまず日中戦争の解決を優先すべきとの立場をとった。

海軍は、英米は不可分なので南方での対英戦は対米戦に連動して長期戦になる公算が高く、それを戦い抜く自信が持てないでいた。しかし、海軍が対米戦に自信がないと明言すると、陸軍から物資も人も寄越せと言われるから対米戦を絶対に回避するとは主張できない弱みと矛盾をかかえていた。

南進にはもう一つの重大な問題が潜んでいた。それは蘭印における資源地帯を占領しても海上交通線の確保は容易でなく、資源を日本に持ち帰ることができない可能性が大きい。そうであれば蘭印攻略は無意味で、さらには大東亜共栄圏構想は成り立たないことになるので、国策を抜本的に変更して、米英と協調する以外に日本の生きる道はないのではないかという根本的な問題だった。

このように基本国策要綱も時局処理要綱も、政軍間、陸海軍間の考え方の違いを整合できないまま策定されたので、結局、それぞれが自分に都合のよい主観的判断によって行動を起こしていくことになる。

日米対立の激化——日独伊三国同盟

満洲事変によりワシントン体制は崩壊し、日本は国際連盟から脱退、海軍軍縮条約からも離脱して国際的に孤立を深めていく。日米対立を決定的にしたのが日独伊三国同盟の締結（1940年9月）である。

大戦が勃発しドイツが西部戦線で大勝すると、アメリカでは兄弟国イギリスの危機が叫ばれ、ファシズムに対する激しい憎悪が広がっていた時期である。そのような時に日本がヒトラーと手を結んだことは、米英陣営を強く刺激し重大な脅威と映った。駐日グルー米大使は、これで日米間の戦争は避けがたいものになったと日記に記している。

国家戦略の分裂

1941年7月の御前会議で「情勢の推移に伴ふ帝

国国策要綱」が決定されたが、これは国家としての優先順位を決めることなく南北両方面への武力行使の準備を認めるものになった。このため、海軍は対米戦備の促進に邁進し、陸軍は援蔣ルートを遮断するために北部仏印進駐を強行して（1940年9月）南進を開始する一方で、関東軍特種演習（関特演、1941年7～8月）の名の下に対ソ戦準備としての動員が行なわれるなど、国家戦略は完全に分裂状態となった。

1941年7月、日本は米英と開戦した場合の資源獲得と南方作戦の拠点となる南部仏印へも進駐する。独ソ開戦という情勢の急変を受けて、陸軍が今にも対ソ戦に乗り出す構えを見せたため、これを抑える代償的な意味も込めて南部仏印への進駐が認められたのだ。

本来なら三国同盟こそ破棄されるべきだったのに、ドイツと袂を分かつ決断ができなかったうえにアメリカとの衝突を決定的なものにしてしまった。この進駐は日本の勢力が南シナ海へ及ぶことを意味し、海を隔てたフィリピンを植民地とするアメリカは自国の死活的利益を侵害しかねないものとして鋭く反応する。日本の進駐用意が完了したところでアメリカは在米日本資産を凍結し、マッカーサーを司令官とする極東陸軍司令部を新設し、中国に米国軍事顧問団を設置した。日本が実際に進駐すると対日石油禁輸を発動し、イギリス、オランダも歩調を合わせて禁輸措置に踏み切った。

日本は南部仏印への進駐を1年前の北部仏印進駐の延長くらいにしか考えておらず、アメリカの反応を完全に読み違えていたのだ。

戦争指導構想

日本は対米関係の打開を図れないまま、事実上の最後通牒となるハル・ノートが示され、日本は確たる戦争の見通しを持たないまま開戦を決定した（12月1日）。

戦争終結の見通しは、開戦わずか1カ月前に「対米英蘭蔣戦争終末促進に関する腹案」として示されたが、対米戦に勝算がないため、アメリカの継戦意思をいかに喪失させるかに主眼が置かれたものだった。

たとえば、開戦初期の南方作戦で自給自足態勢を確立するとされたが、そのための海上交通線の防衛は無為無策だったし、蔣介石の屈服を戦争終結のきっかけの一つにあげているが、それができないから米英と開戦することになったのだから本末転倒だった。

緒戦の南方作戦の勝利も戦争終結のきっかけにあげているが、そもそもアメリカは大西洋正面を優先し、その後に太平洋正面での戦いに勝利するという戦略だったので、講和に応じるとは考えにくかった。さらに、独伊による英本土上陸への期待も他力本願的で、この頃にはその可能性はなくなっていた。

作戦構想——艦隊決戦の強要?

太平洋戦争の作戦計画のもととなった作戦構想はおおむね次のようなものだった。

まず第一段作戦として、開戦と同時に、すみやかに東洋にある敵を撃滅して東洋海面を制圧するとともに、陸軍と協同してルソン島などの要地、香港を攻略し、仏領インドシナの要地、グアム島を占領する。さらに状況が許せば、英領ボルネオやマレーの要地を占領し、シンガポールを攻略する。また、敵主力艦隊の動静を探り、敵勢の減殺に努め、主としてインド洋方面における敵海上交通を破壊する。続く第二段作戦では、連合艦隊主力は敵艦隊主力が東洋方面に進出してくるのを待って邀撃、撃滅するとしていた。

この邀撃決戦を第二段作戦として後回しにしたことは、敵の主力艦隊が健在のまま第一段作戦での各地の攻略や占領のための陸軍の海上輸送作戦を行なうことを意味し、その後の海上補給支援も脅かされかねない危険な構想だったが、このことは実戦で証明されていく。

また日本の邀撃構想も日本海海戦での完勝という成功体験にもとづくもので、開戦時にフィリピンなどを攻撃することで米海軍主力を誘い出し、艦隊決戦を強要しようとするものだった。しかし、そもそも艦隊決戦は、敵に決戦を強要する手段がなければ成立しないものであり、日本海軍は日露戦争で旅順に立てこもったロシア艦隊を引き出すのに苦労したし、独海軍は第一次世界大戦でスカパフローの英艦隊を決戦に誘い出すことはできなかった。さかのぼって第一次英蘭戦争では、沿岸にとどまるオランダ艦隊を決戦に引き出すためにイギリスはオランダに対する通商破壊に乗り出したのだった。自給自足できる大国アメリカには通商破壊戦は通じないので、開戦時にフィリピンを攻略することにしたのだ。

当初はアメリカ側のオレンジ・プランもこれにかみ合う艦隊決戦型の作戦構想だったが、ミクロネシアの島々を水陸両用戦で奪って島伝いに日本本土に迫るという構想に進化したことから、艦隊決戦構想は日本海軍独りよがりのものとなってしまった。

言い換えれば、日本海軍がマハン流の艦隊決戦を愚直に信奉していたのに対して、米海軍は対日作戦構想をマハン流から進化させたのであり、日本海軍は裏をかかれたかたちになったのだ。

戦争指導の混乱

このような戦争指導構想や作戦構想に対して、山本五十六連合艦隊司令長官は、長期持久戦を戦い抜くという構想は日本の国力から非常に無理があるとして、開戦と同時に米艦隊主力を撃滅してアメリカの継戦意思を喪失させる作戦を発案する。

それは明治末期から約30年間積み重ねてきた海軍の邀撃決戦思想を否定する真珠湾攻撃だった。山本長官は、1940年末に行なわれた図上演習の教訓として兵力の不足を痛感し、南方資源を確保するための補給線に対する脅威を除くため、開戦と同時に真珠湾の米艦隊に大打撃を与えることを構想し、あわせて米国民の戦意を失わせて早期講和のチャンスを得ようとしたのである。

第17章 太平洋の戦い

緒戦の快進撃

第1段作戦――ハワイ作戦

帝国国防方針第三次改訂にもとづく海軍の作戦は、第一段作戦として東アジアの敵艦隊を撃滅するとともに陸軍と協同して南方資源地帯を占領し、第二段作戦として敵主力艦隊を漸減邀撃(ぜんげんようげき)作戦で迎え撃つというものだった。

しかし、開戦直前になって連合艦隊の強い要求で開戦初頭のハワイ作戦が採用された。これは、南方の資源で長期戦を戦うという計画を非現実的と考えた山本五十六連合艦隊司令長官が、「開戦劈頭(へきとう)有力なる航空部隊を以て敵本陣に斬込み彼をして物心共に立ち難き迄の痛撃を加ふる」ことにより、短期決戦を成立させようと考えたものだった。

空母6隻を投入してハワイを奇襲するこの作戦は、3000マイルに及ぶ大艦隊の行動の秘匿、冬の北大西洋での洋上補給、浅いパール・ハーバーでの魚雷攻撃など非常な困難が見込まれ、失敗すれば開戦初日に戦力の大半を失いかねないギャンブル的な作戦だったことから軍令部の強い反対にあった。これに対して山本長官は職を賭す決意を示して作戦を強行したのだった（1941年12月）。

戦術的には完ぺきで、作戦としても西太平洋の制海権を握ることができたために南方作戦は極めて順調に進捗した。しかし、肝心の米空母を取り逃がし、パール・ハーバー基地の燃料タンクや修理施設は無傷で残ったため、半年後のミッドウェー海戦では米空母の急速展開を可能にして、痛恨の大敗を招くことになる。

戦略的には、米空母が被害を免れた一方で戦艦群が沈められたこともあり、日本海軍が証明した航空主兵の戦い方や戦略にいち早く変革できたのは米海軍の方であり、その国力を活かして次第に日本を圧倒するようになる。

何より問題だったのは、最後通牒の手交が遅れて騙し討ちの汚名を着せられ、アメリカ国民を「リメンバー・パール・ハーバー」の大合唱で一致団結、国の総力を挙げて対日戦に立ち上がらせたことであり、山本長官の意図は完全に裏目に出て、太平洋戦争の大きな敗因となってしまった。

マレー沖海戦——航空機対戦艦の戦い

真珠湾攻撃とほぼ同時に陸軍部隊がマレー上陸作戦を開始したのに対して、英東洋艦隊主力はこれを阻止しようと出撃し、英最新鋭戦艦など2隻が日本海軍の攻撃機により撃沈された（マレー沖海戦）。ハワイ作戦に続く大勝利で、付近海域の制海権は完全に確保されてマレー攻略作戦の海上輸送は順調に行なわれ、シンガポール陥落につながり、第一段作戦の展開に大きく寄与した。

この海戦は「航空機対戦艦」という海戦史上初の組み合わせになったが、結果は戦艦の完敗に終わった。航空機は遠距離の基地から発進し、攻撃効果が限られる（同時攻撃ではない）逐次攻撃になるという不利な条件だったが、被害はわずか3機に過ぎなかったこと、撃沈された「プリンス・オブ・ウェールズ」は対空装備が極めて優秀な最新鋭の高速戦艦だったことを考えあわせると、航空機の絶対優位が実証されたことは明らかだった。

マレー方面と同時に着手された比島作戦も順調で、進撃した陸軍は占領地において基地を整備して制空権を南方に広げていき、ジャワ島上陸が開始された。

カムラン湾とミンダナオ島から東西に分かれてジャワ海に入った日本上陸部隊と、それを阻止しようとした米英豪蘭連合海軍部隊との遭遇戦がスラバヤ沖海戦（1942年2月）とバダビア沖海戦（同年3月）であり、日本が勝利し、ジャワ島を含む南方要域の占領という作戦目的を達成した。この間、アッツ島、グアム島、ビルマなどの攻略にも成功し、開戦後100日あまりで西太平洋を勢力範囲に収めることができた。

インド洋作戦

第1段作戦完了時の西側の防衛ラインを、ビルマ、アンダマン諸島、ニコバル諸島、スマトラ島を結ぶ線とするため、日本海軍は英東洋艦隊の根拠地であるセイロン島を攻撃するとともに、カルカッタからビルマへの補給ルートを妨害するための通商破壊戦をベンガル湾で行ない、商船21隻を撃沈した（インド洋作戦、1942年4月）。

戦いは日本側の圧勝に終わり、英東洋艦隊はアフリカへ後退し艦隊保全策をとった。東洋艦隊が戦艦や空母で再び増強されるのは、1944年後半になって独海軍の戦力が激減してからであり、名称も太平洋艦隊と改めて対日戦に臨むことになる。

この作戦では艦上爆撃機隊の驚異的な命中率など日本機動部隊の威力が発揮されたが、一方で索敵機の報告ミス、攻撃機の爆弾と魚雷の転換の遅れ、陸上機の奇襲を受けるなどの問題が起きたが、対策がとられることはなく、ミッドウェー海戦の大敗の原因となってしまう。

アメリカの対応

パール・ハーバー奇襲を受けて、アメリカは即日、対日無制限潜水艦戦を開始した。フィリピンとグアムを失った米軍は、オーストラリアが戦線から脱落しないよう兵力増強を支援するとともに、同国を反撃の根拠地とするため、米豪連絡線の確保に全力をあげるが、このためにはフィジーやニューカレドニアなど仏領の南太平洋諸島を防衛しなければならなかった。米海軍はすでに日本海軍の暗号を解読しており、日本のFS（フィジー・サモア）作戦の情報を得ていたのだ。

しかし、ハワイの戦艦部隊が壊滅し、「レインボー5」計画にもとづく「連合国統合戦略計画ABC-1」では対独戦が優先され対日戦は後回しだったので、必然的に当面の対日戦は太平洋所在部隊による守勢的作戦とならざるを得なかった。

一方で米艦隊司令長官のキングは、米豪連絡線の強化に加えて日本のオーストラリア侵攻を阻止し、日本軍の戦力を消耗させて反攻のきっかけを作るために、ツラギ島とガダルカナル島を日本軍から奪還する計画（ウォッチ・タワー作戦）を統合参謀長会議に認めさせた（1942年7月）。この作戦で水陸両用戦を担当する海兵隊は、それまでの機動性を重視した海兵旅団から戦闘単位としてより自己完結性の高い海兵師団に増強して作戦に臨むことになった。

攻勢作戦のつまずき

第2段作戦（攻勢作戦）への転移

第1段作戦が終わった時点で陸海軍間の第2段作戦の細部の調整はできていなかった。米軍を短期決戦で撃滅することは困難で、アメリカ側も当面ヨーロッパ正面を優先するので極東方面はしばらく防勢をとるだろうと見積もり、第1段作戦を達成したら長期持久作戦に移ることがもともとの構想だった。

ところが、少なくとも5カ月を要するとみられていた南方資源地帯の占領をわずか3カ月で達成した陸海軍は、次期作戦の方針で対立する。陸軍は、既定の方針にもとづいて南方の兵力を中国大陸に転用して支那事変の早期解決を目指した。一方、海軍は開戦以来の連勝の勢いをかって、ハワイ、オーストラリア、セイロン島攻略を狙い、現われる敵艦隊を片端から撃破して西太平洋からインド洋までの制海権を握ろうと考えた。「対米英蘭蔣戦争終末促進に関する腹案」では、戦争終結の時期として南方作戦の主要段落を考えていたのに、逆に戦線を大拡大しようとしたのだ。

これは、短期決戦を心ひそかに期していた山本長官の考えでもあった。海軍は緒戦の大戦果を拡大し、ハワイ、オーストラリア、セイロン島攻略を含む積極作戦による短期決戦を主張したが、陸軍は攻勢限界点を超えるとしてあくまでも長期持久態勢の確立を主張して対立した。

結局、両者の主張を併記した「今後とるべき戦争指導の大綱」（1942年3月）が決められ、海軍はハワイ攻略などを断念する代わりに一部のオーストラリア方面への積極攻勢作戦を実施することになった。陸軍は既定方針どおり南方の部隊を縮小して持久作戦に移行し、再び大陸方面へ向かうというようにそれぞれ別個に行動した。

計画になかったミッドウェー作戦

この大綱を受けてポートモレスビー攻略作戦（ＭＯ作戦）が発令され（４月）、次いで米豪間の連絡線を遮断するためのフィジー・サモア諸島攻略作戦（ＦＳ作戦）が決定された（５月）。

ところが山本長官は、ＦＳ作戦は作戦地域が遠すぎるとして消極的で、計画になかったミッドウェー島を攻略して米艦隊を誘い出すためのミッドウェー作戦を発案し、軍令部の反対を押し切り、再び強引にＦＳ作戦の前に組み込んだ。山本長官は、パール・ハーバーで取り逃がした米空母を積極作戦で誘い出して撃滅することを狙っていたのだ。

このミッドウェー作戦の計画中に、降ってわいたようにドゥーリットル空襲（４月）が起こる。開戦以来日本に押されていた米国が一矢を報い、米国民の戦意高揚を狙ったものだった。房総沖５００マイルの米空母からＢ‐25爆撃機16機を発進させ、東京など主要都市を爆撃し、その後は中国大陸に着陸するという極めて冒険的な作戦だった。爆撃の被害は小さなものだったが、真珠湾奇襲からわずか１００日で敢行された日本本土への奇襲に日本国民は大きな衝撃を受け、ミッドウェー作戦の重要性が改めて認識されることになった。

珊瑚海海戦――史上初の空母対決

日本軍のＭＯ作戦を暗号解読で察知した米豪連合海軍部隊が、それを阻止しようとして起きたのが珊瑚海海戦であり（５月）、史上初めての空母部隊同士の対決となった。日本海軍は、雷撃機と急降下爆撃機の組み合わせによる戦法をとったが、米空母部隊の輪形陣からの対空火器に阻まれて、米空母１隻を撃沈するにとどまった。日本側も軽空母１隻を失っているが、追撃の好機を活かさずMO作戦を延期してしまったため、連合軍側が作戦の目的を達成したかたちとなった。

この海戦では、敵空母に対する索敵の重要性、一発の爆弾でも飛行甲板が使用不能となれば空母の機能が失われること、そのために先制攻撃が重要となること、敵基地航空圏内での作戦は不利であることなどの空母戦の特質が明らかとなった。しかし、連合艦隊は敗因を井上成美長官の弱気にもとづく過早な作戦中止にあるとしたため真の教訓をつかみ得ず、次のミッドウェー海戦に反映させることはできなかった。

転換点となったミッドウェー海戦

連合艦隊のミッドウェー島攻略を阻止する米機動部隊との戦いがミッドウェー海戦（1942年6月）であり、主力空母4隻を多数の熟練搭乗員とともに一挙に失うという世界の海戦史に残る大敗となり、太平洋戦争の大きな転換点となった。

この作戦は予定外のものとして計画されたため、作戦の準備や搭乗員の訓練、部隊の事前展開に無理があったうえに、作戦の主目的もミッドウェー島の攻略なのか米空母の誘出なのか混乱が生じていた。さらには、ミッドウェー作戦の採用と引き換えに軍令部の主張するアリューシャン作戦を追加してしまい、兵力の分散という重大な誤りを犯してしまった。

作戦の要領もハワイ作戦と同じようなものだったので、軍令部からはそれを繰り返すことは「古来兵法の戒しむるところ」と批判された。ニミッツ元帥も戦後、「日本海軍は奇襲を必要としない場合にも奇襲に依存するという錯誤を犯した」と指摘している。

加えて日本側には緒戦からの連戦連勝による油断や驕りが蔓延していた。事前の図上演習では、実戦と同じような空母の損害が出たものの、参謀長は「そうならないようにするから心配ない」として作戦計画などは修正されなかったうえに、秘密保持にもゆるみが生じ、現場の部隊では敵空母は現れないのではないかとの先入観にとらわれて情勢判断を誤って敗北したのだった。

対する米海軍側は、日本の暗号解読により作戦の全貌を把握しており、無傷のパール・ハーバーの兵站支援能力を発揮して兵力の急速集結を行なっていた。また、空母の数で劣る米海軍はミッドウェー島の基地航空兵力をフルに活用して航空戦力比を逆転させることにも成功した。米軍の勝利には幸運も大いにあったと考えられるが、日本側はインド洋作戦や珊瑚海海戦で得られたはずの教訓がすべて敗因となったほか、多くの戦術的な過ちを犯した。

ミッドウェー海戦後、日本海軍では艦隊編成を空母が中心となるように変更し、戦術も戦艦などを空母の前方に前衛として配置するように全面的に見直された。建艦計画も大幅に見直し、戦艦の建造中止と空母への改装、空母の大量建造、航空隊の大増勢に舵を切ったが、資材や生産力の限界からすでに手遅れだった。

不足するタンカー

第一段作戦の大きな目的だった南方資源地帯からの日本への石油輸送は１９４２年4月から開始された。待望の石油は入手できるようになったものの、肝心のタンカーが不足し、国内用タンカーの半数以上が南方に差し向けられたほどだった。

１９４３年に入ると、17万トンものタンカーが撃沈される。米潜水艦部隊が日本のタンカー攻撃を最優先するようになったためだ。１９４４年には82万トンが沈められ、この年の新造62万トンなどがなかったら、タンカーはゼロとなっていたところだった。

１９４５年は、南方からの石油輸送が遮断されたために喪失は36万トンにとどまったが、新造もわずか9万トンに過ぎず、タンカーの作戦用海軍艦艇への改造が行なわれたことで32万トンものタンカーが姿を消した。終戦時のタンカーは27万トンで、開戦時の58万トンの半分以下となったうえ、就航可能なものはわずか9万トンという惨状を呈した。開戦前の大東亜共栄圏に対する心配は的中したのだ。

国力の限界——守勢作戦

ガダルカナル島争奪戦

ミッドウェー海戦の大敗北を受けてFS作戦は中止されたが、MO作戦のうち陸路による進攻とガダルカナル島の飛行場建設は開始された（1942年7月）。日本軍の飛行場建設を知った米軍は、この飛行場を先に使用する側が勝利すると判断し、ガダルカナル島に上陸を開始し2週間足らずの間に日本軍から奪取した飛行場を使い始めた（8月）。これに対し、ミッドウェーの雪辱を期す山本長官は好敵出現と見て、決戦配備を下令し部隊を急速展開させた。

戦いは11月までの間、第一次〜第三次ソロモン海戦、サボ島沖夜戦、南太平洋海戦、ルンガ沖海戦などの混戦、激戦が行なわれたが、米艦隊がガダルカナル島確保を第一として、航空兵力の支援により日本軍の海上補給を断つ作戦をとったため、山本長官が想定したような艦隊決戦はついに生起しなかった。

日本海軍が頼みとした戦艦群は、「金剛」「榛名」がガダルカナル島ヘンダーソン飛行場への砲撃（1942年10月）で米軍に大損害を与えたものの、「霧島」は米戦艦2隻と夜戦で砲火を交え撃沈された（同11月）。日本海軍の得意とする夜戦だったが、米海軍のレーダー射撃が威力を発揮したのだ。ガダルカナル島以外の海戦を含めても戦艦の働きとしては、「大和」以下戦艦4隻が米護衛空母1隻と駆逐艦3隻を沈めたことくらいで（サマール沖海戦、1944年）、この時「大和」は100発撃ったものの命中弾は得られなかった。

ガダルカナル島争奪戦での海戦そのものは五分五分といってよかったが、米軍は島の飛行場と空母部隊で島周辺の制空権と昼間の制海権を握ったため、日本側の輸送船の被害は甚大だった。2回行なわれた日本軍の師団規模の総攻撃に備えた船団輸送は、1回目はなんとか成功したが、2回目の船団では11隻中6隻が沈没するなどしてほとんどの補給物資は海没した。

これらの輸送船の多くは軍に徴用された民間船舶で

あり、作戦終了後は徴用解除となり、本来の南方資源の輸送などに活躍するはずのものだった。しかし、次々と撃沈されたため徴用解除どころか新規徴用が間断なく行なわれるという悪夢のような海上輸送の危機が起き始めていた。

輸送船による船団輸送が事実上できなくなってくると、陸軍輸送は駆逐艦による「鼠輸送」や「ドラム缶輸送」、上陸用舟艇による「蟻輸送」、潜水艦による「もぐら輸送」などとなっていき、日ごとに補給が細った結果、12月には島奪回の見込みはなくなり、翌年、飢餓に追い込まれた残留部隊は撤退した。

ガダルカナル島争奪戦の結果、日本海軍は第一線機892機、搭乗員2362人を喪失した。これは大敗したミッドウェー海戦での喪失機数の3倍、搭乗員に至っては10倍という戦慄すべき損失だった。この戦いで失われた艦艇は日米とも29隻だったが、この頃から新造艦が増える米海軍は増勢に転じ、日本は艦艇も商船も減少し始める。

ガダルカナル島の争奪戦に日本海軍が全力を傾けて、結果として未曾有の消耗戦に引きずり込まれたことは、ミッドウェーでの大敗後という状況のもとでの冷静な情勢判断の結果とはいえず、外山三郎は山本長官の「意地の戦」だったと述べている（『日清・日露・大東亜海戦史』）。島の飛行場建設で敵に先手を打たれたなら、日本としてラバウル以北の勢力圏で戦略を再構築することも考えるべきだっただろう。半年間にわたる航空消耗戦だったガダルカナル島の争奪戦に完敗した日本は、いよいよ国力の限界に達し始めたのだった。

第3段作戦（守勢作戦）への移行

ニューギニアの日本軍が守勢になると、大本営はガダルカナル島からの撤退と引き換えにニューギニア東北部の作戦拠点の攻略確保を決定した。これは、ポートモレスビーからガダルカナル島に至る第一線を後退させるものだが、同時にニューギニアについてはポートモレスビーに始まった消耗戦をニューギニア大陸に移すものであり、ソロモンについては守勢作戦という

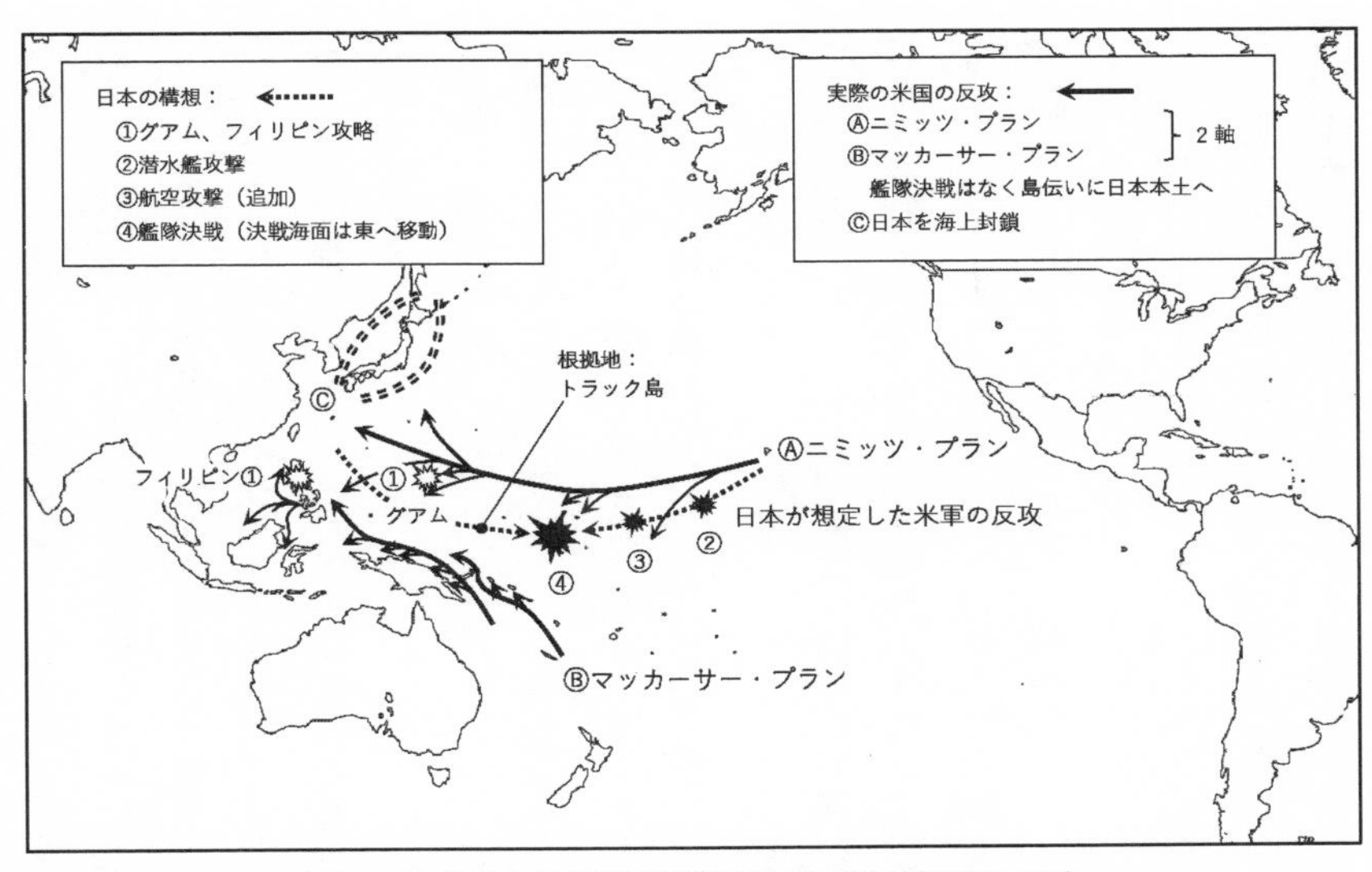

図11 最終的な漸減邀撃構想と実際の米国の反攻

名で航空消耗戦を続けることになってしまう。

1943年3月、大本営は守勢作戦である第3段作戦に移行し、海軍作戦はニューギニア・ソロモンおよびビスマルク諸島方面における現勢を確保することになった。これに対して連合軍は「日本打倒のための戦略計画」（1943年5月）として、日本のシー・レーンの遮断と継続的な戦略爆撃で国力を低下させ、可能ならば日本本土に侵攻するという方針を立てた。

ニミッツが指揮する中部太平洋では日本軍占領下のミクロネシアを攻略して西進し、マッカーサーが指揮する南西太平洋ではニューギニアを経てフィリピンに向かって西進北上して、それぞれ日本本土を目指すこととされた。このように攻勢軸が一つだった「レインボー5計画」と異なる二つになったのは、米海軍の構想とマッカーサーの強い主張を「調整」した結果だったが、兵力を分散させる二軸でも国力の低下した日本との継戦は可能と判断されたのだ。

米海軍はラバウルを重要目標としてソロモン諸島伝いに、米陸軍はニューギニア南端から各地の日本軍拠点を島伝いにそれぞれ進撃した。日本海軍は残された航空兵力を集め、山本長官自ら指揮して「い」号作戦として航空撃滅戦を戦ったが、米軍の急進撃を止めることはできなかった（1943年4月）。この作戦終結直後、前線視察に向かった山本長官は搭乗機が撃墜されて戦死する。

絶対国防圏への転換

1943年8月、日本軍は中部ソロモンからの撤退を決定し、連合軍がラバウルへの航空戦を強めるなか、9月には戦線を大きく後退させて「絶対国防圏」へ転換する。ラバウル航空隊は、周辺の要地が連合軍に占領され孤立し、トラック島へ引き揚げた（1944年2月）。こうしてラバウルの無力化を成し遂げた連合軍は、日本本土への反攻を加速させることになる。

ニューギニア戦線では、マッカーサーの反撃が始まり、制空権を握られたなかで日本軍の作戦は困難を極め、1944年7月までに日本軍は撃破された。この作戦で海軍はまたも航空消耗戦を強いられ、喪失機数は7000機にも達し、日本海軍の航空戦力はついに枯渇した。

中部太平洋では、日本軍により強固に防備された島々を攻略し、遠距離洋上進攻を目的とする米海軍第5艦隊が新たに編成され、大規模な水陸両用作戦が展開された。この艦隊は大小空母19隻、艦載機890機、戦艦12隻を含む535隻からなる「無敵艦隊」とでもいうべき巨大な戦力であり、もはや大した反撃力がなくなった日本軍を片端から殲滅していった。

米軍の作戦はマキンとタラワを占領するギルバート作戦により開始され（1943年11月）、引き続きメジュロ、クェゼリン、エニトゥク、サイパン、テニアン、硫黄島と島伝いに着々と進攻していった。

「絶対国防圏」は、千島、小笠原、内南洋および西部ニューギニア、スンダ、ビルマを含む太平洋およびインド洋を「絶対確保要域」とし、この地域内での海上交通を確保するというものだったが、その中核をなすマリアナが突破されたため、空文となってしまった。

マリアナが失われたのはマリアナ沖海戦（１９４４年6月）の敗北によるのだが、それに先立ち絶対国防圏の拠点で「太平洋のジブラルタル」といわれたトラック島が米第５艦隊の攻撃を受け（１９４４年２月）、在泊艦艇11隻、航空機２７０機、虎の子のタンカーを含む輸送船30隻以上などを失う大打撃を受けた（海軍丁事件）。マリアナ諸島の陸上防備態勢はトラック島が攻撃を受けた後にサイパン、テニアン、グアム島などに陸軍部隊の配備が行なわれたほどで、すべては手遅れで中部太平洋の防衛は総崩れとなっていった。

なお北太平洋では、日本軍は太平洋の哨戒線を東側に拡大するために、ミッドウェー作戦と同時にキスカ、アッツ島を占領したが、米軍の攻撃でアッツ島は玉砕（１９４３年5月）、キスカ島は奇跡的に米軍に発見されることなく全部隊を撤収できた（同年7月）。

絶対国防圏の瓦解

中部太平洋の進攻を担当した第5艦隊は、サイパン、グアム、テニアンに次々と砲爆撃を行ない、掃海に続いて海兵隊を強襲上陸させ、日本軍は玉砕していった（１９４４年6〜8月）。マリアナ諸島を手に入れた米軍は、海軍設営部隊（シー・ビーズ）の活躍で戦略爆撃機B‐29用の飛行場を速成させ、10月からは対日戦略爆撃を開始することになる。

日本海軍は、中部太平洋からフィリピン方面に現われた敵艦隊との決戦のための「あ」号作戦を発令した。日本側は、敵艦隊の攻撃圏の外から先制攻撃を加えて敵空母の飛行甲板を使用不能に陥れるというアウトレンジ戦法を採用したが、米艦隊に到達する前にレーダーで捕捉、撃墜され、惨敗に終わった（マリアナ沖海戦）。

これは、ガダルカナル島、ソロモンで壊滅した航空戦力を速成した搭乗員で補わざるを得ず、長距離の戦闘飛行に堪える練度や戦術技量が全く不十分だったことが原因であり、「マリアナの七面鳥撃ち」といわれるほどだった。また、協同するはずの基地航空部隊が、直前の米軍のビアク島上陸でけん制され壊滅したことも大きかった。今や日本海軍に残されたのは水上部隊だけとなり、絶対国防圏は瓦解した。

これを受けて連合艦隊は、本土、南西諸島、台湾、フィリピンに敵の進攻が行なわれる場合の「捷作戦」を発令した。これは空母機動部隊が囮となって敵機動部隊を北へけん制する一方で、基地航空部隊の支援を受けた遊撃部隊が敵の上陸地点へ突入するというものだった。機動部隊を攻撃に使わなかったのは、マリアナ沖海戦で母艦搭乗員がすでに壊滅していたからである。囮部隊は米機動部隊の北方への誘引に成功したが、肝心の遊撃部隊がマニラ湾口40マイルに迫りながら敵機動部隊発見との虚報にもとづいて反転してしまい、作戦は失敗に終わった（レイテ海戦、１９４４年10月）。この海戦で連合艦隊は実質的に壊滅して、以後組織的な作戦の実施は不可能となった。

海軍作戦の終焉と特攻の開始

レイテ海戦以後、日本海軍の邀撃作戦の中心となったのは特攻だった。特攻が初めて実施されたのはレイテ海戦であり、空母などを撃沈しており、圧倒的な勝勢にある敵艦隊を恐怖に陥れた。航空機による特攻は終戦まで続けられ、海軍機は主として敵機動部隊を、陸軍機は敵輸送船団を目標として２４８２機が出撃した。

この特攻が当時の日本が置かれた状況のもとで万やむを得ず行なわれたとしても、通常の作戦としてとり得る方策が尽きた時点で終戦に持ち込めなかったことは、戦争の見通しを持たず、終結要領を決めずに開戦したことのあまりにも重い結果だった。

１９４５年4月、米軍はフィリピン戦を終え硫黄島を占領した勢いで沖縄に来攻し、初日に5万の米軍がほぼ無傷で上陸し、飛行場を占領して橋頭堡を確保してしまった。進攻兵力は、米第5艦隊を中心とする艦艇３１８隻、艦載機約１０００機、海兵隊６万人、陸軍６万人という巨大な兵力だった。

これに対する日本軍は陸軍６万７０００人、海軍９０００人、航空部隊３２７５機、現地編成部隊２万４０００人をもって「天一号」作戦を発動した。連合艦隊は、わずかに残された戦艦「大和」を中心とした海上特攻隊を編成して沖縄突入作戦を実施したが、圧倒的な敵航空優勢のもと「大和」は撃沈され、成算のほとんどなかった作戦は失敗した（１９４５年４月）。

本土決戦準備と敗戦

本土決戦は「決号作戦」として、決戦に先立つ10日間ほどで米艦艇の半数以上を海上で撃滅するとして準備が進められた。まともな海上戦力は残されていなかったので、小型潜水艇「蛟龍（こうりゅう）」「海龍（かいりゅう）」、人間魚雷「回天（かいてん）」、爆装ボート「震洋（しんよう）」などを含む航空、水上、水中における特攻が中心にならざるを得なかった。すでに連合艦隊は海軍総隊となり、その下に特攻戦隊が編成され全国に分散配備された。

日本は８月14日、ポツダム宣言を受諾、大本営が自衛戦闘を除く即時停戦を命令して（16日）、「決号作戦」は発動されなかった。８月22日、全海軍部隊は停戦し惨憺たる敗北のなかに海軍作戦は終結した。連合艦隊は解隊され（10月10日）、海軍省も明治以来70余年の歴史に幕を閉じた（11月30日）。

最後に、日米の島嶼防衛作戦と通商破壊戦について振り返ってみる。

島嶼防衛と通商破壊戦

日本軍の島嶼防衛作戦

第一次世界大戦で日本の委任統治領となった旧ドイツ領のマーシャル、カロリンおよびマリアナ諸島はワシントン条約（１９２２年）で防備制限が課せられていた。しかし無条約時代となると（１９３７年）、海軍は南洋群島の基地整備が必要と判断し、それまで南洋庁（総理府、のち外務省、拓務省）が行なっていた飛行場の建設などを担当することになった。また、海軍は南洋群島の防備のために第４艦隊を新編し（１９３９年）、翌年、周辺海面の警備や占領地の治安維持などを担当する根拠地隊を4隊編成した。

開戦して日本が南方へ進攻作戦を展開しているうちは海軍の根拠地隊でなんとか対処できていたが、米軍が本格的な反攻作戦を開始して熾烈な島嶼争奪戦が始まると、海軍だけでは対処できなくなり、陸軍部隊も派遣されるようになった。しかし、「太平洋正面は海軍で、陸軍は大陸」との考え方は強く、マリアナ諸島の例に見るように陸軍部隊の派遣は後手に回りがちで、ガダルカナル島の補給のように輸送船の不足や沈没により戦力の造成は難航した。

島嶼での戦い方も、日本軍の防御は第一次世界大戦のガリポリ上陸作戦（1915~16年）の戦訓などから水際での撃滅が徹底されたが、米軍は上陸作戦前に日本の航空基地を無力化して制空権を握り、艦砲射撃と航空爆撃により日本軍の水際陣地を徹底的に破壊する戦法をとった。

日本軍の兵力の逐次投入や補給の失敗もあり、圧倒的な戦力と上陸作戦要領を進化させ続けた米軍の強襲上陸は防ぎきれなかった。日本軍は太平洋の島々で奮戦したものの玉砕が続いたことから、米軍の戦法への対策を立てようにも戦訓を語る者がいなかったことは悲劇的だった。

太平洋戦争を通じて、日本の島嶼防衛戦は、前進基地の防御に始まり、絶対国防圏の確保、そして最終的には本土決戦への時間稼ぎの様相を呈していった。

米海兵隊の強襲上陸作戦

米海兵隊のエリス少佐による「海兵隊作戦計画712D」（1921年）は、その後の部隊編成、装備、ドクトリンなどの研究成果を取り入れて「上陸作戦マニュアル草案」（1935年）に進化した。

これにより、上陸前の艦砲射撃、航空支援、輸送艦から上陸用舟艇に移乗しての上陸、橋頭堡の確保という水陸両用作戦の一連の流れと指揮系統や兵站の基準が確立された。また、装備面でも大きな革新がなされ、輸送艦から海岸へ兵士を運ぶ上陸用舟艇、戦車やトラックを運ぶ平底船、上陸の掩護と上陸地点の確保のための水陸両用装軌車などが開発された。

海兵隊の新しいドクトリンの初の実戦の場となったのは、日本軍が飛行場を建設中のガダルカナル島とその向かいのツラギ島への上陸作戦においてだった（1942年8月）。ツラギ島では抵抗を受けたが、ガダルカナル島は無血上陸だった。

ガダルカナル島をめぐる日本軍の大消耗戦については前述のとおりだが、その戦いは1943年2月に日本軍が撤収するまで続き、海兵隊は陸戦で日本軍に初めて勝利し、多くの教訓を得た。

太平洋戦争において海兵隊は二つの進攻軸に沿った作戦を実施した。南太平洋方面での作戦はガダルカナル島のようなジャングルの戦いであり、上陸地点を敵の抵抗の少ないところに選ぶことができた。一方、中部太平洋方面では、タラワや硫黄島のような強固に防御された小島での戦いであり、本格的な強襲上陸作戦となった。

初の本格的な強襲上陸となったタラワでは、3日間の戦闘で米軍に3407人の死傷者、日本軍に4690人もの戦死者を出した（1943年11月）。タラワでの戦訓は徹底的に研究され、のちのペリリュー、サイパン、テニアン、グアム、硫黄島、そして沖縄での戦闘に反映された。

沖縄戦（1945年4月～6月）は、第二次世界大戦における水陸両用作戦の完成形というべき展開を見せた。それは過去30年間に米海兵隊が行なった26回の水陸両用作戦の成果でもあった。

忘れられた通商破壊戦

日本海軍の戦略は艦隊決戦一本槍で、第一次世界大戦で独潜水艦による通商破壊戦が島国イギリスを追い詰めたことも深刻に研究されず、開戦時、海上交通保護については海防艦4隻を有するのみだった。

第一次世界大戦中に撃沈された連合国の船舶は、1285万トンにのぼり、実にその87パーセントが独潜水艦によるものであり、開戦1年目に31万トンだった喪失量は、その後、凄まじい勢いで増加して、4年目の1917年には実に624万トンに達していたのだ。

アメリカは、第一次世界大戦にドイツの無制限潜水艦戦をきっかけとして参戦したが、大西洋の戦いでドイツの通商破壊戦が戦局に大きな影響を与えたことを十分に理解していた。アメリカも伝統的に艦隊決戦主義だったが、前述のとおり対日戦を見据えて戦略を進化させていた。

太平洋戦争開戦当初の日本の海上輸送は、進攻にともなう作戦輸送がほとんどであり、輸送地域も限られていたため進攻作戦と輸送船に対する護衛作戦はおおむね両立していた。しかし、作戦が進展し対象地域が拡大する一方で、攻略した南方資源地帯からの国内への物資輸送も増加してくると、護衛を必要とする航路も必然的に増え、作戦用の兵力を割かなければならなくなった連合艦隊には負担となってきた。

1941年当時の石油の民間需要は年1000万トン、海軍が200万トン、陸軍が50万トンで、計350万トン、国内生産は50万トンだった。これに長年の備蓄が700万トンあったのだが、南部仏印への進駐(1941年7月)で石油の全面禁輸となり、陸海軍が何もしなくても日本は2年しかもたないということになった。

そこで南方資源地帯を占領して石油を輸入すればよいのだが、そうすれば英米と戦争となり、日本のタンカーが敵潜水艦に沈められてしまう、この輸送の問題が詰められていなかった。軍令部は船舶被害を1年目80~100万トン、2年目以降60~80万トン、これに対して造船能力は、1年目45万トン、2年目60万トンなどと見積もっていた。

当時の日本の船腹量は630万トンあったので、戦争2年目の終わりに555万トンまで減少するが、その後はやや増加さえする計算になり、これなら太平洋戦争はなんとか遂行し得るということになる。しかし、この見積もりが根拠のあやふやなバラ色の希望的観測であり、実際には絶望的な展開をたどったことはすでに述べたとおりである。

連続攻勢の破綻

このように海上輸送態勢は極めて脆弱だった一方

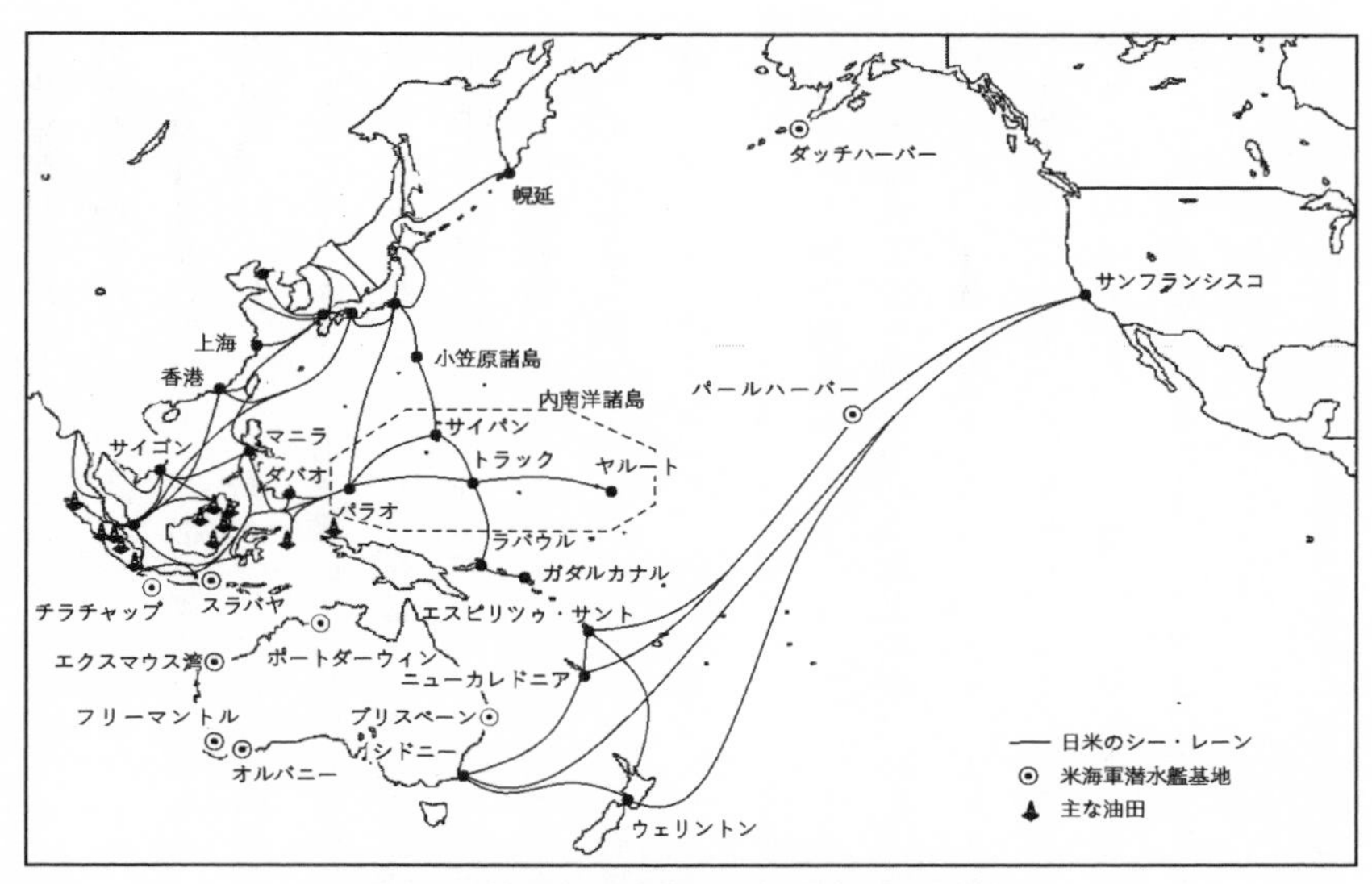

図12 日米の海上連絡線（1942～43年頃）
（『［歴史群像］太平洋戦史シリーズ㉘日vs.米陸海軍基地』に基づき筆者作成）

で、日本軍は緒戦からの連続攻勢で後方連絡線を数百マイル単位で伸ばしていった。たとえば、門司から高雄は６４０マイル、高雄からシンガポールは１６３０マイルもあったし、横須賀からサイパンは１２８０マイル、サイパンからトラックは６１０マイル、トラックからラバウルは８００マイル、ラバウルからガダルカナルは６００マイルだった。もともと輸送能力には限界があるのだから、制海権を獲得したといっていた緒戦の段階においてさえ、連続攻勢は潜在的に破綻する運命にあった。

米海軍は真珠湾攻撃のその日のうちに日本に対する無差別潜水艦戦を開始した。開戦時に米海軍が保有する１１１隻の潜水艦のうち73隻を太平洋側に配備したが、当初は魚雷の欠陥や不足により戦果は上がらなかった。

しかし、ガダルカナル島争奪戦の頃には日本軍が無理な海上輸送を強いられたこともあり、米側の戦果は顕著に増加する。１９４３年半ば、米軍は大西洋から太平洋に重点正面を移し始め、レーダーを装備した米潜水艦が日本海や黄海にも侵入し、日本近海での船舶被害が急増する。

１９４４年にかけて、米潜水艦では電池魚雷、夜間潜望鏡、レーダー、ソーナーなどの武器の革新が進むとともに、３～４隻の潜水艦による集団攻撃法（狼群戦術）をとったことにより、対日海上交通破壊戦は軌道に乗り、日本船の被害は激増した。１９４５年になると、日本船舶が激減してしまい攻撃目標がなくなったため、米潜水艦は主として不時着搭乗員の救助にあてられるようになった。

遅すぎた海上護衛戦

日本海軍では、開戦当初は海上護衛のための専門組織はなく、１９４２年４月に日本とシンガポールおよびトラック間の各航路の船団に対する海上護衛隊が編成されたのみである。その後、軍令部に海上交通保護などを担当する課が新設されたが、課長以下５人の体制でしかなかった。

絶対国防圏が設定され米第５艦隊による怒濤の進撃が始まろうとしていた１９４３年11月、ようやく海上護衛総司令部が発足し、海上護衛隊と各鎮守府などを統一指揮することになった。しかし、肝心の兵力は海防艦をはじめとする44隻と掃海艇などに過ぎず、余力のない連合艦隊からは兵力は得られなかった。

日本は米潜水艦の跳梁に対抗する護衛艦艇が不足していたことから、黄海南部や宗谷海峡には機雷を敷設した。また、対潜哨戒により安全を確保した指定航路帯を通航させる方式も試みたが、兵力不足により計画倒れに終わった。

１９４５年３月には、マリアナ基地のＢ－29が飛来して下関海峡に機雷を敷設し始め、米潜水艦が侵入できない日本の主要港湾、内海、さらには日本海や朝鮮沿岸なども機雷で封鎖され、大陸からの食糧輸送が止まった（飢餓作戦）。

同年５月、日本海軍に船舶の一元的運用のための海運総監部が設置されたが、７月には米機動部隊は北海道から本州北部にかけて猛烈な空襲を行ない、青函連絡船を含む多数の船舶を撃沈して、北海道炭などの輸送ができなくなった。こうして日本は完全に封鎖され、海外輸送、国内海上輸送はほとんど止まり、戦争遂行に必要な物資や食糧は極度に不足していった。

アメリカの海上交通破壊戦により日本が喪失した船舶は、2259隻814万トンであり、このうち60パーセントが潜水艦、30パーセントが航空機、5パーセントが機雷によるものだった。100トン以上の商船乗組員の犠牲者は30592人に達し、これは太平洋戦争中に日本商船隊を支えたおよそ7万人の海員の44パーセントにあたり、この犠牲率は陸海軍全将兵の19パーセントをはるかに上回った。

船舶の建造能力も不十分なら、海上護衛も後手に回ったことで、日本が1トン建造するごとに3トン沈められた計算になり、日本の商船隊はやがて皆無になり、日本は破滅する運命にあった。

太平洋戦争の根本的な敗因

日本海軍は海上護衛戦に関して、開戦から2年間ほどほぼ無為無策であり、海上護衛総司令部が設置されてからも連合艦隊は必要な兵力を割り当てなかった。これは、連合艦隊が艦隊決戦で敵艦隊を撃滅しさえすれば制海権を獲得でき、海上交通路の安全も守られるという考えに固執したからだった。

この考え方は、第一次世界大戦のジュットランド海戦で決戦が成立しなかったように、艦隊決戦は起きないという海上戦略の発展段階を軽視するものであり、事実、自ら戦ってきた太平洋の戦いでも証明され続けていることだった。

また、ドイツが両大戦において潜水艦だけで極めて効果的な海上交通破壊戦を行なったことから海上交通破壊と艦隊決戦は無関係であることも認識すべきだった。

潜水艦の用法についていえば、日本海軍は艦隊決戦の前の漸減作戦に潜水艦を使うという考えを変えなかったため、日本潜水艦は主として対潜警戒の厳重な米大型艦に指向したため、戦果が上がらず多数の潜水艦を失う結果になってしまった。

終戦直後、東久邇(ひがしくに)内閣は臨時議会において、太平洋戦争の敗因の最も根本的なものは船舶の喪失と激減だったことを明らかにした。また、米戦略爆撃調査団もその報告書において「日本の経済および陸海軍力の補給を破壊した諸要素のうち、単一要素としては、船舶に対する攻撃が、恐らく、最も決定的なものだった」としている。島国の戦略としてあまりにも当たり前のことが、4年近くの戦いの後にようやく再認識されたのだった。

第18章　海の地政学

マッキンダーとスパイクマン

海洋国家の地政学

19世紀末に現れた地政学は、ドイツをはじめとする大陸国家（ランド・パワー）とアメリカやイギリスといった海洋国家（シー・パワー）の流れをもって発展してきた。

大陸国家は、陸上の長い国境線を持ち、領土内の資源や生産を重視する国だ。当時の帝国主義は適者生存と弱肉強食の考え方だったので、国境線を接している国々との厳しい生存競争を強いられた。

一方、海洋国家というのは、島国や長い海岸線を持つ国で、生存や繁栄を海洋資源あるいは他国との交易などに大きく依存している国である。このため発達した海運業や漁業、優れた海洋開発力などとともに、これらの活動や海上交通路を保護し自国を侵略から守るための海軍力を持つ。

必要な資源やエネルギーは他国から輸入し、航海の自由が確保され、外国の港湾も自由に使えればよいのであって、あえて征服、占領する必要はない。むしろ他国の征服や占領は国力の無駄遣いというくらいの考え方だ。そして、海洋国家が自国の安全を保つためには、島国であれば対岸の大陸国家が、また大陸の一国家であれば近隣の国々が、それぞれ強大化、敵対化しないようにすることが生存戦略のポイントになる。

これに対し、ドイツのハウスホーファーは、「国家が発展的生存を維持するに必要な力を持つためには、国民が生活活動をするためのある大きさの領域を持つ必要があり、また、国家の発展力に応じた領域を持つのは、国家の権利である」として「生存圏」という考え方を提唱した。この考え方は、ヒトラーに巧妙に利用され、日本の「大東亜共栄圏」にも影響を与えた。

マッキンダーの「ハート・ランド」

イギリスの地理学者マッキンダー（1871〜1947年）は、大英帝国の絶頂期において国家戦略を論ずるなかで「ハート・ランド」の概念を提唱し、近代地政学の事実上の創始者となった人物だ。

彼の主張を一言で述べるならば、陸上交通や産業の発達で大陸中央部のハート・ランドにエネルギーが蓄積されると、ここを根拠とするランド・パワーが強大になり、沿岸地帯に及んでいるシー・パワーを駆逐して、ついには世界を制する大帝国になり得る。したがって、イギリスは大陸に単一の強国ができることを制して、諸国を互いに競わせつつ、自らは海洋を支配することを目指すべきだ、となる。

当時のイギリスは、普仏戦争（1870〜71年）で大陸の隣国フランスを打倒するプロイセンが出現したことに大きな衝撃を受けた。しかし、国民はいまだトラファルガーの勝利の夢から醒めきれず、海上にお

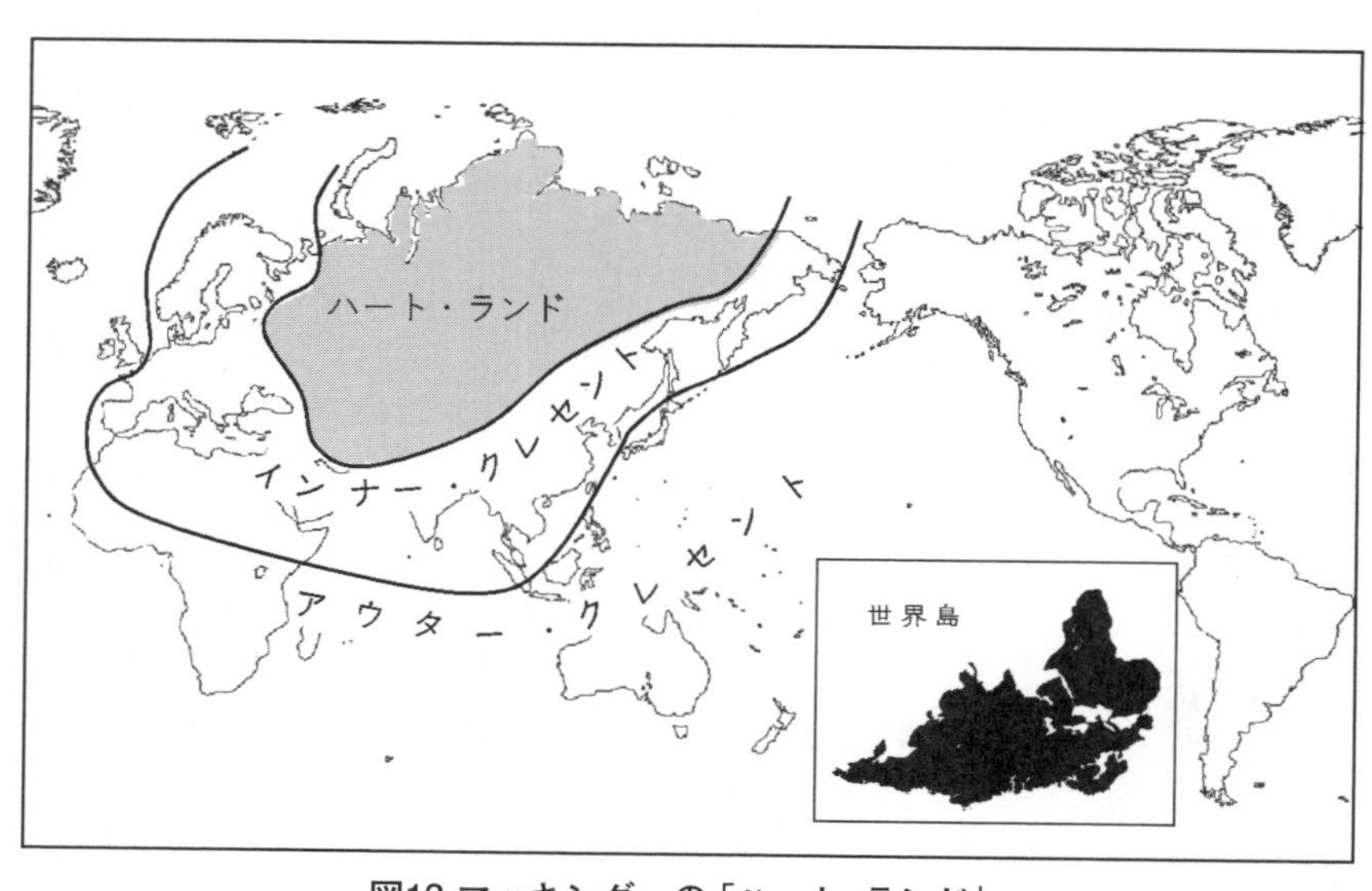

図13 マッキンダーの「ハート・ランド」
（H・J・マッキンダー著『マッキンダーの地政学　デモクラシーの理想と現実』に基づき筆者作成）

いてイギリスに挑戦できる国はないと考えていた。それから30年が経って、ティルピッツ提督がドイツの外洋艦隊の建設に乗り出してきた。すでに最大の地上軍を持ち戦略的に絶好の位置を占めるドイツが、イギリスのシー・パワーを相殺するような海軍力を建設し始め、大国の列に入り始めたのだ。

ちょうどその頃、イギリスがはるか南アフリカに大軍を送ったボーア戦争が終わり、ロシアはそれ以上の大軍を4000マイルも離れた満洲に鉄道で輸送して日露戦争が起きた。交通手段の発達が戦争を、そして歴史を大きく変えたのだ。

マッキンダーは、それまで優位に立っていたシー・パワーに対し、鉄道によりランド・パワーの兵力の機動が容易になった結果、ハート・ランドを支配する国家がイギリスの脅威になると考え、シー・パワー諸国による「封じ込め」により対抗することを提唱したのだ。

マッキンダーの世界観

マッキンダーは、ユーラシア大陸とアフリカ大陸を一つの大きな島「世界島」と呼ぶ。パクス・ブリタニカとして両大陸を眺める地理感覚や、世界の海を支配しアフリカに多くの植民地を持っていたからこその見立てだろう。

このような見方で大陸を見ると、ユーラシア大陸中央に海上交通から遮断され、シー・パワーにとって近づきにくい地域がある。「ハート・ランド（中軸地帯、回転軸の地域）」だ。

この地域の東は人口希薄なツンドラ地帯であり、河川はすべて北極海に流れ込み、いずれも不凍港とつながっていない。北は北極海でシー・パワーの接近を許さず、南は山脈や高原、砂漠が続く障害地帯となっている。西だけが開けており、その南半分が黒海、カスピ海で、北半分がヨーロッパ・ロシアから東欧まで大平原となっており広大な交通路となり得る。ただ、シー・パワーがこの方面から首尾よく侵入できたとしても、海岸からハート・ランド中心部までの縦深を考えると、ハート・ランドは事実上シー・パワーの不可侵領域といえ、ランド・パワーの安全は保たれることになる。

マッキンダーは、もともとは未開発なハート・ランドだが、陸上交通や産業が発達し国力が蓄積されれば、ここを根拠地とするランド・パワーが沿岸地帯に及んでいるシー・パワーを駆逐して世界島を制し、次には自らシー・パワーを獲得し、ついには世界を制する大帝国になり得ると考えた。マッキンダー地政学の有名なテーゼ、「東欧を支配するものはハート・ランドを制し、ハート・ランドを支配するものは世界島を制し、世界島を支配するものは世界を制す」である。

ハート・ランドの外側で温暖多湿な大陸の縁辺部が「インナー・クレセント（内側の半円弧）」である。さらにその外側のイギリス、日本、アメリカ、カナダ、オーストラリアなどからなる海洋領域は「アウター（インシュラー）・クレセント（外側〔島嶼性〕の半月弧）」としている。このアウター・クレセントが海洋国家群からなるシー・パワーの領域である。

このハート・ランドのランド・パワーと、クレセントのシー・パワーの生存と繁栄をかけた闘争こそが、19世紀の国際政治を特徴づけた「グレート・ゲーム」や中軸地帯の制覇を狙うランド・パワーとこれを阻止しようとしたシー・パワーが戦った第一次世界大戦、そして第二次世界大戦後の「冷戦」を形作ったのである。

冷戦終結後30年を経た現在では、再び中国、ロシアといったユーラシア大国と日米豪印四カ国の「クアッド」、NATOなどの海洋国家連合との対立図式が強まっている。「地政学の時代」といわれるゆえんだ。

スパイクマンの「リム・ランド」

第一次世界大戦時のマッキンダーの理論は、第二次世界大戦中のスパイクマンに引き継がれた。スパイクマンは、アメリカの地理学者でマッキンダーより32歳若かったが、第二次世界大戦の終結を見届けることなく49歳で亡くなっている。

マッキンダーは、イギリスの立場から地球を眺めてハート・ランドの理論を考えたが、新大陸アメリカから新しい目で世界を見たのがスパイクマンだ。スパイクマンは南北アメリカのある西半球を「新世界」として、東半球の「旧世界」と対比する考え方をとった。

1942年には同盟関係にあったドイツと日本の支配地域が最大になった。つまりアメリカは、ユーラシア大陸の全体が統合されたパワーと直接対峙するような、完全な包囲に直面する可能性もあったということだ。このことは、第二次世界大戦でユーラシアの「旧世界」の枢軸国に負けると、アメリカ大陸の「新大陸」は包囲されてしまうということで、これを防ぐためには、逆に「旧世界の軍事と政治に積極的に介入せよ」というスパイクマンの提案につながるわけである。

スパイクマンもマッキンダーも、注目する地域は異なるものの、自国をユーラシア大陸の外側の海にある島国であるととらえて、「ユーラシアの勢力均衡がくずれると米英にとって脅威になる」と考えている点では一致している。

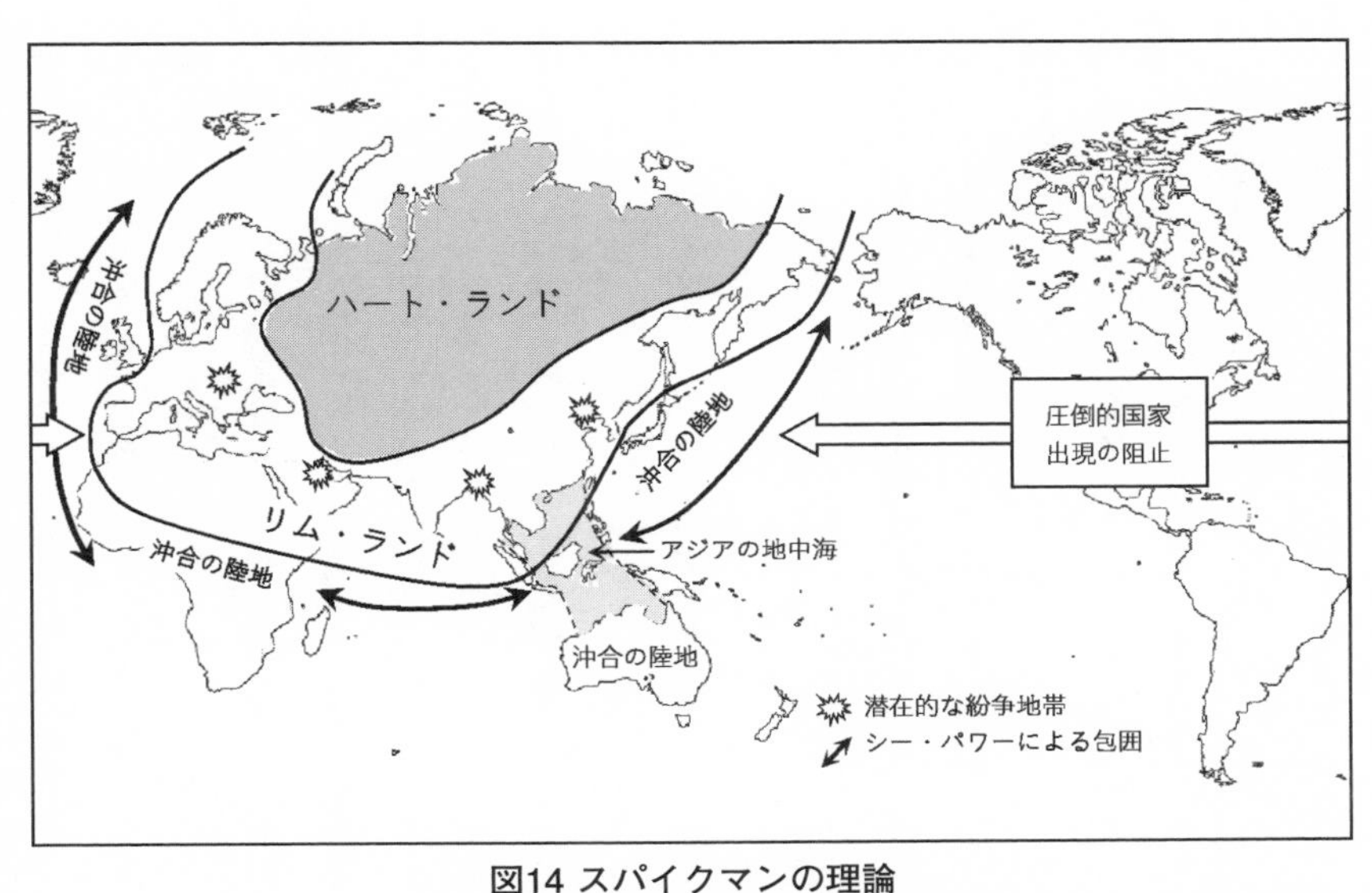

図14 スパイクマンの理論
(ニコラス・スパイクマン著『平和の地政学　アメリカ世界戦略の原点』に基づき筆者作成)

スパイクマンの理論

スパイクマンの地政学では、世界を「ハート・ランド」「リム・ランド」「沖合の陸地」の三つの区域に分けている。マッキンダーが重視した大陸中央の平原は、スパイクマンもそのまま「ハート・ランド」とし、ほぼソ連の国土となっている。しかし、当時、産業の中心はウラル山脈の西側にとどまっていたことから、スパイクマンはハート・ランドの潜在力が世界を動かすことになるかは明確ではないと考えた。

かわってスパイクマンが注目したのが「リム・ランド」である。それは、マッキンダーの「内側の半円弧」とほぼ一致するのだが、考え方には違いがある。彼は、「ランド・パワーとシー・パワーの対立」という図式そのままの戦いは起きておらず、実際に起きたのは、リム・ランドの数カ国とイギリスの同盟国あるいはロシアの同盟国といった組み合わせだったとして、マッキンダーの考えは簡略化し過ぎだと考えた。

スパイクマンは、そのような対立の場所となったランド・パワーとシー・パワーの接触するユーラシア大陸の沿岸地帯こそ二つのパワーの緩衝地帯として重視すべきであるとし、これに「リム・ランド」と名付けたのだ。

中国やインドを含むこの地域の国々は、両生類的に機能して、海と陸の両方向の脅威から自分の身を守ろうとする。歴史的にもこれらの国々は、ハート・ランドのランド・パワーや日本やイギリスなどの沖合の島国と戦っており、両生類的な性格が安全保障上の特色となっている。

そしてスパイクマンは、過去30年間のアメリカの戦争は、「リム・ランドがたった一国によって支配されること」を防ぐためだったとして、マッキンダーのテーゼを「リム・ランドを制するものはユーラシアを制し、ユーラシアを制するものは世界の運命を制す」と修正したのである。

「沖合の陸地」というのは「海の公道」の外にあるイギリス、日本、アフリカ、そしてオーストラリアなど「外側の半円弧」を構成する島々や陸地のことだ。スパイクマンは、このうち日本とイギリス、二つの島国はリム・ランドの外方にある政治、軍事上の要地として重要だとしている。

イギリスは、中世末期から近代にかけて、ヨーロッパの勢力均衡に大きな影響を及ぼした。第二次世界大戦においては、アメリカのドイツに対する重要な軍事上の足場としての役割を果たした。また、日本はかつて満洲国を建てたり、中国の地方政府を承認したりしたことがある。のちには、朝鮮戦争においてアメリカのために重要な軍事上の足場（スパイクマンのいう「橋頭堡」）としての役割を果たした。

そして、ユーラシア、アフリカ、オーストラリアの三大陸に囲まれたアメリカについては、その平戦時を通じての政治上の主目標は、旧世界の中心勢力同士が結合してアメリカに対抗するのを阻止することであるとする。

スパイクマンは、旧世界からの干渉を排しアメリカ大陸内の結束を固めることを狙ったモンロー主義から踏み出し、積極的な「介入主義」の立場をとっている。奥山真司は『平和の地政学』において、その「介入主義」の考えの中にも「恐怖の対象を押さえ込むために逆に攻めていくという受動的な面から攻撃的に動かなければならないとする思想を見てとることができる」と解説している。

リム・ランド論の発展

冷戦が始まるとアメリカは国際組織やルール作りをリードする一方で、「リム・ランド」の考え方にもとづく、対ソ連「封じ込め」政策をとる。大陸を支配するソ連との勢力均衡のため、アメリカは太平洋に加えてリム・ランドに影響力を及ぼす必要があると考え、冷戦期のアメリカの政策に大きな影響を与えた。

スパイクマンは「（アメリカの）安全と独立を守るために必要なのは、ユーラシア大陸にある国家がヨーロッパとアジアで圧倒的かつ支配的な立場を獲得するのを不可能にする対外政策の継続だ」と述べているが、これが冷戦中だけでなく、冷戦後、そして9・11同時多発テロ後も続けられていることは明らかだ。このことは、実際にアメリカが関わった朝鮮戦争、ベトナム戦争、中東戦争などがリム・ランドにおけるランド・パワーとの対立に深く関係していることからも理解できる。

その後は、ブレジンスキーが名づけたとされる「危機の弧」、近年のアメリカの戦略文書（２００１ＱＤＲ〔４年ごとの戦略見直し〕）で出てきた「不安定の弧」など、すべてリム・ランド理論と近い性格を持っている。

日本でも「自由と繁栄の弧」（２００７年版外交青書）として、紛争の起こりやすいリム・ランドに安定した民主制国家を根づかせて、経済的に繁栄させる手助けをすることにより世界平和に貢献しようという外交政策がとられた。その後は「自由で開かれたインド太平洋」（２０１６年、当初は戦略、のち構想）として、日本はユーラシア大陸のハート・ランドに対し、その外縁部であるリム・ランドへの影響力を拡大すると同時に、シー・パワーとしてインド洋や太平洋において「国際公共財」としての航行の自由などの原則の維持・確立に努めようとしている。

マハンとコルベット

地政学者としてのマハン

戦略思想家としてのマハンについては、シー・パワーの概念やアメリカ海軍の拡張への貢献についてすでに述べたが、彼は基本的には「大海軍主義者」であり、海軍の拡大とアメリカの海外進出のための「イデオローグ（唱導者）」だったといえる。ゴルシコフが「ソ連のマハン」、劉華清（りゅうかせい）が「中国のマハン」といわれたのも、それぞれの海軍建設にマハンの戦略思想を取り入れたからこそである。

庄司潤一郎は『地政学原論』において、「戦略思想家マハンのものと比べて、地政学者マハンの発想や概念は、恣意的かつ主観的であり、論理性や首尾一貫性などほとんど認められない」として、マハンの世界観や主張の核心となっている点を次のように指摘している。

●孤立主義から海外発展へ向けたアメリカの国家戦略の転換の必要性

●ロシアとドイツの拡張主義的な世界政策に対する警戒

●ハワイや中南米地峡運河の必要性

●平和のため相手と互角の軍備の必要性と抑止の有用性

●アメリカ海軍拡張の必要性

●イギリスとの友好関係の重要性

●帝国主義肯定論、人種対立論、東西文明対立論などを混交

マハンとコルベット

マハンと対比されることが多いのが同時代のイギリスの戦略思想家コルベットである。弁護士でもあったコルベットは、マハンに比べてシー・パワーの効力と限界についてより思慮深い見方をしている。

彼の理論はクラウゼヴィッツの『戦争論』をもとにしていたこともあり、海軍作戦をより広い文脈の中でとらえ、軍事戦略と外交政策、海軍戦略と陸軍戦略

は、意識的に関連づけられる必要があると強調している。マハンが狭義の「海軍（naval）」という用語をよく使ったのに対して、コルベットはより広い概念である「海洋（maritime）」という用語を使ったのは重要な違いである。

また、海軍国は単独では陸軍国に勝利し得ないが、陸軍国との同盟を通じて戦争の結果と平和の姿を決定できたと主張する。ナポレオン戦争はトラファルガー海戦のあとも10年続いたではないか、というわけだ。彼は、イギリスは海軍力と陸軍力が統合して支援し合う方法による海での戦争の方式、のちに「イギリス流の戦争方式」といわれるものを発展させてきたと考えた。

イギリスは、海を隔てて大陸に影響力を行使できるシー・パワーのおかげで、ヨーロッパ大陸での無制限な戦争や大規模な軍事的関与を回避してきた。その代わりイギリスは、大陸の同盟国に対する財政支援に加え、海上封鎖、海岸地帯への強襲、上陸作戦、遠隔地の植民地や根拠地の攻略といった海からの圧力行使を行なうために制海権を獲得し、活用できる強力な海軍が必要だった。

制海権を獲得できれば、海上交通路の管制や沿岸部への戦力投入など、海を戦略的に利用することが容易になる。これにより海外で領土を獲得したり、様々な上陸作戦を仕掛けることにより敵の計画を妨害したり、同盟国や自らの立場を強化するのだが、このためには海軍と連携できるような陸軍が必要だった。イギリスの成功の秘訣は、平時、戦時を問わず陸軍力と海軍力を統合して用い、広い意味の「海洋力（maritime power）」を慎重に用いたことにある。

マハンの中国に対する影響

マハンが日本海軍にどのように影響を与えたかについてはすでに述べたので、ここでは中国海軍に与えた影響について述べる。

浅野亮は『中国の海上権力』において、中国では建国以来、米中関係が好転した１９７０年代までアメリカの軍事理論の研究は解放軍内で共有されず、改革開放政策が始まり鄧小平が進めた軍事改革のなかで、戦前に欧米に留学した経験のある中華民国海軍の旧軍人らも加わってマハンの思想が紹介されたようだとしている。

また、中国海軍司令員（司令官）を務めた劉華清は『劉華清回憶録』で、１９８５年に海軍戦略を策定した記述において彼自身の主張の正しさを裏付けるためにマハンの思想を次のように記していることを指摘し、「劉華清が『中国のマハン』と呼ばれるのも不思議ではない」としている。

> 国家の繁栄と富強は海洋に依存し、海権は国家の歴史のプロセスに巨大な影響を及ぼし、海権の遂行は平時も戦時も含まれ、前者は国家が海洋の発展をコントロールすることによって、対外貿易と商業海運を発展させ、後者は武力の行使によって海上交通線をコントロールする事をさす。

さらに、米海軍大学校のトシ・ヨシハラらによると、マハンの戦略思想は中国海軍において依然として支配的であるが、２００８年以降はマハンとコルベットを比較する文献が頻繁に登場するようになったとして、大要次のように論じている（Holmes, Yoshihara, *China's Navy: A Turn to Corbett?*）。

中国海軍では、マハンを知っているだけでは危険であり、コルベットを学ぶことにより海洋大国の戦略的思想の理解を深めることができ、中国のシー・パワー発展に大きな理論的な意味をもたせることができると考えられている。

中国がコルベットに着目する理由として、

①「陸」を重視するコルベットが中国のような偉大な大陸国家の伝統に適合していること、

②中国海軍が考える制海権の定義が絶対的なものではなく、コルベットの考える一時的、局所的な海上優勢の考え方と相通じること、

③クラウゼヴィッツ流の防御の優位性に立つコルベットの提唱する「積極的な防衛」は、毛沢東の不利な状況では退却し、機を見て反攻するという「積極防御戦

略」に合致していること、

④艦隊の集中を決定的に重要とするマハンに比べ、コルベットはより柔軟な艦隊の集散を重視しており、中国の長大な海岸線の防護により適合していること、

⑤中国海軍は自国の沿海部や南シナ海に島嶼をめぐる問題を抱え、日本の列島線を突破して西太平洋に自由に進出するために必要となる水陸両用作戦にコルベットの著作は有益であることが挙げられる。

ヨシハラらは、中国海軍はマハンに加えてコルベットの思想を融合して発展させ、新たな戦略、戦術を持つ可能性があると述べている。

第19章 冷戦の始まり
——米ソの軍拡競争

大戦直後のアメリカ海軍

第二次世界大戦が終わると、アメリカは第一次世界大戦後と同様、急速な動員解除を進め、終戦時の戦闘艦艇1166隻が20カ月で343隻に、海兵隊の師団数も6から2に削減されつつあった。

フォレスタル海軍長官は、終戦に際して「力を伴わない平和は空虚な幻想であり、悪人どもが社会の基盤を揺さぶる招待状であるという教訓を、我々は学んだ。いまや以前にもまして、戦争を憎む人々の手中に戦争を戦う手段をとどめておくことが、我々の本務たるべきである」と演説し、日独に代わる新たな「悪人

ども」としてソ連をあげ、巨大な大陸国家を海洋から封じ込めるための「戦う手段」＝「海軍」の維持を訴えた。（村田晃嗣『米国初代国防長官フォレスタル』）

海軍は太平洋地域に自由に兵力を展開するためにマリアナ諸島や沖縄などの太平洋諸島に基地を確保しようとするが、国際的な批判を懸念する国務省と対立する。結局、トルーマンは旧日本統治下の太平洋諸島を国連の戦略的信託統治として施政権を確保し、冷戦の進展にともない戦略拠点として沖縄の領有継続を決定した（１９４８年）。

X論文とトルーマン・ドクトリン

チャーチルの「鉄のカーテン」演説（１９４６年）の翌年、米国務省政策企画本部長のケナンは「ソ連の行動の源泉」と題した匿名論文（「X論文」）を発表し、反共主義は米国内で広く受け入れられるようになった。

トルーマンはこの「X論文」と時を同じくして、対ソ封じ込め政策である「トルーマン・ドクトリン」を発表する。共産主義ゲリラと戦うギリシャとソ連の圧力にさらされたトルコに対して大規模な軍事援助を議会に求めたのだ。地中海は伝統的にイギリスの勢力圏だったが、衰退著しい同国に代わってアメリカは空母部隊を派遣するなど冷戦下での米ソ対立は深刻化していく。

提督たちの反乱

大戦後の急速な動員解除が始まると、第一次世界大戦後にイギリスで海軍不要論が唱えられたようにアメリカでも同様の主張がみられるようになる。１９４９年のギャラップ調査によると、将来の戦争で重要な役割を果たすであろう軍種が、空軍の76パーセントに対して海軍はわずかに4パーセントだった。（村田、前掲書）米海軍に敵対する海軍が消滅した今、一体誰と戦うのかというわけだ。

１９４９年、ジョンソン国防長官は莫大な予算のかかる大型空母「ユナイテッド・ステーツ」の建造中止を決定する。大統領から緊縮予算を求められていたのが理由だが、ジョンソンが陸軍出身でもともと海軍に好意的でもないことも確かだった。また、空軍では「敵もいないのに七つの海を制する海軍」と揶揄する高官もおり、各軍は大戦中の既得権益の確保にしのぎを削っていた。

海軍は猛反発し海軍長官は抗議辞職した。海軍内には空軍の戦略爆撃機の機種選定に関する怪文書が出回り、議会はB-36戦略爆撃機に関する公聴会を開く事態となった。提督たちは証言に立ち、次々とB-36の欠陥を糾弾した。「提督たちの反乱」である。

最終的に提督たちは敗れたが、のちに朝鮮戦争が勃発すると陸上に対する戦力投射（パワー・プロジェクション）を行なうプラットフォームとしての空母の有用性が再認識され、建造計画は復活した。

また、ソ連の軍事的挑戦に対して大量の核兵器で報復するという「大量報復戦略」でも、多数の核攻撃機を搭載し機動力に優れた大型空母はその真価を認められることになる。

冷戦初期の米海軍戦略

米海軍は1946年中頃までに将来の敵対国はソ連となると考え、のちに海軍トップの海軍作戦部長（1949～51年）を務めるシャーマンを中心としてグローバルな対ソ戦略作りに着手した。

対ソ戦は米国が戦略的に防勢をとることを想定したため、初期段階の海軍の任務は海外駐留部隊の作戦支援、陸軍の撤退支援、同盟国と前進基地の防衛と海上交通線の維持とされた。対象となったのは、アイスランド、アゾレス諸島、イギリス諸島、スエズ運河・カイロ地帯、アリューシャン列島、日本、琉球列島、フィリピンなどである。

このための戦略としては、核兵器の数が限られていたため通常兵器による前方展開しての攻勢作戦が基本となり、太平洋では1個空母任務部隊でソ連の艦隊基地を一掃し、残りの全兵力を地中海に集中させてトルコを戦線にとどめるよう戦うことが考えられた。潜水艦部隊はソ連の水上艦艇と潜水艦を襲撃し、対潜艦艇と哨戒機でソ連の潜水艦を封じ込める一方、戦略爆撃機は米海軍の制海権下の基地からソ連への爆撃を行なうことが構想された。

ワイリーの順次戦略と累積戦略

こうした米海軍の策定した戦略計画に加えて、理論家たちも戦略論を発展させた。ワイリー元海軍少将は、戦略分析のやり方として戦略の実行パターンによる手法を二つに分類して提示した。

一つは「順次戦略」であり、これは目に見えてはっきりと区別できる一連の段階に分かれていて、それぞれ前の段階で行なわれた作戦につながるものだ。

もう一つは「累積戦略」であるが、これは一つひとつの小さな成果が積み重なって、ある臨界点を超えると一気に大きな効果を持ち始めるものだ。太平洋戦争でアメリカはこの密接に関係する二つの戦争を日本に対して行なっていた。

マッカーサーとニミッツが太平洋戦線でとった戦略、すなわち太平洋南西部からのものと太平洋中央のハワイから中国大陸沿岸までの行動は個別の作戦段階の連続であり順次戦略の例だ。一方、累積戦略の例としては太平洋戦線での潜水艦戦があげられる。潜水艦の個々の襲撃の成功が積み重なって全体の作戦の結果につながっていくのだ。その他、心理戦や経済戦も累積戦略の典型例である。

累積戦略は伝統的に海戦の特徴であるが、これだけで成功した大きな戦争はない。たとえばフランスは伝統的に通商破壊戦をとってきたが、この戦い方だけで勝利を収めたことはなく、ドイツの二度の世界大戦における例も同様だ。しかし、これらの累積戦略が順次戦略と同時に使われた場合、累積戦略が順次戦略の成功を左右するものになる例が非常に多い。したがって、戦略目的を最も効果的かつ低コストで達成するという観点からは順次戦略と累積戦略のバランスをとることが重要となる。

ワイリーはまた、海洋戦略には大抵の場合、海域の管制を確立するという第1段階を経て敵地の決定的な地域に向かって戦力を投入するという第2段階があるとした。そして第1段階では、自軍が自由に海域を使える状態を確保すること（制海）と、敵がその海域を使うことを拒否（制海拒否）する任務があり、自軍が支配的になってはじめて海域を管制したといえる状態になる。このような海洋戦略として理想的な状態になったのは歴史的には太平洋戦争末期の米海軍くらいのものである。

敵対する海軍力がほぼパリティであれば、この二つの目的達成をめぐって戦うことになる。太平洋戦争での日米海軍がその例だ。しかし、海軍力に大きな差があると劣勢側は拒否的な作戦をとらざるを得なくなり、艦隊を温存して消耗戦に引き込んだり、通商破壊戦などにより優勢側の制海を妨害することになる。第一次および第二次世界大戦における大西洋戦線が典型例で、劣勢の独海軍は主力艦を温存しつつUボートによる商船攻撃に全力をあげた。

ワイリーは、イギリスの対ナポレオン戦争をもとに、海洋戦略の基本型として海洋の管制の確立（トラファルガーの海戦での勝利）の後に継続した経済戦を戦いつつ陸上への戦力投入で最終的にナポレオンを凋落に追い込んでいくという二段階論を提示している。これなどはコルベットの考え方に沿ったものといえる。

ハンチントンらのマハン「再考」

国際政治学者らもマハンに「再考」を加えた。その一つはハンチントンの渡洋海軍理論である。彼は、米海軍の発展は本土を守る「大陸段階」から１８９０年代に海外に国益を求めるようになり「大洋段階」に移行し、国家目的を達成するのに必要な制海権を獲得するためにマハン流の優勢な艦隊の建設が求められたとした。

海軍国が海洋覇権を争った時代にはマハンの思想が当てはまった。しかし、第二次世界大戦後に圧倒的な海洋覇権を握ったアメリカと大陸軍国であるソ連が、冷戦の枠組みの下、それぞれが海と陸で覇を唱えて並立する状況では、米海軍の新戦略は渡洋海軍の考え方で発展させなければならない。

渡洋海軍理論では、陸海非対称の二極化した冷戦構造のもと、決定的な行動場所は大洋から大陸周辺沿海域に移り、海軍の任務も制海権の獲得から制海権を利用しての陸上での優勢の確保に変わる。このため海軍はユーラシア大陸の沿海域、特に地中海で洋上基地としての機能を維持することが求められ、その作戦では兵力の集中よりも分散、柔軟性、機動力の発揮などが重視されることになる。

こうしたことから明らかなように、ハンチントンの戦略論もマハンではなくコルベット流の考え方を踏襲、発展させたものになっている。

このようなマハンに対する「再考」は、ソコールも提示した。マハンの帆船時代の分析から導いた考え方は、同じような海軍が敵対する場合は相手を撃滅するという艦隊決戦を重視する対称戦略でよかったが、冷戦後の米ソ海軍のような組み合わせでは非対称戦略をとらざるを得ず、その任務も多様化せざるを得ない。今や前提条件が大きく変化した海軍の使命は、海上交通路の支配、支配力の行使、陸上に対する力の行使が重視されることになったと論じたのだ。

朝鮮戦争

朝鮮戦争（1950～53年）は、冷戦下で戦われた初の代理戦争であり、ソ連は武器の供与、中国は「義勇兵」の参戦に限定し、アメリカは原爆使用を進言したマッカーサーを解任するなど、東西両陣営の限定的な関与によって局地戦にとどめることができた。

米軍は国連軍として朝鮮戦争に参戦し、米海軍は黄海と日本海において、空母からの航空支援、戦艦による艦砲射撃、機雷戦などの上陸作戦支援や沿岸の哨戒にあたった。

占領下の日本からも特別掃海隊が派遣され、一部は元山の上陸作戦に参加し死傷者を出した。また、日本は朝鮮戦争の後方支援基地、すなわちスパイクマンのいう「橋頭堡」となった。佐世保は国連軍に参加する各国艦艇の修理補給、休養地として海上作戦の根拠地となった。門司港は米陸軍の輸送ターミナルとなり、占領軍に接収された北九州、板付、築城、美保などの航空基地からは朝鮮半島への作戦行動が行なわれた。

緒戦は北朝鮮の快進撃で国連軍は釜山の橋頭堡を残

すのみになったが、仁川上陸作戦で首都ソウルを奪回し、北上した国連軍は平壌を制して中朝国境に迫ったが、中国の義勇軍に押し戻され、休戦まで38度線をはさんだ陣地戦となった。

この戦争では、中朝はもちろんソ連も国連軍に対抗し得る兵力を持たず、米英の空母艦載機が大いに活躍した。戦闘機はジェット時代に入っており、空母もそれに対応するためアングルド・デッキやカタパルトの増設などで大型化して今日の大型空母のかたちができあがった。

スターリンの海軍再建

第二次世界大戦では大した戦果のなかったソビエト海軍だったが、戦後、スターリンは新しい海軍戦略のもと急速な再建に取り組む。スターリンの新しい戦略とは、海軍の戦時の役割は陸軍に対する補助的なものであることを認める一方で、高速巡洋艦や潜水艦によって世界各地において独立した海上作戦を行なってソ連が後押しする革命を援助するというものだった。いわばマハン流の帝国主義的な海軍理論に共産主義のイデオロギーを継ぎ足した「戦略的消化不良」（ミッチェル『ソビエト海軍』）をおこしたような戦略だった。

この戦略は、すでに1940年にスターリンが発表して海軍建設に着手したものだったが、すぐに大戦が勃発したために、30年代に作られた防勢的戦略をもとに戦わざるを得なかったのだ。しかし、いまやその防勢的戦略はスターリンによって主唱者たちとともに粛清、一掃されていた。海軍拡張のため、大戦中の海軍の貧弱な戦果は誇張、称賛され、帝政時代にまでさかのぼった英雄宣伝映画が作られ、ロシア人は誇るべき海軍の伝統を有する海洋民族だとのプロパガンダが始まった。大戦は海軍を含むソビエト軍の偉大な勝利であり、その主導者は同志スターリンだったという話になったのだ。

ソビエト海軍拡張の基盤

スターリンは破壊された産業基盤の復旧を急ぎ、核・原子力、航空宇宙、潜水艦などの分野でアメリカに対する優位を獲得しようとした。このおかげで50年代末までにはソ連は技術大国と目されるようになり、この基盤の上に海軍建設が進められた。

海軍拡張にあたっては、外国から獲得した艦艇や技術も大きく貢献した。ソ連は、独伊日といった旧敵国から多数の艦艇を獲得したが、これは英米から供与された艦艇を返還してもなお、戦時の喪失を補って余りあるものだった。さらにドイツのソ連占領地域などからは、未完成の艦艇、装備品、工場、図面や技術データに加え、多数の技術者を獲得することができた。なかでも日独の新型潜水艦に関する情報はソ連海軍の大きな関心を引いた。

戦時中の英米両海軍からの援助も重要な基盤になった。両海軍からは新装備を含む多数の艦艇が供与され運用法などの教育が施されたが、米海軍は供与した49隻の駆潜艇の乗組員教育のためにマイアミに駆潜艇学校を開設するなどの取り組みをみせた。

これらの物的要素に加えて大戦によって拡張された地理的条件も海軍拡張の基盤となった。沿岸国の占領により、ソ連のバルト海の海岸線は120から1600キロメートル近くまで拡がり、多数の基地と不凍港を得て「ロシアの海」となった。

太平洋側では対日戦に1カ月足らず参戦しただけで、朝鮮の北半分のほか千島列島と南樺太を獲得した。これによりオホーツク海もまた実質的に「ロシアの海」となり、のちに戦略原潜のための聖域化された海域（バスチョン）として戦略的に活用される。ただし、黒海、バルト海、日本海からの出口は他国の管制下にあり、オホーツク海についても不凍港はなく、日本から沖縄、台湾、フィリピンにある米軍基地の存在によりソ連の海洋利用は制限された。

このためソ連はダーダネルス海峡の支配を狙ってトルコに圧力をかけたり、ギリシャ内戦（1946～49年）で共産政権の樹立を企てたりしていくのだが、これに対して共産主義封じ込め政策（トルーマン・ドクトリン、1947年）が提唱され、冷戦の幕が切って下ろされることになったのは前述のとおりである。共産主義の拡大を狙った海軍拡張計画には4隻の大型空母も含まれていたが、結局実現しなかった。スターリンの死後、フルシチョフが政権を握ったからだ（1958年）。

フルシチョフの逆行政策と戦略論争

フルシチョフは海軍力というものにまるで理解がなく、スターリン時代に逆行する海軍政策をとり、海軍戦略は潜水艦を中心とした守勢的なものに逆戻りした。海外基地についてもポルッカラ（フィンランド）や旅順の使用権を放棄してしまう（1956年）。

さらに軍事費の大幅削減にも着手し、ベルリン危機（1960～61年）が起きるまでに兵力はほぼ半減し、60万名を数えた海軍は50万名以下に削減、すべての巡洋艦はスクラップとなり、海軍航空隊も大幅に削減され、375隻もの艦艇がモスボール化（再就役に備えて保管状態とすること）された。これらの削減の一方、原潜とミサイルの開発と調達は続けられ、北洋艦隊と太平洋艦隊にはすべての原潜を含む優秀な艦艇と人員が配置されるようになった。

フルシチョフの考えは、各軍に長距離打撃力を持たせる一方で、アメリカがソ連周辺の海外基地からソ連を攻撃する能力を削ぐというものだった。このため長距離ミサイルや潜水艦の能力向上を急ぎ、米軍基地提供国における反米運動を支援するなどした。

さらに、世界の海にソ連海軍の艦艇や航空機、さらには情報収集用のトロール船を展開させて海上交通路の重要なチョーク・ポイントなどに対して影響力を及ぼし始めた。イギリスの拠点であるジブラルタルの対岸のモロッコや、スエズ運河に接するエジプト、紅海とアデン湾に面するイエメン、群島国家で重要な海峡を持つインドネシアなどがターゲットになった。

1962年にはソコロフスキー陸軍元帥らが『軍事戦略』を著し、海軍の主要任務は米空母機動部隊やポラリス潜水艦の撃破、敵上陸作戦の阻止、陸軍への支援、沿岸防備であるとして、潜水艦と航空機を主体とし、水陸両用戦、通商保護、沿岸防備用に小型水上艦艇を整備すべきであると論じた。核時代においては残存性の高い潜水艦こそ効果的な兵力であり、巡洋艦などの大型艦は脆弱で高価なぜいたく品とみなしたのだ。

キューバ危機

海軍力を軽視していたフルシチョフだったが、その考えを改めざるを得ない事件が起こる。1962年のキューバ危機である。

それ以前の数年間、フルシチョフは主として虚言や恫喝を用いて冷戦を戦っていた。彼はベルリンからアメリカを撤退させたがっていたが、米国の核戦力は圧倒的でソ連の中距離核はヨーロッパ諸国には脅威でもアメリカには直接的な脅威になっていなかった。そこでソ連は中距離核ミサイルをキューバに展開してアメリカを射程に収めたのだが、キューバ周辺の制海権をアメリカが握っていたため撤退に追い込まれた。

米海軍の周到な海上封鎖に比べてソ連海軍が兵力不足であることは明らかで、水上艦艇や航空支援もなく、派遣した潜水艦も米対潜艦艇に容易に無力化され得る状況だった。

ソ連はこの「敗北」後、偵察技術の進歩により成功の見込みのなくなったミサイルによる恫喝などの「冷戦戦術」を放棄し、新たな核戦略と核兵器の対米パリティを目指すことになる。また、海軍力を行使する手段として、プレゼンスを顕示しながら長期間柔軟な作戦が可能な大型水上艦艇の価値が認識されるとともに、能力不足が露呈した潜水艦部隊へのテコ入れが図られることになった。

米ソ海軍の軍拡競争

アメリカの核戦力は、マクナマラ国防長官のもとでミサイル、爆撃機、潜水艦の三本柱からなる戦略核部隊の建設に向かった。対抗してソ連は核戦力の急速な増強に努めたため、1969年頃には弾頭数や第一撃能力でアメリカを上回るようになった。

核戦力以外でも、アメリカではマクナマラ流の費用対効果を重視する傾向が強まったために技術的進歩のテンポが落ちたが、ソ連の研究開発の努力は衰えなかった。1968年には米空母を追跡する高速のソ連潜水艦が出現し、米海軍に衝撃を与えた。ソ連海軍は潜水艦や対潜空母を含む大型艦艇の大量建造を進め、着実にその規模を拡大していった。

イスラエル駆逐艦「エイラート」がエジプト海軍ミサイル艇の発射したソ連製対艦ミサイルにより撃沈された事件（1967年）もあり、空母も艦載機も保有していないが対艦ミサイルで重装備した艦艇を多数保有するソ連海軍の脅威が認識され、米海軍は潜水艦の能力向上に加えて艦載ミサイル、電子戦装備、対艦ミサイルに対する近接防御火器などの開発を急いだ。

なお、ソ連海軍の能力向上には、西側海軍基地の沖に情報収集船を張り付けたり、大規模演習に対して多数の艦艇や航空機で追跡、監視するといった独特の情報収集の成果も寄与した。ソ連潜水艦の能力向上にともない、潜水艦の戦略核パトロールなどにおける米ソ潜水艦同士の追跡、監視も熾烈なものとなっていた。

このような海軍の拡張に加えてソ連は海洋調査、漁業、海運というシー・パワーの重要な分野においてもフルシチョフの時代からの拡充を続けて大きな進歩を遂げた。ソ連の海洋調査船隊は、アメリカの3倍ほどの規模を持ち、今や世界最大となった潜水艦隊や情報収集も行なう漁船隊と一体となって世界的な海洋調査を行なっていた。

ソ連の漁船隊と商船隊はすでに世界有数の規模にあったが増加の勢いは衰えず、シー・パワーの基盤を強化した。造船は、建造能力の限界から海軍艦艇はソ連、商船は東ドイツなどでそれぞれ分担して建造していたが、この頃には徐々に商船もソ連国内で建造し輸出をするまでに発展していた。

ソビエト陸軍からの独立

ソ連軍では、それまでの陸海空軍に加えて戦略ロケット軍と防空軍が加えられ5軍制となった（1963年）。これにあわせて海軍総司令官のゴルシコフは元帥に昇進して陸軍参謀総長と同格となり、海軍が大戦中とは比較にならない高い能力を備えるに至ったこととあいまって、その位置づけが大きく高められた。何よりも海軍が陸軍から独立し、独自の指揮系統で海軍作戦を計画・実行できる能力を高めたことは大きな進歩だった。

１９６６年、ゴルシコフは「伝統的な海軍国による海洋の完全支配の終焉」を宣言し、それまでの守勢的方針から「攻勢的で戦略的任務を達成しうる航洋潜水艦およびロケット・ミサイル艦隊を建設する」という新しい方針を発表した（ミッチェル、前掲書）。

地中海での米ソ対立──第三次中東戦争

第二次世界大戦後、地中海はＮＡＴＯ海軍が支配しており、ソ連はダーダネルス海峡の管理に関与することに失敗、ギリシャ内戦でも支援したゲリラ側は敗退、ユーゴスラビアの自立や中国寄りになったアルバニアの潜水艦基地の使用権喪失などで地中海における同国の影響力は削がれた。

その後、ベトナム戦争に介入したアメリカが中東への関与を減らし、フランスがＮＡＴＯから脱退して地中海のプレゼンスを減少させるなか、第三次中東戦争（六日戦争、１９６７年）が起きる。ソ連は、敗北したアラブ諸国に対して大量の武器供与と要員訓練を提供し、見返りにシリア、エジプト、アルジェリアに海軍基地となる港の使用権を得た。１９６７年に黒海から地中海へ進出したソ連艦艇は１６７隻に達し、地中海で遊弋（ゆうよく）する艦艇数はしばしば40～50隻に達した。こうしてプレゼンスを増大させたソ連は、地中海を「ロシアの海」とすべく、米第6艦隊が地中海の沿岸国に重大な脅威を及ぼしているとして、同艦隊の地中海からの完全撤退を要求するほどになる（１９６７年）。

外洋海軍として発展するソ連海軍

ソ連海軍は、ゴルシコフのリーダーシップのもと海外展開を進めて着実に能力を向上させていった。60年代の海軍演習は、ノルウェー海から大西洋、地中海へと展開していき、ＧＩＵＫギャップ（グリーンランド、アイスランド、イギリス間のチョーク・ポイント、ソ連北洋艦隊の大西洋への出口）でも行なわれた。
１９６７年にはソ連艦艇の地中海配備が恒久化され、海洋調査船がインド洋に現れ、68年には過去最大のワルシャワ条約機構の海軍演習「北方作戦」をバルト海、北大西洋、北極海の広大な海域で実施した。

ＮＡＴＯ海軍も「ポーラー・エクスプレス」演習で対抗したが、ゴルシコフは「我々は今や帝国主義者の侵略を阻止し得るばかりでなく、もし必要ならば侵略者が再び立ち直れないような打撃をも与えることができる」と述べ、大戦後のソ連海軍建設が完成の域に達したことを宣言した（ミッチェル、前掲書）。

１９７０年にはレーニン生誕百年を記念した「オケアン70」演習が世界的な規模で実施された。これは海軍総司令官の統一指揮のもと、２００隻以上の艦艇と多数の潜水艦、航空機が参加し、戦略核ミサイル発射をはじめとする海上諸作戦を含む世界の海軍史上で最大のものだった。

ソ連海軍は大戦での海戦経験に乏しく、艦載ミサイルなどの攻撃力に優れているものの空母を保有していないことは大きなハンディキャップだった。それでもキューバ危機以降の急速な研究開発と兵力増強によりソ連海軍は米海軍に対抗し得る存在になり、それまでの沿岸海軍から名実ともに外洋海軍へと大きく脱皮した。

パリティとなった米ソ海軍

ソ連はキューバ危機後の急速な核軍備増強により１９６８年までにミサイル数で対米パリティを達成し、72年には多くの分野でアメリカを上回るようになった。

ソ連のヤンキー級戦略原潜は性能上の欠点をかかえていたが、隻数では米ポラリス戦略原潜を大きく上回った。アメリカが核ミサイルの多弾頭化や精度の向上で先行していた一方で、ソ連は弾頭威力の増大で対抗した。戦略原潜は、陸上の固定サイロや戦略爆撃機の脆弱性に比べるとはるかに残存性が高いことから、核の第２撃能力を担う重要な戦力となった。しかし、問題は原子力潜水艦の建造と運用コストの高さであり、攻撃型潜水艦の分野では隻数でソ連はアメリカの2倍以上に達し、隻数で追いつけない米海軍は対潜能力の向上でそのギャップを補うことになる。

米海軍は70年代にかけてソノブイ、魚雷、対潜ヘリなどの改良、開発に投資し、対潜水艦戦の能力を大きく向上させた。また、ポラリス戦略原潜は、射程、弾頭数、精度に優れたポセイドン・ミサイルを搭載できるように改造された。

もう一つのポイントは航空母艦である。ソ連海軍では、現在の主力艦はもはや空母ではなく潜水艦であるとの主張もなされたが、空母を保有しないことの不利は明らかだった。

たとえば、ソ連太平洋艦隊は大兵力となったが、その海軍基地は太平洋の主な海上交通路からはあまりに北方に位置し、基地航空兵力の行動範囲をはるかに超えていたので、空母を保有しないソ連海軍の大きな弱点となった。ゴルシコフ自身、空母は核戦争では脆弱かもしれないが、陸上基地のない遠隔の発展途上地域で影響力を拡張するためには海軍航空兵力が必要であるとしている。このためソ連はカタパルトのないV／STOL（垂直／短距離離着陸機）空母（キエフ級）を黒海で建造したが、米海軍の大型空母に対抗できるようなものではなかった。

1970年代のアメリカ海軍戦略

第二次世界大戦後のアメリカの戦略目標は、開かれた世界秩序を構築、維持することだった。そのためには経済的安定性と国際的な安全保障を世界にもたらす覇権国家が存在しなければならないという覇権安定論をとり、アメリカの力は自国にとって善であるばかりでなく、世界の国々にとっても善であるとした。

しかし、ゴルシコフがソ連海軍建設の完成を宣言し（1968年）、70年代に入ると米国はベトナムから撤退するために弾道弾迎撃ミサイル制限条約（ABM条約）と戦略兵器制限交渉（SALT I）でソ連との緊張緩和と軍備管理を推し進めざるを得なくなる。1977年に大統領に就任したカーターは軍事支出を抑え、海軍の建艦計画をはじめとする各軍の計画は廃止、縮小、延期に追い込まれていく。

海軍も緊縮予算を求められたが、原潜や対潜駆逐艦などの近代化は重点的に進めたため、退役艦分を補充しきれず戦力の縮小を招いた。海軍作戦部長のズムウォルトは、戦力の低下により対ソ戦で海軍が勝利する確率は70年度末に55パーセントだったが、編成中の73年度予算がそのまま承認されると20パーセントまで低下すると国防長官に訴えたほどだ。

米海軍戦力の危機的状況を受けて戦略構想の再検討が行なわれ、ズムウォルトは海軍の任務を戦略的抑止、制海、戦力投射、プレゼンスの4分野として、ソ連海軍の能力向上に対抗して戦力投射よりも制海を重視する防勢的な戦略を策定した。なかでもソ連潜水艦の通り道であるGIUKギャップ付近での対潜水艦戦に最大の重点が置かれていたが、ミサイルや潜水艦を重視し攻撃的なソ連海軍に対抗できるのか懸念された。

また、莫大な予算を要する大型の攻撃型空母の残存性に疑問が呈されたため、限られた予算で戦力を確保するために高価な艦艇と安価な艦艇を組み合わせる「ハイ・ロー・ミックス」の考え方が生まれた。大型空母の代わりに1万トンほどでV／STOL機を搭載する「制海艦（シー・コントロール・シップ）」や安価なフリゲートを組み合わせる計画がその例だ。

この計画では、海洋でのソ連に対する優位が確保できずNATOが敗北しかねないため、米国は本来の攻勢的な戦略に復帰すべきとの批判が強まった。さらに核戦力についても、カーターは近代化を遅らせても軍備管理を優先させる立場をとったが、ソ連は中欧に中距離核ミサイルSS-20を配備するなどますます攻撃的な核戦略をとるようになった。

ソ連は、アメリカのウォーターゲート事件、パナマ運河返還のもたつき、ベトナム戦争での敗北、国防予算の削減とそれによる戦力の低下、イランの米大使館占拠事件での人質救出の失敗などにその力の低下をみて、「アフリカの角」への進出やアフガニスタンに侵攻するなどの冒険主義的な行動を強めていった。

こうした状況を受けて、アメリカはソ連に対する「エスカレーション・ドミナンス」（エスカレーションを支配できる軍事的な優位性を持つこと）をもはや確保できないと考えられるようになり、カーター大統領は方針を転換して国防支出を増加させるなどしたが手遅れとみなされ、１９８０年の大統領選挙でレーガンに惨敗する。

第20章　冷戦の終焉――ソ連海軍の崩壊

冷戦下のイギリス海軍

原子力時代のイギリス海軍

米ソの冷戦下においてイギリスが核保有国になると（１９５２年）、核抑止任務を遂行する空軍が大幅に増員された反面、軍事費抑制方針のもとで英海軍はさらに縮小を強いられた。

１９５７年の国防白書において原子力時代の国防戦略が明らかにされ、米英の核戦力により大戦争は抑止され得るとして、海軍の役割や在来型艦艇の存在意義があらためて問われた。

第一海軍卿の努力によりスエズ以東における海軍の

役割が見直されることになり、海軍の減勢にいくぶん歯止めがかけられたが、経費節減のため陸上施設の削減、海外基地の廃止、予備艦の廃棄が進められ、最後まで残った戦艦も1960年に姿を消した。わずか5年前には空母14隻、戦艦5隻を擁し、海外に5方面艦隊を展開し、世界第2位を誇っていた英海軍も、トン数ではゴルシコフ元帥率いるソ連海軍に抜かれて第3位に転落した。

このように苦境にあった英海軍だったが、空母については4隻態勢を維持し、原子力潜水艦の建造、対潜戦能力の向上、ヘリ搭載艦の建造、ガスタービンエンジンの採用など世界の海軍をなおリードする一面を見せた。

戦略核兵器が弾道ミサイルの時代に入ると、英海軍は莫大な予算を必要とするポラリス潜水艦を建造して核抑止戦略の一端を担うことになったが、国防費を抑えたい大蔵省と空母の有効性に疑問を呈した空軍の挟み撃ちにあい、5万トン級空母4隻の建造計画は廃棄され、これを不服とする海軍大臣と第一海軍卿は辞職した。

「スエズ以東」からの撤退

戦後、イギリスの植民地が次々と独立しても、英海軍の海外拠点や基地は機能していたが、1956年に英軍がスエズ運河地帯から撤退すると、エジプトは同運河を国有化してしまう。イギリスはフランスとともに艦隊を派遣し、運河地帯の一部を占領したが、アメリカの反対やソ連の核恫喝などに遭い、国連安保理の停戦決議を受け入れ、わずか1週間で撤退してスエズ運河を失った（スエズ危機）。

スエズ出兵の失敗は大英帝国の落日を強く印象づけることとなり、海軍もアジアに至る重要な海上交通路上のチョーク・ポイントの管制権を失うという痛手をこうむった。

イギリスはスエズ以東における軍事的関与を継続する姿勢を見せていたが、経済停滞やポンド危機により次第に継続的な関与が困難になった。その結果、アデン、シンガポール、マレーシアから撤退し、南大西洋艦隊や地中海基地も廃止した。

　１９６８年にはスエズ以東からの撤退を正式に発表し、新たな国防政策として、①ヨーロッパ第一主義、②１９７１年末までに極東およびペルシャ湾から撤退、③空母の全面的廃棄および陸軍兵力の削減を行なうことを明らかにした。極東からの撤退にあたっては、ブルネイにグルカ兵を残したほか、イギリス、オーストラリア、ニュージーランド、シンガポール、マレーシアの５カ国防衛取極（ＦＰＤＡ）を締結した（１９７１年）。湾岸地域からの撤退は70年代後半にずれ込んだ。

　英海軍は、１９７０年からは空軍に代わって戦略原潜により戦略核抑止任務についた。１９７５年には地中海から海軍部隊を撤退させ、１９７８年には最後の正規空母が退役し、その後継艦はＶ／ＳＴＯＬ機を搭載する軽空母となった。

　世界戦略から撤退後の英海軍のプレゼンスは、香港やフォークランドに少数の艦艇を駐留させたほか、艦艇の親善訪問などの世界巡航により維持されていた。英海軍は世界的海軍から「大西洋海軍」とでもいうべき存在へと変わったのだ。

フォークランド紛争

　このような英海軍の世界戦略からの撤退や１９８１年の国防白書に示された水上艦艇をはじめとするさらなる戦力の大幅削減を背景として起きたのがフォークランド紛争（１９８２年）である。イギリスの実効支配下にあった南大西洋上のフォークランド諸島（マルビナス諸島）の領有をめぐり、イギリスとアルゼンチンという西側近代海軍同士が２カ月半にわたって戦った戦争だ。

　紛争の始まりは、内政混乱に直面したアルゼンチン大統領が領有権問題を政治的に利用し、同諸島を急襲し占拠したことだ。海軍を削減したイギリスがフォークランドに対するコミットメントを低下させ、米国の当初の中立的態度もあって英米の介入はないとアルゼンチンが誤判断したのだ。

　機動艦隊と上陸部隊による奪回作戦は、爆撃機や艦載機の空爆、艦砲射撃に続いて行なわれ、アルゼンチン軍の激しい抵抗にあったが、最終的にイギリスが奪回した。自国から7000マイルも離れた同諸島への大規模な戦力投入にあたっては、ジブラルタルや中間地点にあるアセンション島が中継基地として活用されたほか、アメリカの作戦資材や通信支援などが大きく貢献した。

この紛争では近代海軍による潜水艦戦、防空戦、ミサイル戦、電子戦、機雷戦、両用戦などの各種作戦や戦術が実戦で試され、最新兵器と旧式兵器の混用、艦艇のダメージ・コントロール、即応態勢と後方支援、商船の活用、戦争指導組織、外交、メディアの活用など広汎な分野に多くの教訓を提供し、各国海軍に大きな影響を与えた。

ソ連のインド洋進出

インド洋における英米のプレゼンス

インド洋は第二次世界大戦までは実質的にイギリスの海だった。イギリスはスエズ以東の兵力撤退を1972年までに完了したが、その時点でインド洋を支配する国家はいなくなった。

アメリカは、イギリスのプレゼンスがあったこともあり、1968年以前は重要な海上交通路であり石油資源の豊富なインド洋に大きな軍事的関心を示さず、ANZUS（豪・ニュージーランド・米安全保障条約、1951年）、CENTO（中央条約機構、1955～79年）、SEATO（東南アジア条約機構、1954～77年）といった枠組みでの関与のほかは、ペルシャ湾のバーレーンに水上機母艦1隻と駆逐艦2隻を配備するのみだった。

また、英豪軍の衛星通信施設がエリトリア、エチオピア、オーストラリアに維持され、これらを米軍は利用していた。

アメリカは、トンキン湾事件（1964年）をきっかけとして北爆を開始し、ベトナム戦争への直接的な軍事介入を開始する。北爆は1972年まで続き、ピーク時には空母4隻が南シナ海（ヤンキー・ステーション）において24時間出撃の態勢をとったため、米海軍のインド洋でのプレゼンスは実質的になかった。

ソ連のプレゼンス増大

このような状況から、ソ連はインド洋での影響力の拡大は容易と判断して積極的な行動に出る。インド洋の西岸では、ソ連はイエメンに港湾を建設し、１９６８年にはソ連艦隊がアデン湾を訪問した。同年、黒海艦隊と太平洋艦隊からそれぞれ派遣された小艦隊がインド洋諸国を訪問し、沿岸の小国に援助を持ちかけて友好関係を樹立した。

また、東岸では、第三次中東戦争以前、ソ連はインド洋と太平洋を結ぶ海峡を支配するインドネシアに大規模な援助を行なっていたが、スカルノが中国に接近したことにより同国を影響下に置くには至らなかった。

アメリカがインドとパキスタンから軍事援助を引き揚げると、ソ連はインドに、中国はパキスタンにそれぞれ軍事援助を開始する。１９６８年にゴルシコフがインドを訪問してソ連艦艇への後方支援協力を取りつける一方で、インド海軍はソ連から駆逐艦や潜水艦を供与された。また、ベトナム戦争に対しては、ソ連は北ベトナムに膨大な軍需物資を支援した。

また、ソ連海軍はソ連陣営諸国に対するアメリカの圧力に対抗した。トンキン湾ではソ連の情報収集船は連日、米軍に対する情報を収集して行動を妨害し、ソ連のプレゼンスを顕示した。プエブロ号事件（１９６８年）では、日本海に展開した米空母部隊に対抗してソ連海軍部隊を差し向けて北朝鮮を支援した。こうした艦艇の対抗的な展開（カウンター・プレゼンス）に加え、ソ連艦艇や航空機による米艦艇に対する執拗な追跡や監視は日常的に行なわれ、米海軍部隊の行動を少なからず制約することになった。

ソ連海軍は、第三次中東戦争以前からインド洋に展開していたが、スエズ運河が封鎖された時でも太平洋と黒海の両艦隊からインド洋へ艦艇が派遣された。１９７２年のインド洋でのプレゼンス（シップ・ディ、隻×日）は１９６８年に比べると3倍に急増し、ソ連艦艇は、インド、イラク、ソマリア、イエメン、タンザニアなどの沿岸国の50カ所以上の港を「親善訪問」し、砲艦外交を進めた。

バングラデシュ独立戦争（1971年）では、インドが介入して第三次印パ戦争が勃発したが、アメリカがパキスタンを支援する一方、ソ連の援助を受けたインドは迅速な勝利をつかんだ。戦後、米空母機動部隊が撤退するとソ連海軍部隊が増強されたため、アメリカとイギリスはディエゴ・ガルシア島に海軍基地施設の建設を進めるとともに、バーレーンのイギリス軍基地の一部をアメリカが引き継いだ。

デタント

デタント下のソ連海軍

アメリカの冷戦努力と対外援助を削減したニクソン・ドクトリン（1969年）の宣言あたりから米ソは緊張緩和（デタント）の時代に入るが、ソ連は軍備の拡張をやめなかった。


アメリカが「相互確証破壊戦略」をとって核戦争に勝者はいないと考えていたのに対して、第二次世界大戦で2千万人もの犠牲を出し、広大な国土に人口が拡散し市民防衛体制も整っているソ連は核戦争には勝ち得ると考えていた。アメリカが緊張緩和を受けてGNPの5〜6パーセントを軍事費に充てていた時に、ソ連は米軍にリードされた軍備の欠陥を補うためにGNPの13パーセントもの予算を軍事費に投入し続けた。

1960年代末からの戦略兵器制限交渉を経て、第1次戦略兵器制限協定（SALT I）が1972年に調印され、米ソの核軍備は大幅に規制されることになった。また、21年かかって成立したヘルシンキ協定（1975年）では第二次世界大戦終結時の東西ヨーロッパの国境線を恒久化し、ドイツの分割が最終的に決まり、ソ連は大きな成功を収めた。。

緊張緩和が最も進んだ時、米軍の兵力は210万人だったのに対して、ソ連軍は440万人に達していた。1966年からの10年間でソ連の大陸間弾道ミサイルは224から1600に、潜水艦発射弾道ミサイルは29から800、弾頭数は29から3400に急増し、その威力はアメリカの4000メガトンに対しソ連は1万メガトンほどに達した。

ソ連海軍は一段と強化され、新型艦艇が続々と就役した。1975年にはキエフ級空母（35000トン）を戦列に加え、1979年には艦艇数やトン数でアメリカ海軍を抜いた。ソ連の民間防衛体制はさらに強化され、核戦争での死者数を700~1200万人に抑えられるよう計画され、アメリカが優位を保っていた軍事技術と戦略爆撃機もその差を縮められた。

1970年代になるとベトナム戦争の敗北によりアメリカは孤立主義の傾向を強め、選抜徴兵制度の廃止や軍部の要求が通りにくくなる状況が生じ、ウォーターゲート事件のような政治的混乱、経済成長の停滞が見られた。一方のソ連も指導層の老齢化で改革が停滞し、5カ年計画の達成が未達となり、西側先進国と肩を並べることができなくなった。

ワルシャワ条約機構の構成国は軍備を削減しなかったが、NATO諸国や日本はGNP比で米国よりかなり低い軍事費しか支出しなかった。ただし、海軍力に関してはソ連の同盟国の大半が小規模の海軍しか持たなかったのに対して、米国の同盟国はかなりの規模の海軍を保有していたので、その潜在力はかなり優位にあるといえた。

デタント下のソ連の軍事外交

緊張緩和の期間、ソ連は西側の工業技術を導入して経済を向上させ、軍の拡充、近代化のために最新技術のすべてを投入し、その軍事外交は一段と大胆になってきた。ソ連はポルトガルの軍事クーデター（1974年）に介入してモザンビークの支配権を握ったり、アンゴラの内戦に干渉したりした。さらに東アフリカの内戦などにも介入し、アンゴラやモザンビークが反乱軍部隊の基地として利用された。

ソ連は、アメリカが「ベトナム後遺症」で消極的になると、1970年代までに「アフリカの角」の国々に次々と軍事援助を与えてソマリアなどに海軍基地を確保した。また、ベトナムからも軍事・経済援助の見返りにダナン港やカムラン湾などの基地使用権を得た。

中東情勢は全般的にアメリカにとって有利な状況が続いていたが、イラン革命（１９７８～７９年）によりアメリカが支援してきた王政が崩壊し、かわってホメイニ師がイランを率いることになった。

変化したソ連の海軍戦略

ソ連では１９６８年からの10年間、軍事費の18パーセントが海軍に配分された。それでも戦略原潜を除くと艦艇の建造量は低下傾向となり、老朽艦艇の代替建造は遅れ気味で１９７７年における平均艦齢は米海軍を3年上回った。この間、ソ連海軍は戦略抑止力、潜水艦、対潜戦、対水上戦、監視、海洋調査の面で能力を向上させたが、水陸両用戦、機雷戦、通商破壊戦、後方支援では米海軍になお一段遅れていた。

一方、米海軍に比べて防勢的とみられていた海軍戦略は、１９７０年代の中期以降転換された。洋上補給のための大型補給艦の建造が重視され、すでに述べたように外国港湾やドックの使用協定を積極的に結び、ソ連がより冒険的な外交政策を採用するにつれ、第三世界の「友好的かつ進歩的」な運動と「帝国主義者」に対する反対への支援がソ連海軍に要求された。

ソ連のシー・パワーが伸長した背景には米海軍の活動が低調だったことも影響している。第二次世界大戦中に建造された米艦艇は１９７０年代までに老朽化し、代替艦の建造は少なかった。大戦終結時に１００隻以上あった空母は、１９８０年には12隻に減少し、全世界的なコミットメントには不足した。ソ連のアフガニスタン侵攻（１９７９年）に対応してインド洋に3隻の空母を集結させるのに極東海域の全空母を引き抜かなければならず、米海軍が以前のような対ソ優位を失いつつあるのは明らかだった。

ソ連海軍の増強の立役者はゴルシコフ元帥であり、彼は１９８０年になった時、海軍総司令官として実に25年目を迎えていた。彼は『戦時と平時の海軍』（１９７２～７３年）においてソ連が海軍力を必要とする理由を述べ、両世界大戦における独Uボート作戦から潜水艦戦力の重要性などを説いた。『国家の海洋力』（１９７６年）では、ソ連海軍の任務を敵国海軍の戦闘よりも敵国沿岸に対する作戦を重要視し、過去の「保全艦隊」のような思想を排して、内海にこもることなく海洋を利用するためにアメリカに多大の犠牲を強制し得る海軍を目指す考えを示した。

こうした考えのもと、ソ連海軍の活動範囲は拡大し、たとえば「オケアン75」演習（１９７５年）では、バレンツ海、ノルウェー海、北大西洋、日本海、地中海、インド洋、太平洋に艦艇２２０隻、潜水艦１６０隻などが展開して全地球的な規模で作戦を行なうほどになった。

アフガニスタン侵攻――デタント終焉

１９７９年末、ソ連のアフガニスタン侵攻により緊張緩和の時代は突然終わりを告げる。

これは公然たる侵略であり、ソ連は一夜にしてほとんどの第三世界諸国の支持を失い、中東および西側諸国の石油供給ルートに対する潜在的な脅威となった。デタント時に結ばれた米ソ間協定のいくつかは直ちに廃止され、米国はペルシャ湾を武力によって防衛する意思を示し、国防費を5パーセント増額し、モスクワオリンピック（１９８０年）を西側諸国とともにボイコットした。ＮＡＴＯ各国も国防費の３パーセント増を決めた。

ソ連軍は極めて強力で優秀な装備を持っていたが、世界中にほとんど友人を持たなかった。アメリカはソ連の最恵国待遇を撤回し、代わりに中国に対する最恵国待遇を認可した。ＮＡＴＯ諸国は中距離核兵器を配備し、第二次戦略兵器制限協定（ＳＡＬＴ Ⅱ）の米上院での批准は遅延した。

冷戦終結へ

1980年代のアメリカ海軍戦略――レーガン軍拡

レーガン大統領は、ソ連を「悪の帝国」と名指しし、同国に対する「脆弱性の窓」を閉じるため、核戦力の近代化を加速させるとともに、レーザー兵器やミサイル迎撃で核兵器を無力化する戦略防衛構想（SDI、「スターウォーズ計画」）を発表した（1983年）。この構想は技術的、予算的に実現性に乏しいとみられたが、結果的にはソ連の核戦力を陳腐化させることになった。

通常戦力の面でも、数的に優位なワルシャワ条約機構軍を阻止するだけでなく、空と地上から縦深攻撃で撃破することを目指した（エア・ランド・バトル）。このために新技術を進歩させることを「軍事上の革命（RMA）」と呼び、米国の防衛構想の重要な柱となっていく。

海軍ではズムウォルトの後任のホロウェイが『米海軍の戦略概念』（NWP‐1〔A〕、1978年）において、制海と戦力投射は密接に関係する海軍の基本的な機能であるとして、冷戦初期にシャーマンが示した渡洋海軍による攻撃志向の戦略概念に回帰するとした。

このために必要な戦力として大型空母15隻、戦艦4隻の復活を含む「600隻海軍」構想を明らかにした（1981年）。発表当時の米海軍の保有隻数は475隻に過ぎなかったが、この構想は1989年度に至っておおむね達成される。

米海軍は「海洋戦略」（秘密版）を1982年に策定し、その4年後には海軍作戦部長のワトキンズにより公開版が発表された。ワトキンズは、抑止、前方防衛、同盟国との連帯という国家戦略にもとづいて、ソ連海軍の世界的な脅威への対処に重点を置き、ソ連の影響力の拒否、攻勢作戦による制海権の確保、兵力の再展開、陸上への兵力投入といった一連の作戦により直接・間接に陸上作戦を支援して戦争を終結させる戦略を構想した。

この戦略で海洋での優位を獲得すれば、遠く離れた4つの海洋に面しているというソ連の地理的な脆弱性を突いて、同国に対処困難な脅威を及ぼすとともに、ヨーロッパ戦線の側面からNATO同盟国を支援することができる。さらにソ連海軍を守勢に立たせ、オホーツク海など聖域化された海域（バスチョン）で行動するソ連戦略原潜の防護にさらに兵力を割く必要を生じさせれば、西側の海上交通路に対する脅威を減らすことができると考えられた。

レーガン政権の軍事増強路線は、軍事面以外に冷戦の帰趨を決める重要な効果をもたらした。それは軍拡競争に引き込んだソ連に重い経済的負担を強いて、同国の戦略的「重心」である国家経済を直撃したのだ。アメリカの軍備増強がピークを迎えた1985年の軍事費はGDPの6・3パーセントだったが、ソ連では11〜13パーセントあるいはそれ以上だった。ソ連経済の規模が米国の二分の一から〜三分の二だったので、ソ連が負担した軍事費は米国の3〜4倍に相当したことになる。アメリカの「国家安全保障戦略」(1987年)にいう「ソ連の突出した軍事支出と世界的な冒険主義を阻止するために、ソ連を国内経済の欠陥に直面させる」ことで、ソ連の崩壊を狙ったのだ。

冷戦終結——ソ連海軍の崩壊

デタント中もソ連海軍の兵力増強は急ピッチで続き、1980年には小型艦艇までいれると約3000隻、770万トン、空母4隻(2隻建造中)、戦略原潜も73隻(4隻建造中)という大海軍になった。その後も艦艇の建造ペースは衰えず、1989年には就役隻数、トン数ともに過去最高を記録したが、これがソ連海軍のピークとなった。

米軍に追いつくための過大な軍事費を国家経済が支えきれなくなったのだ。1992年末には国家そのものが崩壊して独立国家共同体(CIS)となり、各地に配備されていた艦艇のうち、カスピ艦隊の一部はアゼルバイジャンに引き渡され、有力な黒海艦隊はロシア、ウクライナ、グルジアの3国で共同管理されることになった。

ソ連海軍は連邦構成共和国の分離独立による艦艇や基地、造船所などの喪失に加え、予算が危機的レベルまで削減されたため、補給や整備、兵員の士気規律、即応態勢などすべての面で壊滅的な打撃を受けた。艦隊は急ピッチで縮小され、1997年までに三分の一ほどの規模になった。多くの艦艇が廃棄、解体、あるいは整備不良のまま予備役とされ、軍港に赤錆びた姿をさらした。

１９９７年には、予算不足から戦略核部隊が消滅の危機にあるとの衝撃的な報告がエリツィン大統領になされたが、核兵器や原子炉の管理が国際的に懸念されるようにもなった。

このような窮状にもかかわらず、財政難のために軍事予算は削減の一途だった。給与が何カ月も未払いなため、艦艇を利用した物資輸送など様々な「サイド・ビジネス」で現金収入を得ようとする例が報告されたのもこの頃である。

冷戦の敗戦国とはいえ、一国の経済状況の変化がもとで崩壊した海軍力としては、その規模や早さによってほかに類を見ないものだった。

第21章　中国人民解放軍海軍の歩み

中国海軍の誕生

軍閥混戦時代から国民革命海軍へ

日清戦争後、清国海軍は外国から艦艇を輸入して艦隊の再建に努め、日本の「八八艦隊」に対抗する大規模な建艦計画も立てたが、辛亥革命（１９１１年）の混乱で幻に終わる。

革命鎮圧のため清朝政府が袁世凱（えんせいがい）に命じて艦隊を各地に派遣すると、すべて革命側の孫文（そんぶん）派に寝返ってしまったが、袁世凱が政権を握ると今度は袁世凱側に走った。袁が皇帝に即位すると再び一部が離反して孫文側に走るという具合に政権、軍閥の消長にあわせて艦隊は離合集散を繰り返した。

１９２６年に蒋介石（しょうかいせき）が北伐（ほくばつ）を開始すると、これら艦艇は徐々に蒋のもとに集まり、国民革命第1、第2艦隊などとして編成された（国民革命海軍、のち国民政府海軍〔国府海軍〕）。内乱中には多くの戦いが行なわれたが、賄賂や寝返りなどで勝敗が決するものがほとんどで、海戦らしい海戦は一つもなかった。

国民革命海軍は、第一次上海事変（１９３２年）では戦わずに中立を維持し、第二次上海事変（１９３７年）でも日本海軍の砲艦などを攻撃しようとしたが取り逃がしてしまう。こうして日中戦争が８年間続くなか、大半の軍艦は失われた。

人民解放軍海軍の誕生

アメリカは第二次世界大戦を通じて蒋介石を支援していたが、終戦時には国民政府軍が著しく弱体化していたため、国共内戦が始まる際に大規模な軍事援助を行なった。

米海軍は１９４６年前半だけで、艦艇と航空機で国府軍部隊54万人を前線に輸送した。また、国府海軍再建のため駆逐艦や揚陸艦艇など２７１隻の艦艇の供与を米議会が承認したうえに（１９４６年）、軍事顧問団（青島、上海、広州）も置かれ、特に青島にはピーク時に空母2隻を含む艦艇25隻と数千人の要員が派遣された。

中国への影響力を維持したいイギリスも留学生を受け入れたり、戦後は軽巡洋艦などを供与した。日本からは賠償として駆逐艦など34隻が引き渡され、中国に残された砲艦や小舟艇は接収され、国府海軍は１９４８年末には２０００隻（約8万トン）あまりを保有するに至った。

当初、国民政府軍は優勢だったが、共産党軍が勢力を盛り返すと「起義」と呼ばれる寝返りが増え、国府海軍は72隻もの艦艇を失った。国民政府軍は国共内戦に敗れると50万人あまりの兵とともに台湾に退いて（１９４９年12月）、一部は大陸沿岸の島嶼を占拠して「大陸反攻」を唱えることになる。この際、蒋介石に従い台湾へ移動した艦艇は50余隻に過ぎなかった。

一方、共産軍が内戦末期に華東区海軍（のちの東海艦隊）を創設（1949年）したことにより中国海軍が誕生し、1960年までに東海、南海、北海艦隊の3艦隊編制となる。創設当時の中国海軍は国府海軍から接収した艦艇183隻と商船改造の48隻、約7万トンを保有したが、大戦前からの老朽艦を含む製造国、装備ともに多種雑多な艦隊だった。

海軍の人員は1955年末には19万人近くに達したが、陸軍部隊を中心に編成されたため、陸軍からの約11万人のほか、空軍や一般技術者、さらには国府軍から寝返った者などが含まれた。2万人あまりからなる艦艇部隊では国府海軍出身者が中心となり大きな役割を果たした。

第一次、第二次台湾海峡危機

中国共産党は中華人民共和国の建国を宣言した（1949年）。アメリカは蔣介石への軍事支援を取りやめ、新たなアメリカの防衛ライン（アチソン・ライン）は台湾を含んでいなかったので、毛沢東は台湾解放作戦の準備を急いだ。しかし朝鮮戦争が勃発し（1950年）、共産勢力の拡張に危機感を抱いたアメリカが第7艦隊を派遣して台湾海峡の中立化を宣言したため、大陸側による台湾の武力解放は事実上不可能となった。

台湾を根拠地とする国民政府は、1950年代を通じて大陸沿岸海域に対して海上封鎖を行なうが、中共軍は反封鎖で応じたため、両軍の間で戦争状態が続いた。国府軍は、長江河口への機雷敷設、封鎖線を突破する船舶の拿捕、海上での破壊活動、沿岸重要施設に対する航空爆撃などを行なったため、新中国の交易、食料輸入は一時途絶、漁業活動も停滞し大きな打撃を受けた。

朝鮮戦争が休戦、第一次インドシナ戦争でフランスが敗走して停戦となると毛沢東は再び台湾解放を目指し、国府側が確保する金門・馬祖諸島を砲撃した（第一次台湾海峡危機、1954年）。アメリカは同年末、蔣介石政権と相互防衛条約を結んだが、中国はその翌年、浙江省沖の島を奪取したため、国府軍は近くの島の放棄を迫られ、米第7艦隊が軍民を台湾本島に移送した。

1958年に中国は再び金門・馬祖に砲撃を加えた(第二次台湾海峡危機)。やがて砲撃は米艦を避け、日を決めて一定の弾数を山に撃ち込むだけになった。この砲撃は1979年まで続いた。

中国海軍の手による『海軍史』によれば、1949年から79年までの間、国府海軍やベトナム海軍と1014回の戦闘を行ない、415隻の艦艇を撃沈・撃破または捕獲し、205機を撃墜・撃破したとしている。中国海軍と国府海軍の戦いは、国府側による大陸封鎖と中国側による反撃、大陸周辺の島嶼争奪戦だったため、揚陸艦、掃海艇や魚雷艇など小型艦艇によるゲリラ戦的なものが多かった。

毛沢東の海軍

「近代化・正規化」ならず

中国は海軍建軍会議(1950年)において、「近代的で攻撃能力に優れ、近海用の軽型の海上戦闘力を建設する」との方針を定めた。そして海軍の任務を、①陸軍の沿海島嶼解放作戦への協力、②海上交通路の安全の確保、③漁業生産の保護、④敵の海上での破壊活動への打撃、⑤海岸防衛施設の防護、⑥帝国主義の侵略への対処、⑦台湾解放の準備などとした。

この方針は、毛沢東の「人民戦争=ゲリラ戦」の概念も取り込んだ「沿海防衛海軍」を目指すものだった。そもそも毛沢東の基本戦略は、日中戦争や国民党との内戦から培われたもので、圧倒的に不利な状況では躊躇なく戦略的退却を行なって主力の温存を図り、戦術・戦闘レベルでは敵を誘致導入・殲滅し、機を見て戦略的反攻を行なうという「積極防御戦略」(1936年)である。

中国海軍は中ソ友好同盟相互援助条約(1950年)にもとづき、ソ連海軍をひな形として多数の小型快速艦艇と潜水艦を整備し、防勢的な沿岸防備海軍として「近代化・正規化」を始めたが、朝鮮戦争の勃発により停滞する。

朝鮮戦争で圧倒的な米軍の威力に直面すると、彭徳懐国防部長は「人民戦争論」を踏まえつつ通常兵器の軍事力整備を重視する「現代化条件下の人民戦争論」を提唱する。休戦後はソ連のフリゲート、潜水艦、掃海艇などの模倣生産に始まり、1957年には「海軍新技術協定」が結ばれ、ミサイル、レーダー、ソーナーなど先進的な装備や技術がソ連から供与された。

中国海軍は新たな発展段階に入るべく近代化計画を立てたが、毛沢東の軍事路線が強化されるなか、それまでの「近代化・正規化」路線が批判され、「大躍進政策」をめぐって彭徳懐も失脚（1959年）したことから実現しなかった。

さらに、ソ連が技術支援の見返りに潜水艦部隊の整備補給、通信や航法支援などのための基地を中国沿岸に求めたことなどを毛沢東が「主権の侵害」として激怒し拒絶したことから技術協定は破棄され、ソ連は技術者を引き揚げた。フルシチョフ首相は、中国海軍を援助する見返りに、中国の沿岸地域を利用して太平洋における米海軍に対抗する海軍力の展開を構想していたのだ。

第二次台湾海峡危機（1958年）をきっかけとして、中国が1956年頃から始めていた核兵器開発への協力中止で1950年代後半からの中ソの対立は決定的となり、毛沢東の「大躍進政策」（1958年〜）の失敗や「文化大革命」（1966年）による国内の混乱で海軍の近代化は大きく遅れてしまった。

毛沢東の「二本足」戦略

彭徳懐の失脚により近代化計画は破棄され、代わりにやむなく採用されたのが毛沢東の海上遊撃戦争を主体とする海軍戦略だった。これは中国軍が朝鮮戦争で初めて経験した米軍との近代戦争の教訓を全面的に否定し、革命時代の「毛沢東の軍隊」に回帰するもので、通常戦力の近代化を切り捨て、核兵器など先端的な兵器と人民戦争の「二本足」で戦うというものだ。内外の反対は当然強かったが、毛は断行した。

海軍の「二本足」戦略は、原子力潜水艦やミサイル装備艦と、人民戦争の考え方にもとづく小型艦艇を主体とした海上ゲリラ部隊による戦い方である。毛の海軍戦略は、原子力潜水艦により最小限の核抑止力を持ったうえで、中国本土に強襲上陸してくる敵を洋上では潜水艦により邀撃し、沿岸海域に近づいたら小型艦艇によるゲリラ戦法でかく乱し侵略を阻止するというものだ。

毛は自ら海軍のために戦略・戦術、平時の訓練方針を規定した。それは、岩礁、島嶼、濃霧、波など海上の自然隠蔽物を活用し、隊形を分散した小艦艇部隊で敵艦の火力を分散させて、迅速に接近して軽火器で敵艦の甲板、艦橋などを破壊するというものだった。このような戦い方は国府海軍との海戦で何度も実践された。

毛は第二次台湾海峡危機（1958年）に際して、米空母が6隻展開してきたのに対しても「そいつはどっちみち役に立たないのだ。全部集結させても陸上に上がってこれないではないか」と述べた。

基本的に陸上での人民戦争を前提に考えているので、海上からの敵も上陸させて包囲殲滅するという極めて特異な海軍戦略といわねばならない。いずれにせよソ連の支援がなくなったため、毛は「1万年かかっても原子力潜水艦を研究し建造せよ」と命じ（1959年）、中国海軍は「独立自主・自力更生」の道を歩み出した。

中国海軍は1950年代末において一定の艦艇建造能力を持っていたため、毛による軍事路線の転換後も艦艇建造は継続された。最初の原子力潜水艦である「漢」級が就役したのは1974年であり、70年代後半以降は外洋海軍への発展を志向し始め、80年代後半には南シナ海全域に影響力を及ぼしうる海軍に成長する。

アメリカによる「三線戦略」

人民戦争論の海軍への適用は1959年までになされた。そこでは中国海軍は「技術装備の落伍した軽型海軍」であること、海上奇襲遊撃戦と沿海対上陸作戦の結合が将来の海上作戦の主要作戦形式であることなどが強調されたが、当時の軍事情勢について独特の見

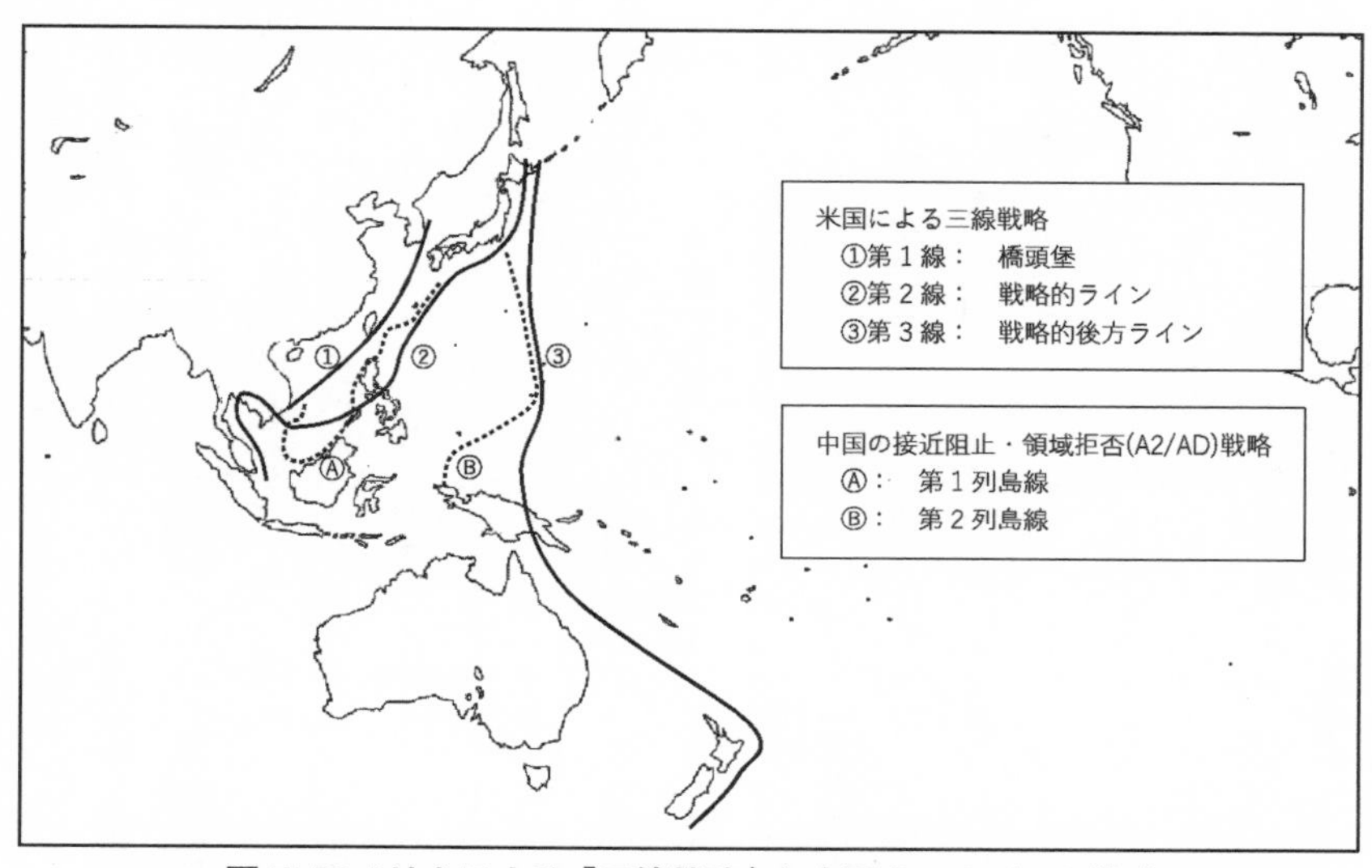

図15 アメリカによる「三線戦略」と中国のＡ２／ＡＤ戦略

方も示されていた。

それは、アメリカはアジア・太平洋地域における「三線」で中国を抑えて、海空から準戦時進攻態勢をとっているという見方である。第一線は、南朝鮮、台湾、南ベトナムといった橋頭堡、第二線は、日本、沖縄、フィリピン、タイ、マレーシアからなる戦略的ラインで、海空軍と中距離ミサイル兵力が配置されている。第三線は、小笠原諸島、マリアナ諸島、オーストラリア、ニュージーランドを結ぶ戦略的後方ラインであり、戦略空軍と海軍の兵站拠点が展開しており、これら三線の中枢がハワイであるとした。

この戦略空間においてアメリカは極めて優勢だが、中国の近海である第一線と中海である第二線では中国軍の長所を活かすことが可能で、米軍の戦略拠点は攻撃に対して脆弱であり、拠点間の長大な補給線が海上輸送に依存していることを克服できない弱点とみていた。

米中接近、国交樹立

米中は、朝鮮戦争において互いに国連軍と義勇軍として交戦したことや、1950年代の台湾海峡危機などで敵対、緊張関係が続いていた。そのうえアメリカは台湾の中華民国と同盟関係を結んでおり、中国が1964年に核実験に成功したこともあり、アメリカは中台の共存を図りつつ、ベトナム戦争では中国との直接衝突を避けるよう行動した。

転機となったのが中ソ国境紛争(1969年)であり、アメリカはソ連が中国を打倒するような事態になると米ソのパワーバランスが一気に不利になることを懸念して、ソ連けん制のために対中接近を模索し始め、1972年のニクソン訪中に至った。文化大革命やウォーターゲート事件で国内政治が混乱したため米中の国交正常化は1978年になるが、同時に台湾と断交、その翌年には台湾関係法が成立した。

以来、2010年代に至るまでアメリカは政治体制の違う中国の近代化を支援してきたが、それは経済発展につれて中国政治が改善するとの期待があったからだ。天安門事件(1989年)や台湾海峡危機(1995～96年)をはじめとする問題が起きても、アメリカの対中政策は一貫して関係安定化を目指したものだった。

ソ連海軍のインド洋進出

中国は、1970年代半ばにはソ連海軍がインド洋沿岸に10以上の基地の使用権を獲得したこと、マラッカ海峡を通峡するようになったこと、封鎖されていたスエズ運河が再開(1975年)されてヨーロッパからの航路が大幅に短縮されたことに警戒心を募らせていた。

ソ連は、ベトナム戦争が終わった1975年以降はインドやバングラデシュ、スリランカなどとの関係を強化した。さらに中越戦争(1979年)が始まると、ソ連は巡洋艦など十数隻を上海沖に展開して中国をけん制、ダナン(ベトナム)に基地を取得した。

中国は、ソ連海軍が中国沿岸に接近し、中ソ国境に大規模な陸上兵力が配備されていることから、ソ連による対中包囲の態勢が形成されつつあることに危機感を強めた。

また、この頃には中国海軍も外洋を航行できる艦艇を建造できるようになり、沿岸防備海軍から外洋海軍へと成長しつつあったため、ソ連の砲艦外交や海軍司令官ゴルシコフの海軍建設を「海洋覇権主義」として厳しく批判するようになった。

南シナ海をめぐる中ソ越関係

中国は、ゴルシコフの著書『戦時と平時の海軍』の中で、ソ連は不断に海軍力を強化し大海に向かわねばならないと公然と主張し、海岸の宝庫を略奪し強国としての地位を占め、国外の国家権益を守り、他国に圧力をかけ、ツァーが発見した場所は代々のツァーが占領するなどと述べていることを、ソ連社会帝国主義の本質を示していると批判した。

しかし、こうした批判をする中国も「海洋覇権主義」においてはソ連に負けていなかった。1974年、南ベトナムが西沙諸島の領有を宣言すると、すかさず南沙、西沙、東沙諸島は前漢時代（紀元前206年〜）から中国人が発見、利用してきたと反論し、圧倒的な兵力を投入して西沙諸島を占領してしまう。1979年には海兵旅団を海南島に配備して南シナ海へのにらみを強化した。1988年には南沙群島の永暑礁などを占領、米軍がフィリピンから撤退して力の空白が生じると、フィリピン領のミスチーフ礁など4カ所を不法占拠し（1995年）、中国領としての既成事実化を着実に進めていくことになる。

ソ連は、中越関係の悪化に乗じて、その影響力をベトナムに及ぼし始める。インド洋からマラッカを経て南シナ海に浸透しようとするソ連海軍にとってベトナムへの接近は重要だったのだ。

これに対して、中国国内ではソ連の海からの脅威に対していかに対処すべきかについて論争が激化した。鄧小平は近代的海軍の建設によって対抗しようとしたのに対して、毛沢東夫人の江青ら「四人組」は海からの脅威は中国大陸に引き入れて殲滅すべきであり、海軍は「整頓」すべきとし、なかには「海軍解体論」を主張する者さえ現われた。この政治的確執は、鄧の失脚まで続いた。

「現代化」する中国海軍

海軍建設路線の復活

毛沢東が死去し「四人組」が逮捕され、混乱が収まると（1976年）、周恩来が1960年代に提起した「四つの現代化」政策が復活し、復権した鄧小平により「現代化条件下の人民戦争論」が再び提唱され、強大な海軍を建設するとの方針が確認された。折からの中越関係の悪化や南沙、西沙諸島で行なわれたベトナム海軍の演習も、早期の中国海軍建設を促すことになった。

この頃には、中国は潜水艦の量産、フリゲートや駆逐艦の独自開発とエジプトやタイなどへの輸出も開始できるようになっていた。また、海軍は核潜水艦支隊を北海艦隊に編成（1975年）するとともに、武器装備の近代化、軍をまたいだ共同作戦の研究着手など改革開放以降に進められる軍改革が文化大革命の終末期にはすでに始まっていた。

1979年の中越戦争を経て、人民解放軍が近代戦争に対応できないことがあらためて認識される。ソ連は前年に締結された「ソ越友好相互援助条約」をもとに南シナ海と東シナ海に海軍の大部隊を派遣し、長距離爆撃機で偵察活動を行ない、中国を威圧した。ソ連は上海沖に艦隊を展開して東海艦隊の動きを封じたのに対して、中国は武装漁船団を対馬海峡に集結させて対抗するしかなかった。

中越戦争後、ソ連海軍は空母「ミンスク」などを極東に回航し、ベトナム戦争で米軍が残したダナン、カムラン両基地を使い始め、フィリピンのスービック湾の米海軍とクラークフィールドの米空軍ならびに中国の海南島にある楡林（ゆりん）の海軍と三亜の空軍に対抗する態勢となった。

ソ連太平洋艦隊のプレゼンスの強化により米第7艦隊が独り太平洋で覇を唱える時代は終わり、中国が非難してきたゴルシコフの強力な砲艦外交が現実のものとなってきたのだ。

外洋への進出――鄧小平の軍事路線

創設から30年を経た1980年代になると、中国海軍は大陸間弾道弾（ICBM）の発射試験のために駆逐艦などをともなった衛星追跡艦を南太平洋に展開したり、西太平洋への遠洋航海部隊や南極観測のための救難サルベージ艦を派遣するなど遠洋への進出を活発化させる。

鄧小平により海軍司令員に抜擢された劉華清（りゅうかせい）は、1984年に次のように語っている（平松茂雄『甦る中国海軍』）。

我が国は6000余の島嶼と数百万平方キロメートルの海洋国土を持っており、資源はきわめて豊富である。（中略）海洋事業は国民経済の重要な構成部分であり海洋事業の発展には強大な海軍による支援がなければならない。強大な海軍の建設はまた海洋事業を含む国民経済の発展に依存する。

この海軍建設についての方針は1959年に劉少奇（りゅうしょうき）国家主席が指示した内容そのものだったが、毛沢東の海軍建設路線とは相容れないために25年の長きにわたって批判・封印されてきたのだ。劉の発言は、そのことを明るみに出すとともに、海軍建設の指導思想のうえでの「左」の害毒を徹底的に排除しようとしたものだった。

1980年代になり改革開放政策が本格化すると「人民戦争論」が見直された。鄧小平指導部は、アジアで生起するのは核兵器の使用を含めた全面戦争ではなく通常兵器を中心とする局地戦争であるとの認識のもと、アメリカなど西側諸国との協力による通常兵器の近代化と、海空戦力の強化が進められた。

近海防御戦略の発展

海軍では、劉華清のもと「近海防御戦略」として、第一列島線付近までの海域での防御、領土保全と海洋権益の保護などが提唱され、原子力潜水艦による最小限核抑止力と通常兵器による即時対応能力の構築を目指した。
「夏」級戦略原潜の初の外洋航海訓練が1986年に行なわれ、翌年には中国海軍に戦略潜水艦部隊が創設され、核ミサイルによる第2撃能力を獲得した。即時対応能力については先進装備やC^{3}I（指揮、統制、通信、情報）システムの導入、部隊訓練や動員体制の向上などによりミサイル戦、電子戦を含み、機動性、即応性を求められる現代の海上作戦に対応しようとした。

鄧小平指導部のもとで発展した中国海軍は、1980年にはトン数ベースで世界第5位（37万トン、1630隻）となり、1985年には第4位（94万トン、1700隻）、1990年には第3位（100万トン、2060隻）に達した。

中国の海洋戦略——戦略的国境

1980年代後半からは、インド洋へ艦隊を派遣したり、西太平洋で大規模な演習を実施するなど外洋海軍としての成長が加速する。この頃になると、外洋海軍への発展の背景として中国独特の「戦略的国境」と「海洋での戦略競争」という考え方が『解放軍報』（中国共産党軍事委員会の機関紙）などで論じられるようになる。

戦略的国境とは、国際的に公認された領土、領海、領空という地理的国境のほかに国家の軍事力が実際に支配している国家利益と関係する範囲があり、それが戦略的国境であるという考え方だ。

戦略的国境には、各国が競って開発している大陸棚、公海、極地、宇宙空間が含まれ、自主国家は自国の合法的利益を守ることに加えて、一定の戦略的国境を保障してこそ相応の地位と発言権を獲得できる。したがって、これからは300万平方キロメートルの海洋管轄区（渤海、黄海、東シナ海、南シナ海）まで戦略的国境を拡張してこそ、国家の安全と発展が保障されるという考え方だ。

戦略的国境の拡大のためには軍事力とその後ろ盾としての総合的国力が必要であり、強国は相手の国土や戦略兵器システムを監視し、遠く離れた航路を支配し、相手国の海域に接近し、兵力を海外に駐留させて陸戦の前縁を領土の外へ移すことができる。

毛沢東以来の「積極防御戦略」では、12マイルの領海を守ることを強調して「国門」と定めてきたが、現実の脅威や世界の海洋、宇宙開発の発展の情勢から、従来の反侵略戦争から沿海、遠洋、宇宙空間などにおける戦争が起きる可能性があり、それに対応できる軍事力を建設しなければならないとしたのだ。

海洋における戦略競争

また、中国は「海洋における戦略競争」に加わろうとしている認識も示された。海洋は資源の宝庫であり、2000年までに世界の海洋開発総生産は世界総生産の15～17パーセントに達して世界は海洋経済の時代に入り、海洋は世界の主要な軍事競争の対象になると予測し、戦略資源を開発し国力・軍事力を強化できるか否かは、中国が21世紀に挑戦できるか否かを決するると論じた。

そのうえで、かつての中国の海軍力の強大さや輝かしい遠洋事業の歴史にもかかわらず、ヨーロッパが海洋発展に向かった時に中国は自らの手足を縛り国家の発展に重大な障害を与えたという歴史の教訓を決して忘れてはならないとして、中国海軍の発展に対する期待が強く示された。

さらに、中国のような海洋国家には「第二海軍」として相応の規模の商船隊が必要であるとの主張もみられた。1970年代以降、対外貿易の拡大とともに中国の海運・造船は目覚ましい発展を見せていたが、第二次世界大戦で商船の74パーセントが軍に徴用され海上輸送総量の98パーセントを輸送したこと、フォークランド紛争（1982年）でも商船が多数の兵員、装備品を輸送するとともに上陸作戦にも使用されたことから、円滑に戦争を遂行するには国家の要請に応えうる相当規模の商船隊を保有することが必要だとの考え方である。

中国の商船数は飛躍的に増加し、1984年におよそ600隻だった外航船は、2017年には4000隻以上になり、中国の輸出入量の90パーセントを自国籍船が輸送している（日本は日本商船隊として60パーセント、うち日本籍船は12パーセント、２０２１年）。これは必要時に中国は商船を容易に軍事行動の兵站目的に転用できることを意味しており、中国の大きな強みとなっている。

これら商船隊に加えて、中国は後述する「一帯一路」構想にもとづいて、スリランカ、ジブチ、パキスタン、バングラデシュ、パナマ運河の両端などの商業港の全部あるいは一部を中国の国営企業が所有あるいは管理、運用するようになっている。

鄧小平の海軍発展戦略

１９８６年、鄧小平の指示にもとづき２０００年までの中国海軍の発展戦略が策定された。鄧指導部の考える「局地戦争論」にもとづき、中国が対応する局地戦争の多発地域は、沿海地域、島嶼、海上であり、一般に継続期間は短く速戦即決であるとした。また、緒戦の態勢は戦争終結に甚大な影響を及ぼすため、「後から打って出て人を制する」人民戦争方式ではなく、「先に打って出て人を制する」ことを重視するなどの方針に転換した。

このような局地戦争の特質を踏まえて、海軍の兵力構成を、①戦略威嚇能力のための戦略ミサイル潜水艦部隊、②近海における衝突事件に対処し国家の安全と海洋権益を守り、遠洋任務も担う実戦型の機動作戦兵力、③防御型の地域守備兵力という3分野の任務に見合ったものとすることとされた。

これらの兵力を建設するために、中国の有限の資源と後進的な技術力の制約のなかで従来の海軍建設路線の転換を図り、先進国海軍との格差を縮め、海軍力の建設を目指すことを目標とした。そのため先端的な科学技術開発に投資し、人材の養成については、しばらく大規模戦争は見込まれないため初級人材よりも高級人材の育成に重点を置くことなどとされた。

多層縦深防衛戦略とその発展

このような中国海軍の発展戦略は、それまでの沿岸防衛型海軍から脱皮し、３００万平方キロメートルの海洋管轄区における主権と海洋権益を守る近海防御戦略を確立しようとするものであり、具体的には次のような「多層縦深防衛戦略」という考え方が提示された。

中国沿岸から50マイル以内は陸上配備や艦艇搭載の対艦ミサイルや魚雷を装備した高速哨戒艇、50～300マイルはミサイル駆逐艦など、300マイル以遠はミサイル搭載の潜水艦や航空機がそれぞれ防衛するという戦略で、それぞれ第1から第3層の防衛線を構成する。第3層の防衛線は対馬海峡から南西諸島をつなぐ線に相当することになる。

その後、湾岸戦争（1991年）での米軍の巡航ミサイルの威力から、1990年代中期には第3層防御線を硫黄島、サイパン、フィリピンをつなぐ沿岸から2500マイルの線に拡大した。

ちなみに、2008年に米太平洋軍司令官が訪中した際、中国海軍高官が太平洋を米中で二分割支配するとの考えを提示して米側を驚かせたが、2017年には習近平国家主席がトランプ米大統領との記者発表の場で「太平洋には中国とアメリカを受け入れる十分な空間がある」と発言した。これらは、一見、荒唐無稽な考えのようにも聞こえるが、一定の境界線を引いて防衛線とする考え方は、いかにも大陸国家の発想であり、中国独特の戦略的な思考の特徴を表しているものと考えられる。

第22章　海上自衛隊の歩み

日本の「再軍備」

冷戦の始まりと自衛隊創設

冷戦の開始とともに、アメリカの対日占領政策は弱化政策から自由陣営の「共産主義の防壁」（ロイヤル陸軍長官）となるよう転換され、海上保安庁（1948年）、警察予備隊（1950年）の設置により日本の「再軍備」が開始された。また、アメリカはアリューシャン列島、日本およびフィリピンを結ぶ「太平洋防衛線」を構想しており、沖縄に大規模な軍事基地の建設を開始した。

アメリカは「再軍備」と同時に対日早期講和に動き始め、日本は講和独立後の安全保障を米軍の日本駐留を前提とする日米安保条約の締結（1951年）によることにしたが、米側の軍備増強要請に対しては、経済再建のため憲法の枠内の自衛力漸増しか応じられないとの態度をとった。このような自衛隊創設時にとられた軽武装・安保対米依存・経済優先主義の考え方は、後年、「吉田ドクトリン」と呼ばれた。

日本が独立を回復する2日前、海上保安庁の「ひさしを借りる形」で海上警備隊が発足（1952年）、警備隊へ移行したのち海上自衛隊が発足して（1954年）、独立国としての海上防衛力の建設を始めた。当時の厳しい財政状況下、多額の予算を要する海上防衛力の本格的な建設は困難というしかなく、米海軍の中古艦艇などを主体とする防衛力整備だった。

アメリカから貸与された警備艦18隻などは、いずれも艦齢10年前後という古い艦艇で、マスコミが警備艦「くす」「なら」「すぎ」「かし」「まつ」の名をもじって、「クズならすぐ貸します」と揶揄したほどだった。また水上部隊より遅れて設立された航空部隊はさらにお寒い状態で、固定翼機5機、回転翼機9機でのスタートだった。

1次防「身の程も知らぬ過大なもの」

安保改定を目指す日本は、一定の防衛体制が整いつつあることをアメリカにアピールするため、「第一次防衛力整備計画（1次防）」と「国防の基本方針」を急いで策定したが（1957年）、その内容は「自衛隊の増強は、自衛の限度内とし、国力国情に対応しながら漸進的に行い、外部からの侵略に対してはアメリカの応援に依存する」という他力本願的なものだった。

この方針にもとづき、海上自衛隊は、その使命・役割を日米安保条約にもとづく米海軍の全般的制海を背景とした「周辺海域の防衛と海上交通路の確保」として防衛力整備を行なおうとした。これは、太平洋戦争で旧海軍が南方占領地域からの資源輸送路と前線部隊への兵站線の確保を結果的になし得なかったことの反省から生まれたもので、旧海軍で連合艦隊が担っていた「外戦部隊」の役割を日米安保体制のもとでの米海軍に恃み、自らは「内戦部隊」と「海上護衛総隊」が担っていた機能のうち特に対潜、対機雷戦に重点を置こうとするものだった。しかし、当時の厳しい状況からはこれでも「身の程も知らぬ過大なもの」（大賀良平『海上自衛隊と私』）と見られ、1次防では陸上兵力の整備を優先し、艦船、航空機の整備は2年遅らせることになった。

創設期の基礎訓練期間が終了した1955年には小型警備艦（PF）による船団護衛の訓練が始まり、1957年には初の日米共同対潜特別訓練を実施、その翌年には戦後はじめての遠洋練習航海が開始され、行動範囲を拡げていった。なお、遠洋練習航海にあたり、自衛艦は国際法上の軍艦として取り扱うとの長官指示が出された。

戦力なき軍隊

自衛隊の憲法上の位置づけは創設当初から問題となり、当初は近代的戦争遂行能力がないからという理由で、のちには自衛のための必要最小限度だからという理由で「戦力」でなく、したがって合憲であるとされてきた。士官を幹部、階級名も海軍大佐を一等海佐、駆逐艦を護衛艦などとしたのもこの頃である。

また、海外派兵禁止決議（１９５４年、参議院）と集団的自衛権行使の違憲化（１９５６年）により、自衛隊を国際社会のために役立てるとか同盟関係を強化するなどといった議論は事実上封印された。

さらに、極めて抑制的な「国防の基本方針」により、いわゆる「吉田ドクトリン」的な政策が定着することになり、創設期の防衛力整備は、とりあえず独立国らしく陸上防衛体制の基礎を固めて米地上軍を代替することを優先し、海・空自衛隊については厳しい予算制限下、最低限の体制を「骨幹的防衛力」として整えるのが限界だった。これは、当時の米軍が海空についてはは自ら担い、陸については日本の増強によって補強するという極東における役割分担の考え方にも合致するものだった。

１９５９年になると海空自衛隊の近代化に主眼を置き、１万トン級のヘリコプター空母の建造を含む構想が明らかにされたが、安保条約改定をめぐる騒乱に呑まれ、自衛隊の増強はほとんどないまま事態の正常化を待つしかなかった。

安保騒動が収まると「第二次防衛力整備計画」が決定され（１９６１年）、自衛隊は日米安保条約を前提に「在来型兵器による局地戦以下の侵略」に対処することとされた。この考え方は１９７６年に「基盤的防衛力」の概念が導入されるまで維持されることになるが、「局地戦以下の侵略」の言葉どおり、日本の戦略構想の視野を狭め、受動的、消極的な傾向を与える原点になった。

２次防――暫定型から安定型へ

米ソ関係はフルシチョフ首相就任を受けて「雪解け」の時代となり、北方領土に配置されていた地上軍が引き揚げられ、この後、基本的に米ソの平和共存という路線が続く。

一方、日本国内では１９６０年にかけての「安保騒動」を経て、安全保障についての議論や与野党対決を避ける傾向が定着し、国民の関心も経済発展に向かい、安保の季節は終わりを告げた。新日米安全保障条約の発効（１９６０年）と「第二次防衛力整備計画（2次防）」の策定（１９６1年）によって、日本の防衛体制は暫定型から安定型に移行した。

この頃、「周辺海域の防衛と海上交通路の確保」について、その地理的範囲が議論になっていた。自衛隊違憲論をとる社会党などは、自衛隊の行動は我が国の領域およびその周辺に限るべきだという立場であり、日本周辺では自力で海上交通路を守るという草創期から一貫した海上自衛隊の主張は、陸上・航空自衛隊の行動範囲に比べて依然突出したものと受け止められた。

これに対し、海上自衛隊は、例示的に大阪湾から南西諸島沿いにバシー海峡までの「南西航路」と東京湾からグアムまでの中間、北緯20度付近までの「南東航路」を取り上げて必要な兵力の説明に努めたが、これらがいずれもほぼ１０００マイルであり、のちの「１０００マイルシーレーン防衛論」の萌芽となった。

また、当時の米ソ平和共存基調の中で、１９６４年の中国の核実験を契機にアメリカの対中戦略が見直され、日本の防衛努力強化に対するアメリカ側の圧力が少しずつ強まる気配を見せてきた。１９６５年には日本の対米貿易が初めて輸出超過となり、将来、日米間の貿易不均衡が顕在化すればアメリカにおけるいわゆる「安保ただ乗り論」が触発され、対日防衛圧力となって跳ね返ってくる基本構図ができあがった。

3次防――海上自衛隊の基礎完成

キューバ危機（１９６2年）によって一気に高まった米ソの緊張状態は、その後徐々に平静化したものの、ソ連はアメリカに比肩する軍事力の必要性を痛感し、以後、核戦力および海軍力の強化に踏み出した。一方のアメリカは、本格的にベトナム戦争に介入していったが、国際収支の悪化から海外への軍事援助計画が厳しく見直されることになった。

日本国内では、１９６５年に戦後初の赤字国債が発行されるなど経済成長路線の見直しが始まり、「黒い霧」問題（1966年）などで政治の混迷が見られたことなどから「第三次防衛力整備計画（3次防）」の円滑な策定にも影響を及ぼした。

また、アメリカからの新規無償援助が原則として停止されることになったため（1964年）、日本は経済力に応じた自前の防衛力を建設する必要に迫られた。高度経済成長による財政の拡大を背景にして、防衛力整備はほとんど計画どおり実施され、2次防までに培われた基盤の上に今日の海上自衛隊の基礎が築かれた。

また、憲法調査会は、7年間の審議にもとづく最終報告書を総理に提出（1964年）、憲法改正問題は両論併記のまま一応終止符が打たれ、その結果として自衛隊と憲法との間の不安定な関係が固定化されることになった。

1960年代後半に入り、東西関係は緊張緩和の方向に進みつつあったが、ベトナム戦争の長期化にともないアメリカの国力に翳りが見え始めた。一方のソ連は着々と軍備の増強に努め、特に核戦力および海軍力の分野でアメリカの水準に急速に接近し、日本の三海峡に監視艦を配置するなどソ連海軍の活動が活発化し、1970年には全世界的規模の海軍演習「オケアン70」を実施するまでになった。

アメリカは、ベトナム戦争の収拾と対ソバランスの改善のため、米中関係改善と対外コミットメントの整理を含むアジア政策の見直しに着手し、「ニクソン・ドクトリン」を発表した（1969年）。

自主防衛の頓挫と4次防

沖縄返還交渉が山場を迎え、佐藤首相が対米カードとして国防意識の高揚を唱え、防衛政策により積極的な姿勢を見せるなか、有田喜一防衛庁長官は「憲法の許す範囲内で自立的な防衛努力を傾注し、自国の防衛は第一義的にはみずからの力でこれに当たる」という自主防衛志向の強い4次防の作成方針を示した（1969年）。その翌年、交代した中曽根康弘長官も「従来のアメリカ依存を改め、我が国独自の戦略にもとづく自主防衛体制の確立を目指す」とする、いっそう自主防衛志向の強い「新防衛力整備計画」（新防）を打ち出した。

しかし、国内的な支持の欠如とアメリカの不信感の表明に加え、1971年のニクソン・ショック（金・ドル交換の停止発表）のため日本経済が急速に悪化したことから、大幅な減額を経て、結局、3次防の延長上の前動続行的な「4次防」として収束することになった。

海上自衛隊としては、当初、機能的バランスのとれた海上作戦能力の総合的強化を図ることにしていたが、新防構想の頓挫により、結果的には3次防計画とほとんど同じ整備方針をとることになった。加えて、第四次中東戦争（1973年）を契機とする石油ショックにより計画は大打撃を受け、三分の二程度しか達成できないという惨憺たる結果になった。

このように自主防衛を強化しようという動きは、時々のアメリカの圧力や国内政治の流れなどに翻弄されて結局、実現しないまま経過した。

「国内政治化」した日米安保

この結果、そもそも日米同盟にもとづく日本独自の国家戦略がなかったこともあり、日米安保に関しては、米軍を傭兵のように見なす「番犬論」と基地を提供して米軍に国防を委ねるという「属国論」に代表される両極論の間で議論が揺れ動き、中庸妥当な日米安保体制に対する理解はなかなか定着しなかった。

このように国家戦略不在のもとでは、明確な国家目標が定義され得ず、本来その達成の手段として運用されるべき日米安保そのものが目的化してしまい、日米の当局者は在日米軍基地問題など国内日常の問題の処理に追われ、自衛隊を日米安保の中でどう戦略的に活用するかという本質的な問題を追究するに至らなかった。日米安保はいわば国内政治の問題になっていたのだ。

また、この時期には「非核三原則」（1967年）や「専守防衛」（1970年版防衛白書）概念の登場など、その後の防衛政策を規定する重要な決定がなされた一方で、日本経済が自由陣営内でGNP第2位を占めるに至った（1971年）頃からアメリカ内に「安保ただ乗り論」が現れ、日本に対する風当たりが強まる傾向が出てきた。

日米共同とシーレーン防衛

ニクソン・ドクトリンと日米安保の活性化

ニクソン・ドクトリンによって、アメリカの「2+½戦略（二つの大規模紛争と一つの小規模紛争を同時に遂行する）」は崩壊し、同盟国の「自助努力」と「役割分担」が求められるようになった。

新しいアメリカ戦略では、太平洋における米軍の前方展開を維持するため、米本土と極東地域をつなぐ海上交通路確保が必須となり、日本への期待が相次いで表明されることになる。アメリカは1975年頃から日本に対し米海軍の補完機能として対潜水艦戦を主体とする貢献を求め、東アジア地域の防衛の軸となるよう日本の「共同防衛能力」の引き出しを図り始めるが、ソ連のアフガニスタン侵攻（1979年）後は、これに拍車がかかる。

1次防から3次防までは、防衛構想の設定にあたって、日米安保体制の有効性を前提として、それへの依存を当然視していたし、4次防においても条約の自動延長を踏まえて、基本的には変わっていない。しかし、1970年代に入ってからのアメリカの戦略見直しを受け、日米安保体制がいかなる時にも有効に機能するためには、日米の不断の努力が必要となっているとの認識から、「防衛計画の大綱（51大綱）」（1976年）において「アメリカとの安全保障体制の信頼性の維持及び円滑な運用態勢の整備を図る」として、「日米防衛協力のための指針」（ガイドライン）が策定された（1978年）。

ちなみに、このガイドライン策定のきっかけは、「爆弾質問」で知られた社会党議員から日米制服間で海上防衛に関する秘密協定があるのではとの国会質問を受け、坂田道太防衛庁長官がそうした協定は存在しないが、何らかの取り決めが必要と考えるので日米防衛の責任者で話し合いたいと答弁したことによる。

日米同盟の中での海上自衛隊の戦略的活用を図るべきとの立場からは、まさに「瓢箪から駒が出る」望外の展開であった（大賀良平『海上自衛隊と私』）。これにより1975年以降、日米防衛首脳と事務レベルにおいて定期的な協議が開かれるようになり、日米安保条約が発効して20年あまりを経て、初めて条約の具体化、活性化が図られることになった。

基盤的防衛力構想とGNP1パーセント枠

こうして日米安保を活性化するための協議が始まったが、日本が「1000マイルシーレーン防衛」を表明するのにさらに6年を要した。その大きな理由は「基盤的防衛力構想」と「GNP1パーセント枠」であり、これらはその後の日米共同にも影響を与えていく。

「51大綱」で導入された「基盤的防衛力構想」とは、「我が国に対する軍事的脅威に直接対抗するよりも、自らが力の空白となって我が国周辺地域における不安定要因とならないよう、独立国としての必要最小限の基盤的な防衛力を保有する」という考え方だ。

デタントの時代に導入されたこの構想は、限定的・小規模侵攻を想定した4次防までの水準を基礎に設定したものであり、導入直後から兵力水準は世界情勢と関係なく決められたとの批判があった。そうした批判にもかかわらず、この構想はその後の新冷戦、ポスト冷戦の時代を経て、2010年の22大綱で撤廃されるまで、34年間もの長きにわたって日本の防衛構想であり続けた。

その理由は千々和泰明の政策史に詳しいのだが、問題は兵力水準を示す大綱別表の内容である。護衛艦の隻数を例にとると、約60隻（51大綱、1976年）、約50隻（07大綱、1995年）、47隻（16大綱、2004年）と減少を続け、その後は48隻（22大綱、2010年）、54隻（25大綱、2013年）、約60隻（30大綱、2018年）と増加しているものの、北朝鮮の弾道ミサイル対処に長期間拘束されることの多いイージス艦の数が内数となっていることから実質的な増勢とは言いがたい。

実際の防衛力整備は、大綱にもとづく中期防衛力整備計画（中期防）で様々な質的、機能的な向上を図っているものの、厳しさが増す一方の日本の安全保障環境と自衛隊に求められるようになった多様な任務を考えると、やはり隻数は防衛構想の大前提になるもので極めて重要だ。大綱別表はこの数の問題を強く規制し続けた。

また、大綱達成に向けた年々の防衛関係費の目処として、「GNP比1パーセント枠」が決定されたが（1976年）、1970年代前半に年16パーセント以上あった防衛費の伸びは大綱決定後、1パーセント枠との隙間を残したまま低下し、1980年代の緊縮予算時代を迎えて防衛予算の伸びは一桁台に落ちたため、1000マイルシーレーン防衛の予算的な見通しがなかなか得られなかった。

「新冷戦」の本格化とシーレーン防衛

ガイドラインが決定された頃には、北方領土にソ連の地上軍が再展開され、バックファイヤー爆撃機や中距離核ミサイルが極東地域へ配備される一方で、海軍では新鋭艦の配備によりソ連海軍の4艦隊のうち太平洋艦隊が最大のものとなり、ソ連の脅威が明らかになりつつあった。

1979年のソ連のアフガニスタン侵攻で完全にデタントが終了し、「新冷戦」が本格化していったため、このガイドラインは、結果的に日米両国が「新冷戦」を戦うための枠組みとなった。

1981年には西側全体の対ソ軍事力再構築のためアメリカ自身の軍拡路線（「600隻海軍」の建設）への転換を掲げてレーガン大統領が登場し、日本に対しても「西側の一員」として経済大国にふさわしい安全保障上の役割を求めてきた。

同年の日米首脳会談で、日本は西側の一員としての分担に加わることを明確にし、日本の自衛の範囲として1000マイルのシーレーンを守る決意を表明した。これに先立ち、アメリカは日本に対して公式に「グアム島以西、フィリピン以北」の北西太平洋における防衛を要請した。

日米共同の深化──大綱戦力の完成

ガイドライン策定の結果、アメリカは海空防衛力の増強要求を強め、シーレーン防衛では「1000マイルまで」と事実上の海域分担を迫った。

アメリカが日本に期待した役割分担は、①数カ月間の戦闘能力を持つことにより日本本土の米軍基地を安定した形で保持する、②三海峡（宗谷、津軽、対馬）を封鎖してソ連潜水艦の太平洋への進出を阻止する、③ソ連バックファイヤー爆撃機の太平洋出撃をくい止め、第7艦隊の空母の安全性を確保することなどだったとされる。

また、日米シーレーン防衛共同研究（1983年～）などの実務協議が進み、シーレーン防衛が日本自身の安全にとって極めて重要であるとともに、アメリカが太平洋およびインド洋に展開している攻撃的および防御的な軍事力と極めて密接な関連性を持っていることを明らかにした。

つまり、米軍の前方展開兵力および前進基地群を結んでいるのが、太平洋からインド洋にわたる海上交通路（シーレーン）によるネットワークであり、ソ連太平洋艦隊の基地に近く、かつこのシーレーンネットワークが最も濃密に重なり合っている海域こそ、「グアム以西、フィリピン以北」の北西太平洋、すなわち日本周辺1000マイルの海域ということだ。

そして、ソ連にとっての狙い目、西側にとって最も脆弱な「柔らかい脇腹」がここにあり、1000マイルのシーレーン防衛は日本自身の安全のためだけでなく、中東、韓国、東南アジアなど西側にとって重要な戦略地域を守るネットワークのかなめであることが明らかになったのだ。

したがって、日米それぞれの役割と任務（ロールズ・アンド・ミッションズ）が日本自身の自衛能力を増大させるだけでなく、地域的、全世界的な抑止力の維持に貢献することになるという新しい視点を日本の海上防衛戦略に与えたという点で極めて意義深いものだった。

1980年代の防衛力整備は、質量とも高い調達ペースを保ち、シーレーン防衛能力を大幅に向上させ、

「大綱戦力」すなわち「基盤的防衛力」が完成する。

なお、この計画期間中に防衛費が「1パーセント枠」を突破することが確実になったため、1987年には「GNP1パーセント枠」に代えて「総額明示方式」が決定された。

また、1980年以降のリムパック演習参加をはじめとし、高度な日米共同訓練が活発化し、日米共同作戦能力が高められていった。これら対米協力に弾みがつきつつあるなか、栗栖弘臣統合幕僚会議議長がいわゆる「超法規発言」によって更迭され（1978年）、シビリアン・コントロールの問題を提起する一方で、日本防衛についての法的準備が全く整えられていない実態が提起された。

タンカー戦争での蹉跌

栗栖発言で自衛隊の法制に大きな欠陥があることが明らかになった一方で、自衛隊の海外の行動に関しても準備がないことが明らかになる出来事が起こる。

イラン・イラク戦争（1980～88年）がペルシャ湾全域に波及して、湾内の船舶が両国軍の脅威にさらされ、機雷の浮かぶ海域の航行を余儀なくされた「タンカー戦争」（1984～88年）である。その被害は、被弾407隻、触雷12隻、死者333人にのぼり、この中には日本人が乗り組んだ船の被弾12隻と日本人船員2人の死亡が含まれていた。

アメリカはすぐさま、タンカーなどの安全確保のため「ホルムズ海峡合同艦隊」の設置を打ち出し、英、豪、伊、仏などが艦艇派遣を表明した。日本の石油の中東依存度はすでに7割に達しており、石油積出し基地には日本船も足止めされていたにもかかわらず、日本政府は憲法上の理由から不参加を表明せざるを得ず、当初は費用負担さえ拒否した。各国は掃海艇などを派遣したほか、米海軍は商船270隻に対する護衛作戦を実施した。

国際部隊に参加しなかった日本では、各船社が安全確保に全力を尽くした。船体に日章旗を表示し、ホルムズ海峡通過時には船団を編成した。当初は被弾船は少なく「マルシップ（日本船）の安全神話」と言われたが、やがて日本船も攻撃され始め、本格的な対策が求められた。

その後、アメリカから掃海艇派遣などを要請され、日本政府は激論を交わしたものの実現に至らず、結局、湾岸諸国や国連への資金協力などを行なったに過ぎなかった。日本は、その後もホルムズ海峡で危機が繰り返されるたびに、苦い経験を積み重ねることになる。

第23章　冷戦後のシー・パワー

湾岸戦争の衝撃

アメリカ海軍の戦略転換

冷戦が終わると、米軍は対ソ戦から地域紛争への備えに戦略を転換する。早くも1990年にはイラクがクウェートに侵攻し、翌年、アメリカが主導する多国籍軍がクウェートをイラクから解放する軍事行動を起こした（湾岸戦争）。米海軍は、ピーク時には6隻の空母を展開したものの、戦争そのものは航空戦と地上戦が主体だったため空母艦載機を除き、統合軍内においての役割は限られたものだった。

このため、海軍は湾岸戦争が終わると対ソ全面戦争に備えた兵力や戦略を自ら見直し、地域紛争に備えるとの方針を示す。「前へ（The Way Ahead）」（1991年）、「海から（...From the Sea）」（1992年）、「海から…前へ（Forward... from the Sea）」（1994年）といった海軍長官、海軍作戦部長、海兵隊司令官の連名で発表された戦略文書において、海軍と海兵隊が協同して海軍遠征部隊を編成し、大洋を越えて沿海域での統合作戦を行なうことで地域紛争に対処するという構想を発展させた。ハンチントンの渡洋海軍理論の具体化だ。

この構想に基づき、①陸上への戦力投射、②制海、③戦略的抑止、④戦略海上輸送、⑤前方プレゼンスが海軍の役割とされ、海軍は海兵隊とともに前方に展開し、戦闘即応態勢を保ち平和の維持にあたるとした。

湾岸戦争はまた、情報化時代の戦い方を進化させた。この戦争においてイラク軍は戦車と兵員の数で多国籍軍よりも優っていたにもかかわらずあっけなく敗退した。情報力と技術力に優れた多国籍軍は、イラク軍の動静を事前に把握し、その指揮中枢、情報・通信ネットワークを精密誘導兵器などで無力化し、戦闘の主導権を握って短期間で勝利した。本格的な地上戦闘が始まる前にイラク軍は組織的戦闘力を失っていたのだ。戦車や艦艇の数や武器の性能が戦闘の勝敗を左右するという従来の「プラットフォーム中心の戦い」（PCW：Platform Centric Warfare）から「ネットワーク中心の戦い」（NCW：Network Centric Warfare）の時代になったのだ。

NCWとは情報化時代の戦い方の概念であり、戦闘力を構成するセンサー、ウェポン、指揮官をネットワーク上で一体化し、情報を共有することにより情報優位を獲得し、各レベルの指揮官が自己同期（上位の指揮官の指図なしに意図に沿った行動を自らとること）することにより迅速な指揮を行ない、高い戦闘力を生み出し、最終的に戦闘における優位を獲得しようとするものだ。

日本――湾岸の夜明け作戦

日本では「タンカー戦争」での苦い経験が湾岸戦争

でも繰り返された。米国を中心とする多国籍軍が編成されたとき、海上自衛隊を派遣すべく法案を成立させようとしたが、海外派兵に対する強い反対から廃案になった。このような日本の状況に対して米国国務省高官からは、「米兵等の犠牲者が出た際に、日本が資金面のみの協力に終始し何ら人的な貢献を行っていない場合には、日本に対する極めて激烈なる反応が米国内で爆発することは必至」と迫られたりもした（外交文書公開）。

結局、日本ができたことといえば、多国籍軍への130億ドルもの資金協力と周辺国への経済協力だけだった。国際社会からは「小切手外交」とか「トゥーリトル、トゥーレイト（少なすぎ、遅すぎ）」などと厳しく批判され、世界屈指の原油輸入国である日本が相応しい貢献をできなかった苦い経験として記憶された。

一連の対応で明らかになったのは、国家としての危機対処能力が全く欠如していることであり、政府は戦争終結後、ようやく掃海艇部隊をペルシャ湾へ派遣した（湾岸の夜明け作戦、1991年）。この派遣は、自衛隊にとって初の人的な国際貢献であり国際社会からも高く評価された。

ちなみに、岡崎久彦が『繁栄と衰退と』を発表したのもこの頃である。彼は、17世紀に繁栄を誇ったオランダが自己中心的な平和主義を推進するうちに国際社会での信用を失い、凋落の道をたどった歴史を日本に重ねたのだった。

このような湾岸戦争での経験を踏まえて、10年後の米国同時多発テロ（2001年）では、小泉純一郎首相はその翌日に米国に対する強い支持を表明、9日目には海上自衛隊艦艇の派遣を含む「当面の措置」を発表するとともに、テロ対策特別措置法をスピード成立させた。日本は、テロとの闘いを自らの問題として積極的かつ主体的に取り組み、ようやく世界の国々と一致結束して努力する姿勢を明らかにしたのだった。

中国——情報化条件下の局地戦争論

中国では、解放軍の近代化が一層進むきっかけとなった。ハイテク兵器を使用した米軍がイラク軍に完勝したことは人民解放軍にとって大きな衝撃であり、ハイテク戦争への対応が急がれた。

劉華清は１９９３年の論文で、湾岸戦争にみられた新しい局地戦争の特徴として、①戦闘空間の拡大、②航空戦力の役割増大、③C^3I（指揮、統制、通信、情報）と電子戦の役割拡大、④夜間戦闘装備の発達、⑤作戦テンポの高速化と兵站の重要性などを指摘し、さらなる軍の近代化を提唱し「ハイテク条件下の局地戦争論」のはしりとなった。

コソボ紛争（１９９９年）でも米軍はユーゴスラビア軍を圧倒し、サイバー戦やソフトキルの成果が注目され、軍の機械化だけでなく高度の情報化が必要との認識が広がる。さらにイラク戦争（２００３年）での米軍のC^4ISR（指揮、統制、通信、コンピューター、情報、監視、偵察）能力を発揮した戦いぶりから、①異軍種一体となった統合作戦、②卓越した状況把握と意思決定能力、③精密誘導兵器などによる情報と火力の高度な統合、④三戦（世論、心理、法律戦）などを重視した「情報化軍隊」による「情報化戦争」に勝利するとの考え方が提唱される。この考え方は「情報化条件下の局地戦争論」として、現在に至るまでの軍建設の指針となっている。

日米同盟の深化と国際貢献

政治空白の中の北朝鮮核危機

１９９３年から９４年にかけては北朝鮮核危機が起こる。日本では閣僚経験者がほとんどいない素人政権や頻繁な政権交代により政治の空白が生じたため、官僚主導の危機管理となった。政府内で朝鮮半島有事が現実的な問題として浮上し、米軍からの１９００項目に及ぶ支援要請リストが真剣に検討されたが、憲法と集団的自衛権の制限的解釈が日本のとり得る選択肢を厳しく制限した。

これをきっかけとして「保持しているが行使できない」集団的自衛権の問題が本格的に議論されるようになり、同時に危機管理に対応できない国内諸法制も明らかになった。幸い危機は回避されたが、戦争にエスカレートしていた場合、効果的な対米支援はできず日米同盟は機能しなかった可能性が高く、その脆弱性が露呈した。また、国民は身近な戦争の可能性を認識し、いわゆる「観念的平和論」は影を潜める傾向が強まってきた。

日米同盟「再構築」

経済重視のクリントン政権下、日米間で貿易摩擦が続き、冷戦終結にともなう「日米同盟不要論」が広まるなか、北朝鮮危機での教訓などから日米間で「安保再生」のための政策協議が進んだ。

また、1995年に入って、阪神淡路大震災、地下鉄サリン事件と立て続けに前例のない事件が起こり、自衛隊の出動、危機管理体制強化に国民的コンセンサスが形成された。同年、発表された新防衛大綱では日米同盟の積極的価値を強調し、信頼性および機能向上のためにはガイドライン見直しが必要とされた。1996年、台湾総統選挙を前にした第三次台湾海峡危機の発生で、日米同盟強化および周辺事態対処への国民の支持が高まるなか、「日米安保共同宣言」を発表し、日米同盟の「再構築」が始まった。

「周辺事態」への備え

1998年、インドネシアの暴動激化に備え、政府は在外邦人輸送のため海上保安庁巡視船を派遣し、自衛隊輸送機をシンガポールで待機させたが、この際、在外邦人救出のために海上自衛隊艦船の派遣を許さない現行法体制の制限に国民の不満が高まり、「自衛隊は一体何の役に立つのか」との声が上がった。これをきっかけに自衛隊法が改正され、在外邦人保護・救出のための艦船派遣が可能になった。

同年、北朝鮮から発射された弾道ミサイルが日本上空を飛び越えた。世論は一夜で熱し、多くの国民がそれまで聞いたこともなかった「戦域ミサイル防衛」が必要と世論調査に答え、情報収集衛星の導入も決定する。

1999年、北朝鮮の不審船に対して初の海上警備行動が発動され、弾道ミサイル発射以来の「周辺事態」に対する関心・理解が拡大・深化した。この時期は橋本龍太郎首相をはじめとする政治的リーダーシップの下、危機管理体制が整備され、自衛隊の行動のための立法作業が精力的に行なわれたが、精緻な憲法解釈に整合させるために行動の必要性を十分に満たしているとはいえないものだった。

戦後初の国家安全保障戦略

アメリカで同時多発テロが発生すると（２００１年）、日本政府は「テロ対策特措法」を約３週間という短時間で成立させ、「後方地域」とはいえ初の戦時の任務に海自艦艇が出動することになった。自衛隊創設以来の課題だった有事法制が、国民の理解が広がりを見せるなか成立し（２００３年）、内閣府の外局の位置づけだった防衛庁が念願の防衛省への昇格を果たした（２００６年）。

２００９年には、ソマリア沖の海賊から日本関係船舶を防護するための海上警備行動にもとづく護衛作戦を開始、同年、「海賊対処法」が施行されてからは、すべての国の船舶を守ることができるようになった。戦後、途絶えていた商船界と海上自衛隊の関係が回復したのもこの頃からである。

２０１０年には「22大綱」において「基盤的防衛力」の考え方が撤廃され、防衛力の規模や存在によって抑止力を構成するいわゆる「静的抑止」から、即応性や後方支援能力を高めて平素から警戒監視などを通じて高い作戦能力を示すことによる「動的抑止」の考え方に転換した。

もともと「限定的小規模侵略」という考え方は、高い機動性を持つ海上兵力を地理的に限定することは難しく、「独力対処」についても当初から米海軍との連携を前提とする海上自衛隊の考えとはなじまないものだった。防衛力整備の概念としてはともかく、事態の蓋然性とか運用概念としては考えにくいものだったので、ようやく妥当な防衛構想を検討する前提に近づいてきたといえる。

２０１３年から１５年にかけて、第二次安倍内閣のもと安全保障に関する国内体制が強化された。国家安全保障会議と国家安全保障局が設置され、外交と防衛を統合した安全保障政策の推進が可能となり、戦後の日本として初めて国家安全保障戦略が策定された。これでようやく1957年の「国防の基本方針」が上書きされることになった。

特定秘密保護法により国家としてのインテリジェンス機能の向上が図られ、1960年代からの武器輸出三原則も緩和された。さらに限定的ながら集団的自衛権の行使が可能となったのは画期的なことであり、日米防衛協力ガイドラインの改定とともに関連する法制（平和安全法制）が整備され、日本が置かれた厳しい安全保障環境に適切に対応するための基盤がようやく整った。

中国海軍の近代化

第三次台湾海峡危機

米中国交正常化にともない、中国にはアメリカの非殺傷兵器の輸出や中ソ国境の把握に役立つ地球観測衛星からの画像データ受信局の設置などの軍事・情報面の協力が許可された。アメリカには、中国に技術支援を与えても近い将来に自国に追いつくことはなく、むしろ中ソの軍事格差を縮小させ、アジアの軍事バランスを有利にするという楽観主義が多かった。

1989年には天安門事件が起こり、中国の民主化への期待は裏切られるのだが、それでもアメリカは対ソけん制やアジアの安定のためとして対中関係の維持を図った。その後、米ソ冷戦が終結するが、アメリカは貿易、投資先としての期待や潜在的ライバルの中国にアメリカの力を見せつけるとともに北朝鮮問題でも協力を得たいとの考えから「関与政策」を継続した。

1995年から96年にかけて第三次台湾海峡危機が起こる。これは李登輝総統の訪米時（1995年）に、約束に反してアメリカがビザを発給したことに中国が強く反発し、台湾沖に二度の弾道ミサイル発射と軍事演習を行ない、さらに翌年、中国が初の台湾総統直接選挙の直前に、台湾独立派への警告として3回目の弾道ミサイル発射と軍事演習を行なったことで起きた危機である。

これらのミサイル発射と演習により台湾海峡の緊張は高まり、台湾の海上交通路や航空路、主要な港湾は実質的に封鎖状態となった。これに対してアメリカは2個空母機動部隊という圧倒的な海軍力を派遣して中国にミサイル発射と軍事演習の中止を求めた。

様々な外交的駆け引きも行なわれたが、ものをいったのは紛れもなく世界最強の米海軍の力だった。中国は引き下がるしかなく、ミサイル発射は中止され台湾海峡の封鎖は解かれた。中国は公式には認めなかったが、明らかに屈辱的な敗北で、まるでアヘン戦争以来の「屈辱の100年間」が終わっていないかのようだった。この事件をきっかけに中国は海軍の近代化を急ピッチで進めることになる。

中国海軍の近代化加速と「海軍ナショナリズム」

海軍の近代化については、この事件以前からも構想があり推進されていた。たとえば、1980年代初めに海軍司令官に就任した劉華清が示した海軍の3段階発展構想だ。2010年までに「第1列島線」(日本、台湾、フィリピンを結ぶ線)を突破し、その内側の黄海、東シナ海、南シナ海の制海能力を持ち、2020年までに「第2列島線」(グアムからニューギニアを結ぶ線)を突破し、その外側にまで戦力を投射できるようになること、そして中国建国100年の節目である2049年までに米空母をしのぐような空母を保有する世界規模の海軍となるというものだ。

実際に劉の指示を受けた中国海軍は空母研究に着手し、1996年には国家レベルで空母の研究開発が承認された。それまで主として海軍部内で主張されていた空母の保有が、中国国民の各層で広く支持されるようになり、マハン著『海上権力史論』の中国語版の帯には「中国には空母が必要か?」と記されるようになった。アヘン戦争以来の「屈辱の歴史」や日清戦争に敗北し日本の進出を許したのも中国の海軍力が劣っていたからだとして、中国はマハンのいう制海能力を必要としていると主張する「海軍ナショナリズム」が高まった。

さらに、インドネシアでの大津波に対する国際救援活動（2004年）での米空母の活躍ぶりを見て、大国中国が大災害や自国民救出などの緊急事態対処のための海軍能力に欠けていることも空母を含む大規模海軍建設の追い風となった。

中国の軍事費は2001年の500億ドルから2022年予算案では2294億ドルに増大している。もちろんアメリカの8130億ドル（2023年度予算教書）に比べると小さいが、アメリカが全世界的にコミットしていることを考えると、中国の軍事費はかなりなものだ。さらに、劉は鄧小平とのパイプを活かして軍事費に占める海軍予算の割合を大きくしたとされているので、今日のような海軍の近代化が実現したわけである。彼は「中国海軍の父」と呼ばれている。

接近阻止・領域拒否（A2／AD）戦略

中国海軍は順調な経済に支えられて発展しており、「接近阻止・領域拒否（A2／AD）」と称される対米戦略構想にもとづき、第1列島線の内外に2段構えの防衛態勢を構成し、台湾周辺海域や西太平洋における対米阻止戦略の確立を目指して、軍事拠点や軍備を増強中である（図15、289頁参照）。

「接近阻止（A2：Anti-Access）」構想とは、第1列島線から第2列島線の間の西太平洋海域で米海空軍力の接近を阻止するというものである。このために空母、原潜、ステルス戦闘機、長距離爆撃機などの海空軍力をはじめ、長射程の対地・対艦用の弾道・巡航ミサイルや、宇宙兵器、サイバー戦能力を大幅に強化している。

一方、「領域拒否（AD：Area Denial）」構想とは、第1列島線の内側の海域を自らが管制し他国の利用を拒否するというもので、南シナ海や東シナ海での中国の強圧的な活動の原理となっている。1980年代の「近海防御戦略」を発展させ、南西諸島、台湾、フィリピン、ボルネオ島を結ぶ第1列島線を絶対防衛線とみなすものだ。その内側にある南シナ海や東シナ海の島嶼部に軍事拠点を構築する一方、ゲリラ・コマンドゥや機雷敷設など従来型の非正規戦能力に加えて強襲揚陸能力などの多種多様な軍事力（海上民兵を含む）を増強している。

近年の中国のＡ２／ＡＤ能力の向上は、日米など西太平洋諸国の大きな懸念となっている。現在の中国海軍は全体として米海軍の優勢を覆すには至っていないものの、一部の作戦領域においては肉薄しており、米軍全体を撃破できなくとも、一定の海域での行動を妨害したり、局地戦で一時的な優勢を獲得し限定的な作戦目的を達成することは可能とする分析もある。

特に中国の弾道ミサイル戦力は、米海軍の戦力投射能力の中核である空母打撃群などに対する大きな脅威になっており、劉の海軍発展構想は順調に推移していると考えられる。

米軍の「失われた10年」

長かった対テロ戦争

9・11同時多発テロ（２００1年）は、米英戦争以来２００年ぶりの外部勢力の米本土への武力攻撃であり、アメリカはこれに対してイギリスとともにアフガニスタンでの「不朽の自由」作戦を開始した。２００2年には、イラン、イラク、北朝鮮を「悪の枢軸」と名指しし、「イラクの自由」作戦（２００3年）に突入する。

米海軍は、空母を作戦地域の近くに航空基地がない場合の柔軟かつ有効なプラットフォームとして運用して、空母を時代遅れの装備の代表と見なしがちだった海軍改革派の人々を黙らせた。その他、艦艇からの巡航ミサイル攻撃を行ない、強襲揚陸艦から上陸した海兵隊は地上の進攻部隊の一翼を担った。最も重要なことは、米海軍が海を支配しているおかげで、長射程の戦力投射能力を任意の場所に長期間持続できるということこそ真の海軍力の活用法であることが改めて認識されたことだった。

これらの戦争は「アメリカ一強」のもとで行なわれたが、アフガニスタンもイラクも治安が悪化し、米軍は撤退の出口戦略をなかなか描き出せず、オバマ政権がイラク戦争の終結を宣言したのは2011年末のことだった。アメリカが長い戦争に足をとられた「失われた10年」とでもいうべき期間のうちにロシアが復活し中国が台頭してくる。

このようななか、国際的には大量破壊兵器の拡散問題、海賊対処、洋上での違法活動取り締りなどの課題が山積し、アメリカ一国では手が回らず各国海軍が連携しなければ解決しないとの考えから、米海軍は「1000隻海軍」の構想を提唱する（2005年）。

このような構想に基づき、米海軍は海兵隊、沿岸警備隊とともに「21世紀のシー・パワーのための協調戦略（A Cooperative Strategy for 21st Century Seapower）」（2007年）を発表した。この「協調戦略」は2015年に改訂されているが、海軍の任務を米本土防衛、紛争抑止、危機対応、武力侵略の撃破、海洋国際公共財の保護、共同関係の強化、人道支援・災害救援としている。また、これら任務達成に必要な能力として、①前方プレゼンス、②抑止、③制海、④戦力投射、⑤海洋安全保障、⑥人道支援・災害救援をあげて戦略の具体化に取り組んでいる。

「世界の警察官」を降りたアメリカ

オバマ政権下で出された「4年ごとの国防見直し（QDR2010）」では、アフガニスタンやイラク紛争への対応を重視するとともに、新たな脅威として中国に対する懸念を表明し、同国の接近阻止・領域拒否（A2／AD）構想に対する米軍の作戦として「統合エア・シー・バトル」構想を開発するとした。一方で、2006年のQDRにあった中国を「最大の軍事的な潜在的競争国」という表現は消え、中国との関係を重視する民主党政権の立場を反映したものとなった。

2011年には、アメリカの戦略的重点地域をアジア太平洋地域に転換することを明らかにし（ピボット、リバランス政策）、米海兵隊のオーストラリアへのローテーション配備などを発表した。2012年に公表された「国防戦略指針」では、アメリカの国益がかかった地域をアジアと中東と明記し、東アジアの平和のために中国に対する関与政策で協力の重要性を認めつつ、その軍拡路線や海洋進出については意図を明確にすべきとした。

政権2期目になると、2014年のQDR、2015年の「国家安全保障戦略」と「国家軍事戦略」などにおいて、アメリカにとっての脅威となる国家としてロシア、イラン、北朝鮮、中国を名指しし、アメリカの軍事的優位がもはや絶対的ではないとの認識を示す。そしてアメリカのリーダーシップは必要だが、緊縮予算のもとで資源と影響力は無限ではないことを踏まえて、「賢明な戦略」として軍事力だけに頼らず同盟国などとの協調を重視する方針を打ち出した。「アメリカは世界の警察官ではいられない」と宣言したのもこの頃だ。

中国とロシアは、米国がイラクやアフガニスタンで莫大な戦費と貴重な時間を費やしている間に軍の近代化を進めて自らの国家戦略を着々と進めていた。核大国であるロシアは、2014年のクリミア併合をめぐる欧米との対立などからNATO諸国との対決姿勢を強めた。中国は一方的な海洋進出を進めて、A2／AD能力を急速に増強させたのだが、オバマ政権は国際規範の順守を求め軍備の近代化と活動の活発化を注視するという方針に終始し、南シナ海の岩礁埋め立てが地域の緊張を高めているといいつつも、中国の発展を支援し建設的な関係の発展を追求する姿勢を示したのだった。さらにロシアと中国は、ウクライナ問題を機に接近を強め、2012年からは合同海上演習を実施するようになり、2016年には南シナ海でも実施した。

米国防予算削減の影響

アメリカでは財政悪化により、予算管理法にもとづく国防予算の強制削減が発動された（2010年）。これにより将来の水上艦艇部隊の減勢が見込まれ、2030年代には300隻を下回ると見積もられるようになった。中国海軍の急速な拡大と近代化やロシア海軍の活動の活発化を受けて、前方展開部隊の負担は大きくなり、整備、訓練、休養に支障をきたし始め、特に第7艦隊では2017年に立て続けに艦艇の衝突事故などが起きた。2016年に大統領選に勝利したトランプは「力による平和」のため「350隻海軍」建設を訴えたが、それより前に海軍は前年を47隻上回る355隻体制を求めていた。

予算削減の影響は戦術、作戦面にも及び、米海軍は冷戦後しばらく海上に挑戦者がいなかったこともあり、戦力投射に傾斜を強めた結果、制海能力の基本である対潜、対水上戦能力が相対的に低下してしまった。中国海軍の拡大とA2／AD能力の向上を前に、米海軍は戦闘力を高めて本来の攻勢的な作戦能力を取り戻そうとしている。

大国間競争に舵を切ったアメリカ

トランプ政権は国家安全保障戦略（2017年）や国防戦略（2018年）において、台頭する中国への警戒感を鮮明にし、アメリカの安全保障の最優先事項は、テロではなく大国間競争であると明言した。そして、国防総省の最優先事項は、中国とロシアとの長期的な戦略的競争であるとした。

バイデン政権でも国家安全保障戦略（2022年）で、中国を「唯一の競争相手」と位置付け、ロシアを「差し迫った脅威」とし、ロシアを抑え込み中国に対する競争力を維持する方針を示した。中国が中長期的に最も警戒すべき相手で、インド太平洋地域が最重点となることは間違いないが、ロシアのウクライナ侵攻（2022年）により、欧州防衛の強化も喫緊の課題となった。今後は中露の「二正面」に対処せざるを得ないというのが現実だ。

バイデン大統領は、ロシアのウクライナ侵攻前には「第三次世界大戦」を回避する必要性を繰り返し、侵攻直後のウクライナへの軍事支援策では、「ジャベリン（対戦車ミサイル）を携え、静かに話す」と述べた。ウクライナが強く求めていた戦闘機などの「大きな棍棒」とは違ったが、NATOを中心とした武器、弾薬、情報などの提供は拡大を続け、戦況を左右する重要な要素になっている。また国際社会と連携した強力な経済制裁も、戦争の終結にどの程度結びつくかは今のところ不透明だが、前例のないものだ。

バイデン政権の新しい国防戦略（２０２２年）では、同盟国や友好国の力を最大限活用し、サイバー、宇宙などすべての戦闘領域で優越する「統合的抑止」を目指すとしている。日本などの同盟国の積極的な役割を果たすことがこれまで以上に必要となっている。

終章　シー・パワーの時代

中国の海洋進出と台湾問題

「マラッカ・ジレンマ」

中国は建国以来、長大な陸上国境をめぐって周辺国と対立してきたが、冷戦後、インドを除いてほぼすべての陸上国境を画定した結果、海洋における領土問題が残るかたちとなった。選挙を経ていない中国共産党政権は、その正統性を経済発展とナショナリズムに依存してきたが、近年、経済成長にかげりが見え始めているため、東シナ海と南シナ海で失われた領土の回復に取り組むことは国民のナショナリズムに訴える格好の政策となっている。

また、中国は２０１７年には世界一の石油輸入国となったが、経済発展を続けるには東シナ海や南シナ海の海洋資源の開発は重要で、同海域の海上交通路の安定確保も不可欠である。中国の輸入原油の８割がマラッカ海峡から南シナ海を通過していることから、中国の経済安全保障は南シナ海の安定にかかっているといっても過言ではない。

中国は、実質的に米海軍の管制下にあったこの海域の潜在的な脆弱性を克服するために海軍を増強して活動を活発化させたが、結果的に「中国脅威論」を強めることになり、米軍を含む諸国海軍のさらなる対抗措置を誘発して緊張を高めるという「マラッカ・ジレンマ」を引き起こしている。

尖閣の危ういバランス──東シナ海

東シナ海では、日中間で排他的経済水域（ＥＥＺ）と大陸棚の境界が未確定である。遠浅の東シナ海では潜水艦などの行動に制約があるため、中国は水深のある沖縄トラフまでを自国の大陸棚と主張（大陸棚自然延長論）して等距離中間線論をとるべきとする日本と対立している。

また、尖閣諸島周辺では日本政府が島の所有権を取得した２０１２年以降、日中の公船と海軍艦艇が対峙するという危ういバランスが長期化しており、武力攻撃に至らない侵害行為で偶発的衝突を誘発しかねない「グレーゾーン事態」の発生が懸念されている。

さらに、尖閣諸島周辺では中国公船による日本漁船に対する追尾や中国海軍艦艇による海自艦艇などへの射撃管制レーダーの照射などの妨害行為がエスカレートしている。中国は海警局に外国船舶への武器使用を認める海警法を施行し（２０２１年）、「自国（尖閣諸島）の領海で法執行活動を行なうのは正当であり合法だ」としているが、海軍と海警との連携を強め海上民兵も含んだ非正規戦である「海のハイブリッド戦」の構えをみせている。

中国はまた、東シナ海において「東シナ海防空識別区」を設定し（２０１３年）、その一方的な海洋進出を上空にも及ぼし始めた。中国の「識別区」は、一般

的な防空識別圏（ADIZ）と異なり、広大な識別区を通過するだけの航空機にもフライトプランの提出を

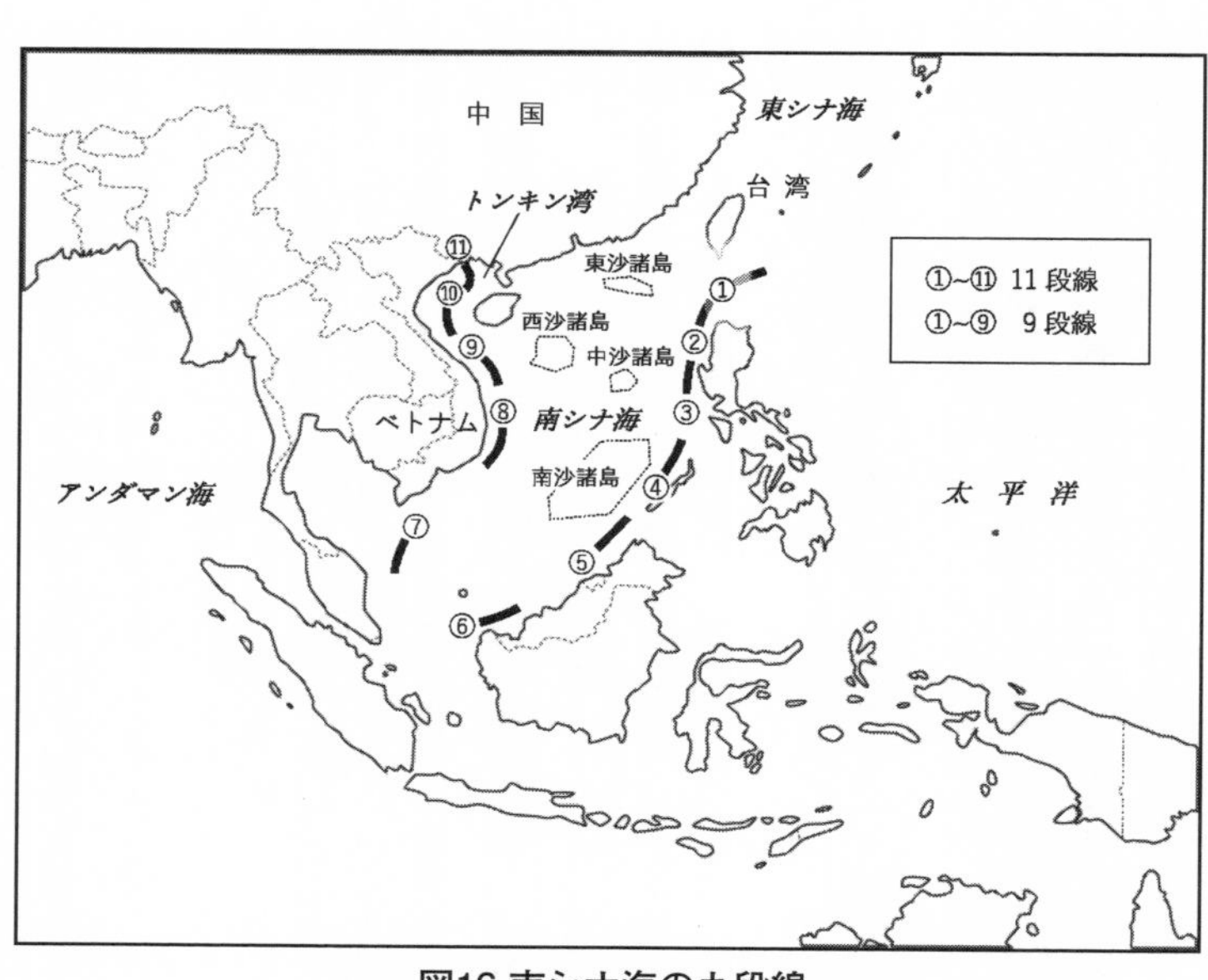

図16 南シナ海の九段線

義務づけ、指示に従わない航空機には武力による「防御的緊急措置」をとり得るとしたものだ。あたかも防空識別区を領空のようにみなすもので、中国の「戦略的国境」の考え方を反映し、接近阻止・領域拒否（A2／AD）能力の向上を図ろうとするものである。

南シナ海の地政学

中国は南シナ海に「九段線」という区画線を示し（1953年）、その内側海域の島嶼の領有権と海底資源の排他的権利を一方的に主張している。これは1947年に中華民国が調査を踏まえて地図上に引いた「十一段線」から、ベトナム戦争での北ベトナム軍支援のためにトンキン湾付近の二線を除いたものである。

中国は南ベトナムから西沙諸島を奪って以来（1974年）、武力を用いて南シナ海全域の支配を進めてきたが、中国にとっての南シナ海は、19世紀末から20世紀にかけての米国にとってのカリブ海のようなものだとカプランは指摘する（『南シナ海が〝中国海〟にな

る日』）。

アメリカは、米西戦争とパナマ運河の建設によりカリブ海のヨーロッパ列強の勢力を駆逐し「米国の海」とした結果、西半球を実質的にコントロールする世界的な国家になった。現代の中国も同じようなことを考えている可能性があるが、南シナ海はカリブ海と違って海上交通路が集束し経済的に発展した沿海部を守る正面でもある。南シナ海を「中国の海」とすることができれば、アメリカに対する大きな戦略的縦深を得られることからも極めて重要な海域だ。

２０１６年にはフィリピンが申し立てた仲裁判断で「九段線」の根拠が否定され、岩礁の埋立てなどの違法性が認定されたが、「九段線」の正当な根拠は、あるとすれば台湾が持っているのだろう。中国は、近年、埋め立てた岩礁などの軍事拠点化、新行政区の設置、公船などによる示威行為など「中国の海」化に懸命だ。アメリカは中国の南シナ海での権益主張を「完全に不法だ」との声明を出し（２０２０年）、米中の対立は新たな段階に入っている。

「航行の自由作戦」と中国の「リスク戦」

米海軍などは、このような中国の一方的な主張の既成事実化を認めないとの立場を示すために「航行の自由作戦」を行なっている。これに対して中国は強く反発しており、２０１８年には中国駆逐艦が米駆逐艦に異常接近し、米艦の緊急操艦で衝突を免れたという事案が起きた。

これに対してアメリカは、海軍艦艇を半年間に５回も台湾海峡を通過させて対抗したが、このような中国の行動は、通常の監視活動中にも起きている。中国戦闘機が米海軍哨戒機などに対して衝突寸前の接近飛行を行なったり（２０１４、１６年）、米海洋観測艦が水中無人機（ＵＵＶ）を中国海軍艦艇に一時奪われる事案（２０１６年）などがそれだ。

このように、中国は自己の主張のためには他国が冒せないような高いリスクを厭わない傾向が強く、「リスク戦」ともいうべき行動をとっている。米中間にはホットラインが設置されたが（２００８年）、両国とも妥協しない姿勢を示していることから今後とも繰り

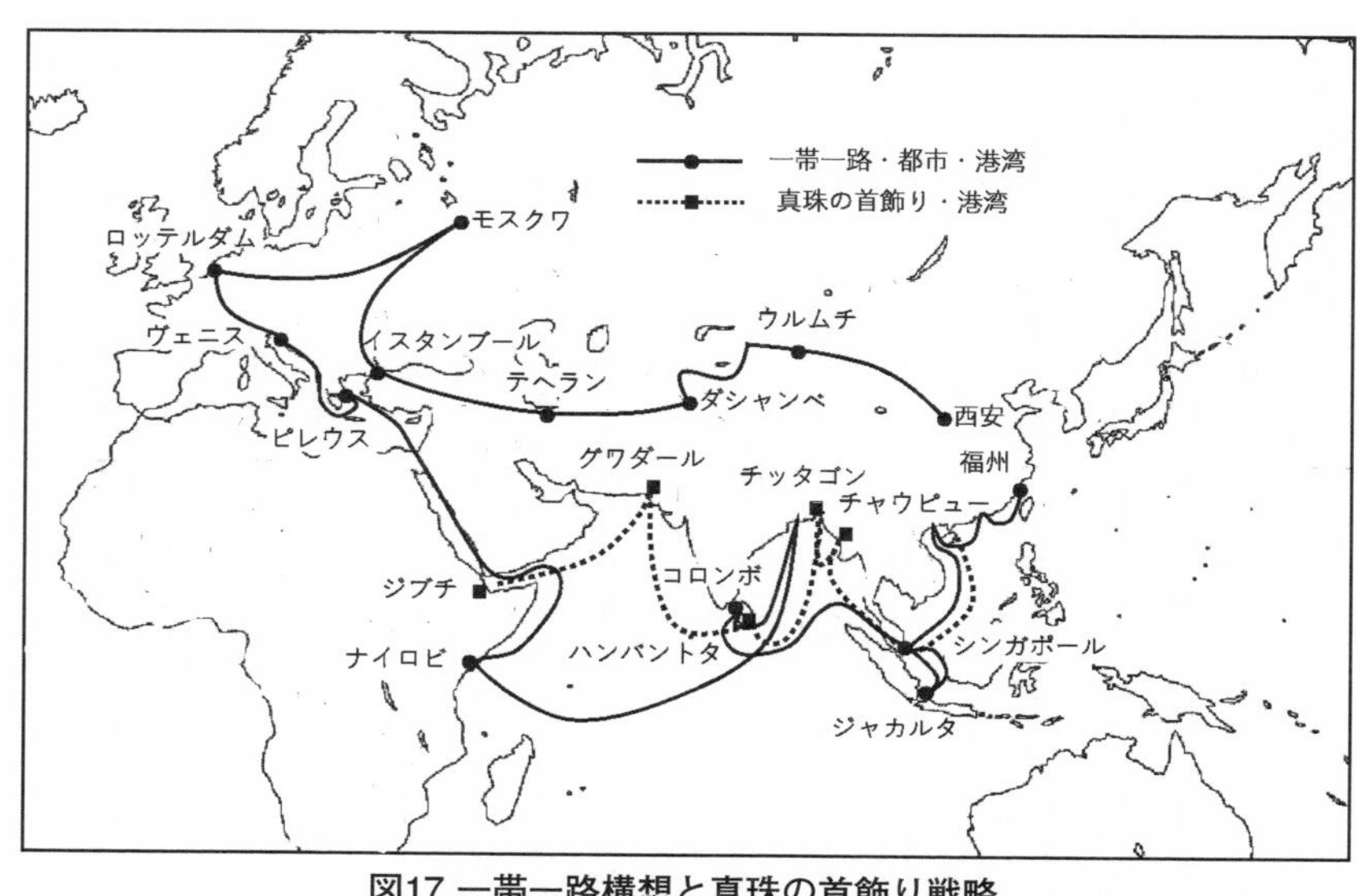

図17 一帯一路構想と真珠の首飾り戦略

返される問題だろう。

一帯一路

中国は、欧州にいたる鉄道網を整備する「新シルクロードベルト地帯（一帯）」と欧州に至る港湾を含む海路を整備する「21世紀海上シルクロード（一路）」構想を発表し（２０１３年）、巨大な貿易圏を築く「一帯一路」構想を推進している。

このうち「一路」については、中東やアフリカに至る海上交通路の確保を重視しており、インド洋沿岸諸国との友好関係の構築と軍事拠点の確保に力を入れてきた。これは「真珠の首飾り」戦略といわれ、インドは自国に対する包囲網ととらえて警戒感を強めている。

この「一帯一路」は、後述する「自由で開かれたインド太平洋」と対比され得る地政学的な大構想だが、途上国に巨額のインフラ投資を行ない、返済できなくなると当該インフラの長期運営権などを得る、いわゆる「債務の罠」や巨額の対中債務を抱えた途上国に対して、政治的、軍事的に中国に隷属させる「新植民地主義」など様々な問題が起きている。

支援した港湾などを中国海軍の根拠地とすることはしばしばで、東欧など欧州各国の間では、期待した経済成果を得られないばかりか、債務の拡大や人権問題に加え、強権的な習近平政権への違和感も広がり「中国離れ」が始まっており、大規模プロジェクトを中断、取り止める例が出ている。

主要7カ国（G7）が「一帯一路」に対抗して発足させた途上国向けのインフラ支援枠組み「グローバル・インフラ投資パートナーシップ（PGII）」（2022年）が成果を上げるようになれば、「一帯一路」は見直しを迫られるだろう。

半世紀ぶりの台湾政策見直し

中国は台湾との軍事力バランスにおいて圧倒的に優位に立ち、台湾の蔡政権の発足（2016年）以来、空軍機の台湾周回飛行や台湾海峡の中間線越えなどを常態化させ軍事的圧力を強めている。これに対して台湾国防部は軍事衝突の可能性に強い危機感を示し（2021年）、「グレーゾーン事態」への対応を強化している。

米国も米中の戦力差の縮小などから、人民解放軍創設100周年を迎える2027年までに「台湾有事」が起きるのではないかとの危機感から、バイデン政権は台湾関係法にもとづく武器売却や軍事支援を拡大している。

こうしたなかでの日米首脳会談（2021年）において、「ルールに基づく国際秩序に合致しない中国の行動について懸念を共有し（中略）東シナ海におけるあらゆる一方的な現状変更の試みに反対する」との共同声明を発表し、中国を強くけん制した。また、日米安保条約第5条の尖閣諸島への適用が再確認され、後述する「自由で開かれたインド太平洋」の構築のための日米豪印やパートナー国との協働、そして台湾海峡の平和と安定の重要性と両岸問題の平和的解決を目指すことでも日米は一致した。

この共同声明で画期的だったのは、日米の台湾政策が半世紀ぶりに見直されたことだ。台湾は、台湾海峡とバシー海峡という二つのチョーク・ポイントに面し、南西諸島やフィリピン群島とともに中国を半封鎖状態に置き得る位置にあり、日本とは防空識別圏が一部重複するという極めて重要な地理的位置にある。

台湾有事にせよ尖閣有事にせよ地理的に近く、作戦としてはほぼ同じ戦域になることから、相互に影響する可能性は極めて高い。また、作戦の拠点となる沖縄を含む南西諸島にも波及することは必至で、尖閣と台湾の防衛はセットで考える必要がある。

今後の尖閣有事に備えた日米共同演習を通じて、尖閣有事と台湾有事との関係を明らかにし、日本の台湾政策を確立して、日米と台湾間の安全保障協力のあり方を追究することが求められている。

ロシア海軍の復活

ソ連時代の海洋戦略

ロシアはソ連解体後の混乱期を経て、プーチン政権下で政治的、経済的な安定を回復し、その海軍は様々な問題を抱えつつも装備の近代化や組織改編を進めて復活してきた。

海軍の任務は、ロシアに対する軍事力行使の抑止と撃破をはじめとして、排他的経済水域（ＥＥＺ）などでの権益の保護、世界の海洋における漁業支援と海軍力プレゼンスの顕示とされており、「２０２０年までの海洋ドクトリン」（２０００年）では、海洋にはロシアの死活的な利益があるとして、その保護にあたる海軍の重要性が強調されている。

このような考え方は、プーチン政権で新たに決定されたというよりは、１９６０年代以降、ゴルシコフのもと外洋海軍を目指したソ連時代の海洋戦略と基本的には同じもので、それが復活したとみることができる。

２０００年代後半あたりから国防予算の増額により艦隊の活動が世界的に活発になり、日本との合同演習や艦艇訪問、リムパック演習、ソマリア沖の海賊対処などに参加するようになった。２０１０年代に入ると、長く中断していた戦略原潜による核パトロールも再開している。

また、ロシアは伝統的に重視してきた地中海のプレゼンスも復活させている。近年は緊迫するシリア情勢に対応し、アサド政権を支援するために地中海作戦コマンドを設置し、艦艇部隊を常駐させて米欧の軍事介入をけん制している。

ロシアが「戦略的資源基盤」と考えている北極海については、大陸棚の画定がなされていないため資源をめぐる軍事紛争が起きることや欧州とアジアの最短航路である北極海航路に外国艦艇が進入してくることを警戒している。このため、北極圏において閉鎖されていた軍用飛行場の再開、レーダー監視網の整備、救難センターの設置、海軍による北極海運航訓練などが行なわれるようになった。

海軍の近代化は２０１０年代から国家装備計画としてスタートし、様々な問題はあるものの艦艇の更新が進められている。

黒海をめぐる地政学

ソ連崩壊後、黒海艦隊基地のセヴァストポリとソ連の艦艇建造を一手に引き受けていた大造船所のあるニコライエフがウクライナ領となり、さらに同国がＮＡＴＯ加盟を表明したためロシアは黒海に面した海軍拠点をすべて失う可能性に直面した。ちなみに中国海軍の空母「遼寧」は、ニコライエフの造船所で建造中だった空母「ワリヤーグ」が未完成のまま売却されたものだ。

ロシアとウクライナはセヴァストポリ基地を共同運用することに合意し（１９９２年）、ロシアは基地の使用料として年間９８００万ドルを支払うことになったが、使用期間の延長や条件をめぐり両国間でトラブルが多かった。また、グルジア戦争（２００８年）では米艦艇が黒海に展開したことから、モスクワが巡航ミサイルの射程に入ることにロシア側は強い警戒感を感じたとされる。

このようなことからロシアは領内のノヴォロシースクの海軍基地を拡張（２００５年頃～）する一方で次々と新型艦を配備して黒海艦隊の増強に着手した。ロシアはクリミア併合（２０１４年）によりセヴァストポリを自国領とすると、ウクライナに対して基地租借協定が無効になった旨を一方的に通告した。ソ連時代には黒海沿岸国はトルコを除いてすべて勢力下にあったが、いまやルーマニアとトルコはＮＡＴＯ加盟国であり、グルジアは準敵国、ウクライナとは戦火を交えている。

ロシアはウクライナ侵攻（２０２２年）で黒海沿岸の自国領を拡げようとしていることは明らかだ。黒海をめぐる戦略環境はすっかり変わってしまったが、ロシアの地中海への出口としての黒海の地政学的重要性は全く変化していないのだ。

ロシアのＡ２／ＡＤ

ロシア海軍の中心的な任務は前述のとおり敵艦隊の撃破と抑止とされているが、小泉悠はこれについて次のように分析している。

まず、敵艦隊の撃破については、洋上で全面戦争を戦う可能性は極めて低いが、小規模紛争に対処する可能性はあると考えられている。ゴルシコフは『海軍戦略』において、近代海軍が内陸部への戦力投射能力を著しく高めていることに着目しているが、これは当時出現しつつあったトマホーク巡航ミサイルを強く意識していたためだ。

ロシアは湾岸戦争（１９９１年）、ユーゴスラビア空爆（１９９９年）、イラク戦争（２００３年）を通じて米軍の圧倒的な長距離精密攻撃能力と戦略機動能力に危機感を抱いた。また、第二次チェチェン戦争（１９９９年）、グルジア戦争（２００８年）、ウクライナ危機（２０１４年～）では、黒海やバルト海に米海軍が展開し、ロシアの内陸部が巡航ミサイルの射程内に入る可能性が強く懸念された。

これらのことから、ロシア海軍の第一の役割は、ロシア沿海から西側の海軍力をなるべく遠ざけることであり、このためにロシアは沿海部において海軍を中心とする統合部隊を編成している。これは中国が西太平洋において展開している接近阻止・領域拒否（A2／AD）戦略のロシア版といえる。

ロシアの「エスカレーション抑止」

紛争の抑止についても、ロシアの考え方は独特だ。冷戦後のロシアは、チェチェンや旧ソ連圏への介入を行なってきたが、これらが西側の介入を招き、軍事紛争にまでエスカレートしないことが自らの勢力圏を守るために必要となる。

ロシアの「エスカレーション抑止」とは、戦争が切迫した段階または初期段階において、核使用またはその脅しをかけ、西側の軍事介入を思いとどまらせたり、相手国の戦意をくじくことである。これは必然的に小規模紛争での核使用や戦争が始まる前の段階における予防的な核使用を含むとされる。

また、核兵器による抑止のほかに長距離精密誘導兵器による「非核抑止」もある。プーチン首相（当時）は2012年に公表した論文で、精密誘導兵器の大量使用が戦争の帰趨を決する傾向が今後強まるとともに、非核兵器の威力増大によって核兵器の相対的な重要性は低下するとの見通しを述べている。

まさに冷戦後のロシアが抱いてきた長距離精密攻撃力への懸念を裏返して、自らこのような兵器を保有しているのが現在のロシア軍であり、このことはウクライナ侵攻（2022年）における初期の作戦をみても明らかだ。

プーチンロシアのゆくえ

2013年、シリア内戦での化学兵器使用を受けた米英仏の軍事介入の動きがあったが、結局は不介入に終わった。当時のアメリカはイラクとアフガニスタンという二重の泥沼から抜けつつあり、シリアへの本格的関与は回避したいのが本音だった。このような状況を見透かしたロシアは、シリアに化学兵器全面廃棄を認めさせ、軍事介入そのものを覆した。これは、紛争が起これば米欧が軍事介入してくるという冷戦後のパターンの転換点だった。

同じようにクリミア併合（２０１４年）でも欧米の足並みが揃わなかったことから、プーチン大統領は北大西洋条約機構（ＮＡＴＯ）の東方不拡大の要請が聞き入れられなかったことを口実として、２０２２年２月ウクライナに侵攻した。しかし、電撃的にウクライナを侵攻する作戦は失敗し、作戦が長期化するなか、伝統的に中立や非同盟政策をとってきたスウェーデンとフィンランドもＮＡＴＯ加盟に動き、ウクライナも加盟申請を表明するなど、プーチンの狙いは完全に裏目に出た。

また、西側諸国は厳しい経済制裁やウクライナへの軍事支援などこれまでにない強い対応を示しており、長期化すればロシアの国力の停滞は避けられないだろう。

自由で開かれたインド太平洋

なぜインド太平洋か

アメリカの力が低下して、中国が台頭しロシアが復活してきた。世界は中露が主導する権威主義的なユーラシア勢力と欧米や日本が主導する自由主義陣営が対峙する構図となりつつある。インド太平洋地域は、将来、世界のＧＤＰや人口の６割が集中する世界政治と経済の中心になることが見込まれていることから、この地域の安定を維持し、21世紀の国際秩序を形成することは世界の将来にとっても極めて重要だ。

海洋国家が多いこの地域では、自由な経済活動とそれを支える海上貿易が繁栄の前提条件になるため、覇権国家の支配を排して自由な開かれた国際秩序が維持されなければならない。日本が２０１６年に提唱して推進している「自由で開かれたインド太平洋」はそのためのものである。

トランプ政権以降のアメリカが、中国との大国間競争に舵を切ったことは前述のとおりだが、「国家安全保障戦略」では、米軍増強や同盟強化による「力による平和の維持」で中国の挑戦を退ける固い決意を示し、「国防戦略」では米軍の優位性が脅かされているなか、侵略抑止と秩序維持のためインド太平洋地域で同盟を強化するとの方針を示した。アメリカは、こうした戦略転換を背景にして日本が提唱した「自由で開かれたインド太平洋」を共有することにしたのだ。

日米豪印の連携「クアッド」

「自由で開かれたインド太平洋」は、日米の戦略連携に加えて日米豪印の4カ国間の戦略対話や防衛協力が進んだことから、インド洋諸国に影響力を持つインドを日米側に取り込み、インド洋に面した民主主義海洋国家であるオーストラリアとともに中国とのパワーバランスをとる構想として生まれてきたものだ。

日米豪印4カ国の連携枠組み「クアッド」は、「クアッドの精神」と題された共同声明で、同枠組みを「自由で開かれたインド太平洋」の実現に向けた結束と定義し、「自由で開かれ、民主的価値に支えられ、威圧によって制約されることのない地域のために尽力する」ことをその目標に据えた（2021年）。さらに「東・南シナ海におけるルールに基づく海上秩序に対する挑戦に対応するべく、海洋安全保障を含む協力を促進する」と明記した。これに対して中国側は、「インド太平洋版の新『北大西洋条約機構（NATO）』を作ろうとしている」と警戒感をあらわにしている。

今後「クアッド」は、「対中包囲網」参加に慎重なインドとの連携のあり方を模索しつつ、この地域に関与を強めている英仏はじめカナダ、ニュージーランドなどパートナー国との連携を強めて、抑止力を高めることが期待されている。

NATO海軍との連携

「自由で開かれたインド太平洋」構想には英仏なども関与しているが、もともと欧州は中国を脅威としてみる観点は希薄で、巨大なビジネスチャンスとの見方が主流だった。この点で大西洋国家であるとともに太平洋国家でもあるアメリカと大きな違いがあった。しかし欧州の関与を得ることは、中国の「一帯一路」政策の地政学的な意味合いを中和するという意味合いに加え、中露ユーラシア大陸勢力との対峙に備えた自由主義海洋国家陣営の強化を考えると極めて重要であり、今後、NATO海軍との連携を深化させることが期待される。

冷戦中のNATO海軍の役割は、英仏海軍の戦略原潜による核抑止に加えて、ソ連海軍へのけん制が主なものであり、バルチック艦隊に対して独海軍、黒海艦隊に対して伊海軍がそれぞれバルト海と地中海において主戦力として対抗していた。その他、遠隔地への戦力展開能力を持つ英仏軍は、冷戦前期に植民地に関係するスエズ危機、インドシナ戦争などを戦ったほか、英軍はフォークランド紛争を戦ってきた。

冷戦後も英仏による核抑止パトロールは継続されたが、ロシア海軍に対するけん制という役割は大きく後退し、かわって重視されるようになったのが東欧や中東の地域紛争に対処するための危機管理型の緊急展開だった。以後、NATOは本来のヨーロッパの集団防衛から域外の紛争に積極的に関与するようになったが、ロシアによるクリミア併合（2014年）やウクライナ侵攻（2022年）を経て、欧州防衛の再強化に回帰しようとしている。

このように欧州正面の戦略環境が大きく変化するなか、NATO主要国はインド太平洋地域に関する戦略を策定し軍事的な関与を強めている。域内に海外領土を持つフランスはいち早く「インド太平洋戦略」（2018年）を策定し、日米豪などと共同演習を行なっている。オランダも2020年に戦略を策定した。域内に海外領土を持たないドイツは「インド太平洋ガイドライン」（2020年）を決定し、域内の価値観を共有するパートナーとの安全保障協力を強化することを決定し、中国に配慮しつつも半年にわたりフリゲートを派遣した（2021年）。これらの動きを踏まえてEUも2021年、台湾との協議開始を含むインド太平洋戦略を発表するに至った。

「スエズ以東」へ回帰するイギリス

NATO加盟国のうち、イギリスはEU離脱後の国家構想「グローバル・ブリテン」に関する初めての戦略文書として「統合レビュー」を発表した（2021年）。この中でイギリスは戦略の重点をインド太平洋に置き、日本とこの地域の英連邦国家と「同盟」を結び、地域の新たな秩序の構築を目指すとしている。イギリスは、香港をめぐる中国との関係悪化もあり、1968年以来の「スエズ以東からの撤退」という方針を転換することを宣言したのだ。

イギリスは冷戦後の湾岸戦争、アフガニスタン紛争、イラク戦争に大規模な派兵を行ない、湾岸地域への軍事的関与を強めてきた。同国は湾岸諸国と防衛協力協定（2012年）を結び、プレゼンスを増大させ、米第5艦隊の母港であるバーレーンのミナ・サルマン海軍基地に50年ぶりの常設の海軍支援施設を設置（2018年）して湾岸海域とインド洋で哨戒活動を行なっている。域内に4隻の掃海艇を常駐させているほか、オマーンにも補給支援基地を設置（2018年）し、同国軍との大規模軍事演習を継続している。

東アジアにおいては、5カ国防衛取極（FPDA）に基づく関与を続けていたが、2018年以降は米海軍と連携した南シナ海での航行の自由作戦を行なうなどアジア太平洋地域への関与を強めている。

2017年には日英安全保障共同宣言において日英がグローバルな戦略的パートナーシップを構築し、それをさらに発展させ「同盟国」として関係を強化することを謳った。訪日した英メイ首相は、ともに海洋国家で外向き指向の日英は、民主主義、人権、法の支配を尊重する自然なパートナーであり同盟国だと思うと述べた。日英が互いを「同盟国」と呼ぶのは1923年に日英同盟を解消して以来、およそ100年ぶりのことである。

新型空母「クイーン・エリザベス」を中心とする空母打撃群の初めてのインド太平洋地域への展開（2021年）は、まさにイギリスの新戦略を象徴するものだった。戦後の日本にとって「同盟国」とはアメリカを意味するものだったが、「自由で開かれたインド太平洋」を実現する過程では、米豪印のクアッド参加国はもちろん、価値観や目的を同じくする諸国と同盟国的な連携を強めていかねばならない。

NATO戦略概念の見直し

ロシアのウクライナ侵攻を受けて、NATOは12年ぶりに戦略概念を改訂した（2022年）。それまで「戦略的パートナー」としていたロシアを「最も重大で直接的な脅威」と認定し、NATO即応部隊を4万人から一挙に30万人以上まで拡充することにした。これは、冷戦末期、米軍が欧州に派遣していた兵力規模に匹敵するもので、NATOの防衛意志の強さを示すものだ。

このように欧州防衛への原点回帰を示しつつ、中国についてもその野心や威圧的な政策を「NATOの利益、安全保障や価値観に挑戦しようとするもの」とし、中国の脅威を念頭に置いたインド太平洋地域への関与を2本目の柱として明記したことは戦略概念としては初めてのことである。これは中国を「唯一の競争相手」と位置づけるアメリカの意向が反映された形だが、NATOでも対中脅威認識が共有され、「インド太平洋地域のパートナーたちとの対話と協力を強化し、共通の安全保障上の問題に立ち向かっていく」と謳った意義は大きく、すでに策定された各国のインド太平洋戦略と相まって今後ますます連携が強化されることになるだろう。

パクス・アメリカーナのゆくえ

「パクス・シニカ」？

ところで、海洋進出を進める中国が目指しているのは「自由で開かれたインド太平洋」を目指す我々にとってどういう世界なのか。「パクス・シニカ」という言葉があるが、それが中国の海洋覇権のもとで世界平和が維持される状態だとすれば、語義矛盾としかいいようがない。120年にわたるフランスとの海上抗争を制した結果としてのパクス・ブリタニカや世界大戦後のパクス・アメリカーナと現在の中国を比べること自体、無理があるのだが、そもそも中国はいかなるかたちであれ「パクス」を担う資格があるのだろうか。パクス・ブリタニカが成立した条件と比較してみる。

パクス・ブリタニカを維持できた第一の理由は、覇権国が他国にとって大きな脅威とならず、したがって海上決戦も起きなかったことである。中国の強引な海洋進出が地域の安定を乱し脅威となっているのは明らかであり、仮に台湾などで武力を行使することになれば、アメリカとの正面衝突を引き起こし、中国にとって自殺的な行為となるだろう。

第二に、覇権国が海洋における「国際公共財」を提供し、他国はそれから利益を得たことだ。国際的な海洋秩序が確立されたことで、安定を維持するためのコストが下がり、それに従う多くの国が利益を得たのだ。しかし、中国の南シナ海の埋め立てや東シナ海の「中国版航空識別圏」などを見る限り、一方的で排他的な権益確保であり、国際的な秩序作りに逆行していることは明らかだ。

第三の理由は、海軍力を用いた外交で覇権国が無理をしなかったことだ。中国の砲艦外交はこれまで一定の成果を挙げてきたようだが、その逆効果もすでに現れている。「一帯一路」構想などで中国の「新植民地主義」や「債務の罠」が明らかとなり、インド洋沿岸国やヨーロッパ諸国の疑念や離反を引き起こしていることは前述のとおりである。

２０２２年に中国が南太平洋島嶼国10カ国との安保協力強化を含む協定作りに失敗したのも、中国の影響力拡大に対する諸国の懸念が示された例であり、中国の「砲艦外交」はこれまでのようには成果を上げられなくなるだろう。

鄧小平の時代には「韜光養晦（とうこうようかい）（才能を隠して内に力を蓄える）」を強調して、「平和的台頭」路線を歩んだものの、習近平のもとで「強硬路線」に転換してからは、中国は精力的に非生産的な行動をとることが多く「中国脅威論」というコンセンサスを自ら作り上げてしまっている。

中国の「間違った戦略」

第四の理由は、パクス・ブリタニカを維持するためのコストが安く上がったことであったが、中国も経済の順調な拡大でこれまでのところ海軍の拡大構想は着実に進捗しているようである。

一般に駆逐艦のような艦艇のライフサイクルコストは、弾薬費や改修費を除いても30年間の運用で建造費とほぼ同額の経費が必要と見積もられている。（防衛省装備施設本部「平成26年度ライフサイクルコスト管理年次報告書」）これが原子力潜水艦や、艦載機を含む空母ともなればさらに経費が膨れ上がり、高性能化する新型艦は登場のたびにその建造費は高騰している。

中国海軍は近年の大量建造で急速に増勢し、特に最近は空母を含む大型艦などの就役が続いており、その維持費も考えると今後の海軍予算は加速度的に膨張し、十数年後からは大量建造時代に就役した艦艇の代替艦の建造に着手しなければその規模を維持できない。無理に軍事費を増やし続ければ、冷戦におけるソ連の二の舞となりかねない。そうでなくても、減速しつつある中国の経済成長や人口減、超高齢化にともなう社会保障費の膨張などで軍事費の伸びにブレーキがかかり、海軍の増勢は早晩ピークを打たざるを得ないだろう。

そうなれば、前述した「クアッド」などの対中連携次第では中国海軍の第2列島線内の海上優勢の確保は難しくなり、第1列島線内の「内海化」さえ思うに任せない状況になる可能性も出てくるだろう。

すでに中国は大商船隊を持つ世界有数の貿易国であるなど海洋国家としての要件を満たしているように見える。しかし、マハニズム（マハン流の考え方）を思わせる外国港湾の排他的な獲得や沿海領域の囲い込みなどを進め、「戦略的国境」という考え方のもと、海を「コモンズ（共有地）」としてではなく、境界線を引き、その内側を領土の延長と見る大陸国家のふるまいを続けている。

中国は「一帯一路」のほかにも「中華民族の偉大なる復興」を「中国の夢」とし、台湾や尖閣、そして南シナ海を「核心的利益」に位置づけ、戦って勝てる「習近平強軍思想」を提起し（２０１７年）、これらの実現に邁進している。

しかし、今後の国力のピークアウトを考えると、これらの実現には疑問符がつく。どこかで戦略目標の修正をする必要があるのだろうが、無謬性（むびゅうせい）を示して自らの正統性を維持しなければならない中国共産党政権には簡単な話ではないのだろう。習近平総書記は異例の３期目に入り（２０２２年）、個人独裁へ向かっているように見える。中国は「間違った戦略」を転換できない自縄自縛に陥りつつあるのではないか。

繰り返される大陸国家のあやまち

マハンは、いかなる国家でも、大陸国家であると同時に海洋国家になることはできないということをいっている。これは、大陸国家は国境を接する隣国に対する国防のために大きな努力を払わなければならないから、海上における優位獲得競争のためにふり向ける努力の余裕がなくなるからだ、という理由である。

英仏の植民地戦争から現代に至るまで、フランス、ドイツ、ロシア、ソ連が大陸国家であると同時に海洋国家になろうとして失敗した。日本もまた海洋国家でありながら、大陸国家になろうとして失敗した。

大陸国家は海洋国家との抗争にあたって通商破壊戦を挑んだが、これは合理的な戦略でもあった。しかし、海洋国家に空母が登場して陸地の奥深くまで戦力投射が可能になると大陸国家は接近阻止戦略に転換し、ソビエトも中国も潜水艦戦力の建設に注力した。これも大陸国家にとっての合理的な海軍戦略といえる。

ところが大陸国家はしばしば国家の威信を高める「威信戦略」をとり、これと軌を一にする「海軍ナショナリズム」により海軍戦略をゆがめてしまう。フランスではナポレオンの海軍拡張政策が国家財政を圧迫したし、ドイツのヴィルヘルム二世のド級戦艦の建設により必要とされた潜水艦戦力の発展を阻害した。冷戦期のソ連が１９７０年代に大規模な艦隊建設に着手し、空母を建造し始めた頃にはアメリカとの軍備競争ことを明らかにするなど、大陸国家の路線をとり、海洋国家アメリカ、日本、インドなどと対立し、国家経済を破綻させた。

冷戦後の中国は、地政学的条件と海軍への資源配分に見合った接近阻止戦略の近代化に取り組み、潜水艦や水上艦艇、さらには地対艦弾道ミサイルなどの拡充に力を入れてきた。しかし、中国が海洋大国を指向し、前述した広範な「海軍ナショナリズム」が高揚すると、空母を保有する大海軍が大国の象徴とみなされるようになり、その建設が国家目標となった。多大の資源を必要とする空母部隊の建設と運用は、大陸国家のとる接近阻止戦略に最も適合しているとは言い難いし、費用対効果上も過剰な投資だろう。

しかし、中国は空母建造を含む大海軍の建設に邁進している。この急速な軍拡と海洋進出の動きは周辺国の懸念を高めずにはおかず、「マラッカ・ジレンマ」を引き起こし、「クアッド」など中国に対抗する海洋勢力の結集を招いてしまった。古来、「重陸軽海（陸を重んじ海を軽んじる）」の思想のある中国だが、過去の大陸国家が犯したあやまちを繰り返そうとしているかのようである。

新たなシー・パワーの結束へ

中国が、南シナ海も中国の核心的利益であることを明らかにすると（2010年）、アメリカもすかさず南シナ海の航行の自由は米国の国家利益であることを宣言した（同年、ASEAN地域フォーラム）。

スパイクマンは、「アジアの地中海」（台湾、シンガポール、オーストラリア北岸で囲まれる海域）をシー・パワーとランド・パワーとの間の広大な緩衝地帯として極めて重要と指摘しているが、南シナ海はその中心的な海域に相当する。

海洋国家アメリカの世界戦略の基盤は、海洋を自由に航行して目的地にアクセスできることだ。インド太平洋戦略において、アメリカ西海岸からハワイを経由し、アジアの地中海（南シナ海）を抜けてインド洋に至る海上連絡線はアメリカにとって死活的に重要なのだ。

中国海軍は、2015年には隻数で米海軍を抜いて世界一になった。全世界に展開している米海軍と異なり、中国海軍は自国周辺が中心なのでアジア海域では少なくとも隻数ベースでは優勢だ。地上配備の弾道ミサイルで本土近接を妨害するA２／AD戦略も完成に近づきつつある。

中国と異なるアメリカの強みは日豪印やＮＡＴＯといった有力なシー・パワーを持つ国々との強い結びつきだ。冷戦もアメリカだけで勝利したわけではない。アメリカは確かに突出した存在だったが、ＮＡＴＯ諸国や日本などとの同盟がなければ達成できなかった勝利だ。

「自由で開かれたインド太平洋」の実現のためには、東シナ海を含めた「アジアの地中海」における中国の国際的規範を無視した一方的な行動を抑止、対処する必要がある。前述のとおり、ロシアの脅威への対処を強化するＮＡＴＯも、新たな戦略概念において中国の脅威に向き合う方針を明らかにした。

米トランプ政権の４年間で再認識させられたことは、アメリカは政治的に深く分断され、多くの米国民はアメリカが「世界の警察官」の役割を担うべきだとは考えておらず、同盟国にもっと大きな役割を果たしてほしいと考えていることだ。危機に際して、アメリカが日本の望むかたちで即時、無条件に行動を起こすとは限らないと考えておいた方がよい。

これまでのような「パクス・アメリカーナ」は終わった。米国はこれからも比類ない存在であり続けるだろうが、今後はアメリカを中心としつつも、クアッドとＮＡＴＯが結束して中国とロシアに向き合っていく時代となるだろう。

そして、その結束はアメリカの力を他国が補うというような程度ではなく、中国が警戒する「インド太平洋版の新ＮＡＴＯ」と見られるほど強固なものであるべきことを忘れてはならないと思う。

おわりに

人やモノ、金が国境を越えて自由に行き来するグローバリゼーションにより、世界経済は一体化し国境の意味は薄れ、「地理」は克服されたかのようにも見えた。

しかし、戦争やパンデミックといった国際的な危機が起こると、グローバリゼーションの脆弱さがあらわになる。今回のパンデミックでも、蔓延を恐れた国々は一斉に国境を閉ざし、海外にいた自国民を競って帰国させた。それまで当たり前だった国際協調の流れにも変化が生じた。一部の国では食料輸出を規制したため、G20が保護主義に懸念を表明する事態となった。世界中で起きた「マスク争奪戦」など医療物資の囲い込みの動きもあった。

また、発生当初は需要の急減から石油はダブついたが、国際的危機に際してはエネルギーの確保も熾烈になるのが普通だ。効率化のための国をまたいだ製造業のサプライチェーン（部品供給網）は混乱し、金融市場も大きな痛手をこうむった。航空輸送は激減し世界の航空会社は破綻の危機にさらされたし、世界各地で起きた感染者を乗せたクルーズ船の接岸拒否や港湾機能のマヒなどは、海上輸送にも大きなリスクがあることを思い起こさせた。

このように世界がウイルスとの戦いに明け暮れていた時期にも、中国の軍事挑発は止むことを知らず、ロシアはまたもウクライナを蹂躙した。パンデミック下で見られた大国の行動は、冷戦終結後30年を経てもなお不安定で不確実な軍事情勢を浮き彫りにしている。

戦争やパンデミックのような国際的危機が起こり、人やモノの流れが滞ると最終的に頼りになるのは自国内で完結する経済ということになり、否が応でも自国の置かれた生存条件、すなわち国境線で区切られた領域、資源、人口などを踏まえて行動せざるを得なくなる。

国際的危機に際しては、国家の行動はグローバリゼーションの「行き過ぎた部分」から順に剥がれ落ち、最終的には「地理」にもとづく地政学的思考にもとづくものになっていくのではないだろうか。「歴史は繰り返さないが、しばしば韻を踏む」（マーク・トウェインの作といわれる）とは、歴史では全く同じ出来事は起きないが、しばしば似たようなことは起きるという意味だが、その大きな理由はこれだと思う。

日本が「自由で開かれたインド太平洋」を実現するための戦略を作り上げ、実行していくには、経済や技術の次元、兵器や戦争の様相の変化なども十分に踏まえることになるだろうが、その基礎になるのはやはり地理を基本とした古典的な地政学だろう。

このようなことから、海上覇権の歴史を俯瞰すれば、海洋国家日本の生存・繁栄のための戦略を考えるうえでの様々な示唆が得られるのではないかと考えた。

戦後ゼロからスタートした日本のシー・パワーは、「制約」だらけのなか、パクス・アメリカーナという極めて恵まれた条件のもとで曲がりなりにも順調に歩んでこられたが、今後はどうだろう。岡崎久彦が提起したような通商国家オランダ衰退の原因を遠ざけられているのだろうか。大陸や南洋諸島などの権益に振り回されて陸海軍の戦略が分裂した歴史の教訓は克服されたといえるのか。戦間期におけるイギリスの再軍備の教訓なども大いに気にかかる。

さらにいえば、戦後の防衛政策、なかでも「専守防衛」など極めて自制的な考え方が戦後の戦略思想に及ぼした影響も懸念される。専守防衛が「憲法の精神にのっとった受動的な防衛戦略の姿勢」だとしても、相手から武力攻撃を受けるまでは何の行動もできないということではない。しかし、この方針の存在が戦略や作戦について思考停止とまでは言えないまでも、受動的、抑制的な思考傾向をもたらしていたことは過去においては確かにあった。克服すべき課題だ。

日本が「自由で開かれたインド太平洋」というビジョンの提唱国として、まさに「海図を描きながらの航海」に乗り出そうとしている歴史的な転換点にある今、その準備ができているのかをシー・パワーの歴史という観点から考えてみることは意義があると思う。本書がシー・パワーや海軍戦略について考え、新たな構想を描こうとする人にとって何らかの参考となれば望外の喜びである。

最後に、こうした筆者の思いを汲んで出版の労をとっていただいた並木書房編集部に対して心から感謝申し上げる。

２０２２年10月

堂下哲郎

主要参考資料

全般（2章以上に関係するもの、〔 〕内は関係章）

青木栄一著『シーパワーの世界史②』（出版共同社、1983年）〔序、1、7、8、9、10、11、13〕
青木栄一著『シーパワーの世界史①』（出版共同社、1982年）〔序、2、3、4、5、6、9〕
アルフレッド・セイヤー・マハン著『マハン海上権力史論』北村謙一訳（原書房、2008年）〔序、3、4、5、9、18〕
田所昌幸・阿川尚之編『海洋国家としてのアメリカ』（千倉書房、2013年）〔序、4、9、10、12、14、18〕
麻田貞雄訳『アメリカ古典文庫8　アルフレッド・T・マハン』（研究社出版、1977年）〔序、8、18〕
ジュリアン・スタフォード・コーベット著『コーベット海洋戦略の諸原則』矢吹啓訳（原書房、2016年）〔序、18〕
松尾晋一著『江戸幕府と国防』（講談社選書メチエ、2013年）〔1、10〕
松方冬子著『オランダ風説書』（中公新書、2010年）〔1、10〕
桜田美津夫著『物語　オランダの歴史』（中公新書、2017年）〔2、3〕
岡崎久彦著『繁栄と衰退と』（文春文庫、1999年）〔2、3〕
小林幸雄著『図説イングランド海軍の歴史』（原書房、2007年）〔2、3、4、5、6、7〕
ポール・ケネディ著『イギリス海上覇権の盛衰　上』山本文史訳（中央公論新社、2020年）〔2、3、4、5、6、7〕
宮崎正勝著『海からの世界史』（角川選書、2005年）〔2、3、4、5、6、8、13〕
小松一郎著『実践国際法（第2版）』（信山社、2011年）〔2、5〕
田所昌幸編『ロイヤル・ネイヴィーとパクス・ブリタニカ』（有斐閣、2006年）〔4、5、6、7、13〕
堀元美著『帆船時代のアメリカ　上』（原書房、1982年）〔4、6〕
ジョン・テレン著『トラファルガル海戦』石島晴夫訳編（原書房、1979年）〔4、6〕
宮崎正勝著『海図の世界史』（新潮選書、2012年）〔5、13〕
ポール・ケネディ著『イギリス海上覇権の盛衰　下』山本文史訳（中央公論新社、2020年）〔7、8、13〕
谷光太郎著『ドイツ海軍興亡史』（芙蓉書房出版、2020年）〔8、13、15〕

『歴史群像　第二次世界大戦欧州戦史シリーズ25［図説］ドイツ海軍全史』（学習研究社、２００６年）〔8、15〕
外山三郎著『日清・日露・大東亜海戦史』（原書房、１９７９年）〔10、11、12、13、14、16、17〕
伊藤正徳著『大海軍を想う』（光人社ＮＦ文庫、２００２年）〔11、12〕
北岡伸一「海洋国家日本の戦略―福沢諭吉から吉田茂まで」『日米戦略思想史』（彩流社、２００５年）〔11、12〕
石津朋之・ウィリアムソン・マーレー編『日米戦略思想史』（彩流社、２００５年）〔11、12、13、14、18、19〕
黒野耐著『日本を滅ぼした国防方針』（文春新書、２００２年）〔12、13、14、16〕
森本忠夫著『魔性の歴史』（文藝春秋、１９８５年）〔12、16、17〕
『「決定版」太平洋戦争①「日米激突」への半世紀』（学習研究社、２００８年）〔12、18〕
戦史叢書『海軍軍戦備（１）昭和十六年十一月まで』（朝雲新聞社、１９６９年）〔14、16〕
井上亮著『忘れられた島々「南洋群島」の現代史』（平凡社新書、２０１５年）〔14、17〕
立川京一ほか編著『シー・パワー』（芙蓉書房出版、２００８年）〔18、19、23〕
Ｄ・Ｗ・ミッチェル著『ソビエト海軍』秋山信雄訳（海文堂出版、１９８１年）〔19、20〕
川島真編『チャイナ・リスク』（岩波書店、２０１５年）〔21、23、終〕
堂下哲郎「海上自衛隊の位置づけの変化」『新防衛論集』（１９９８年９月）〔22、23〕

序章

高坂正堯著『海洋日本の構想』（中央公論新社、２００８年）
桃井治郎著『海賊の世界史』（中央公論新社、２０１７年）
『第四版兵語界説』（海軍大学校、１９０７年）
国土交通省『海事レポート２０２０』
一般社団法人日本船主協会『海運統計要覧２０２０』
Joint Publication (*JP*) *3-32, Joint Maritime Operations,* 8 June 2018.
Naval Doctrine Publication (*NDP*) *1, Naval Warfare,* April 2020.
Ensign W. G. David, "Our Merchant Marine: The Causes of its Decline, and the Means to be taken for its Revival,"

USNI Proceedings, January 1882.

農林水産省ホームページ　(https://www.maff.go.jp/j/zyukyu/zikyu_ritu/012.html)

ＫＤＤＩホームページ　(https://time-space.kddi.com/au-kddi/20191226/2802)

第１章

茂在寅男著『航海術　海に挑む人間の歴史』（中公新書、１９６７年）

羽田正著『東インド会社とアジアの海』（講談社学術文庫、２０１７年）

平川新著『戦国日本と大航海時代』（中公新書、２０１８年）

村井章介著『海から見た戦国日本』（ちくま新書、１９９７年）

田中健夫著『倭寇　海の歴史』（講談社学術文庫、２０１２年）

第５章

高坂正堯著『世界史の中から考える』（新潮選書、１９９６年）

James Cable, *GUNBOAT DIPLOMACY, 1919-1991 3rd edition*, New York: St. Martin's, 1994.

第６章

外山三郎著『西欧海戦史　サラミスからトラファルガーまで』（原書房、１９８１年）

『歴史群像　グラフィック戦史シリーズ　戦略戦術兵器事典３　ヨーロッパ近代編』（学研プラス、１９９５年）

E.B.Potter ed., *SEA POWER A Naval History 2nd edition*, Naval Institute Press, Annapolis, Maryland, 1981.

第７章

藤井哲博著『長崎海軍伝習所』（中公新書、１９９１年）

黛治夫著『海軍砲戦史談』（原書房、１９７２年）

水交会編『帝国海軍提督たちの遺稿　小柳資料』（水交会、２０１０年）

伊藤和雄「まさにNCWであった日本海海戦」（兵術同好会『波濤』２００８年9月）

第９章

堀元美著『帆船時代のアメリカ　上下』（原書房、１９８２年）

第10章

加藤祐三著『幕末外交と開国』（講談社学術文庫、２０１２年）
藤井哲博著『長崎海軍伝習所』（中公新書、１９９１年）
篠原宏著『日本海軍お雇い外人』（中公新書、１９８８年）
常廣栄一「幕末における露国の対馬占領事件　上下」（東郷会『東郷』平成21年４・５月号）
常廣栄一「海陸軍が陸海軍になった日」（水交会『水交』平成20年３・４月号）
常廣栄一「幻の海兵隊」（東郷会『東郷』平成20年１・２月号）

第11章

上田信著『海と帝国　明清時代』（講談社学術文庫、２０２１年）
江藤淳著『海は甦える　第一部』（文春文庫、１９８６年）
伊藤正徳著『大海軍を想う』（光人社、２００２年）
平間洋一「中国海軍の過去・現在・未来」（兵術同好会『波濤』平成10年7月）

第12章

千早正隆著『日本海軍の戦略発想』（プレジデント社、１９８２年）
財務省『大蔵省百年史』上巻（財務総合政策研究所、１９６９年）
田中航「グレート・ホワイト・フリートの世界周航」（『世界の艦船』１９８４年6月号）
常廣栄一「海陸軍が陸海軍になった日」（水交会『水交』平成20年３・４月号）

第13章
木村靖二著『第一次世界大戦』（ちくま新書、２０１４年）

第14章
平間洋一著『第一次世界大戦と日本海軍』（慶応義塾大学出版会、１９９８年）
福井静夫著『日本空母物語』（光人社、２００９年）
内田一臣「懐かしの海軍」（水交会『水交』平成12年4月号）
池田清「シーパワーと軍縮」（『世界の艦船』１９８７年4月号）
中村悌次「第一次、第二次両大戦間における英国国防政策の教訓（1）」（兵術同好会『波濤』昭和62年3月）
塚本勝也「戦間期における海軍航空戦力の発展」『戦史研究年報第七号』（防衛研究所、２００４年）

第15章
『歴史群像　欧州戦史シリーズ6　大西洋戦争』（学習研究社、１９９８年）

第16章
高木惣吉著『私観太平洋戦争』（光人社ＮＦ文庫、１９９８年）
富岡定俊著『開戦と終戦　人と機構と計画』（毎日新聞社、１９６８年）
猪瀬直樹著『昭和16年夏の敗戦』（中公文庫、２０１０年）
千早正隆著『日本海軍の戦略発想　敗戦直後の痛恨の反省』（プレジデント社、１９８２年）
戦史叢書『大本営海軍部・聯合艦隊（1）開戦まで』（朝雲新聞社、１９７５年）
寺部甲子男「帝国海軍と海戦要務令　上下」（兵術同好会『波濤』平成6年5・7月）

第17章
吉田俊雄著『四人の連合艦隊司令長官』（文藝春秋社、１９８１年）

野中郁次郎著『アメリカ海兵隊　非営利型組織の自己革新』（中公新書、１９９５年）
大井篤著『海上護衛戦』（学研M文庫、２００１年）
大内健二著『戦う民間船』（光人社ＮＦ文庫、２００６年）
『歴史群像　太平洋戦史シリーズ28 日vs.米陸海軍基地』（学習研究社、２０００年）

第18章

Ｈ・Ｊ・マッキンダー著『デモクラシーの理想と現実』曽村保信訳（原書房、２００８年）
ニコラス・スパイクマン著『平和の地政学』奥山真司訳（芙蓉書房出版、２００８年）
河野収著『地政学入門』（原書房、１９８１年）
曽村保信著『地政学入門　外交戦略の政治学』（中公新書、１９８４年）
庄司潤一郎・石津朋之編著『地政学原論』（日本経済新聞出版、２０２０年）
北岡伸一・細谷雄一編『新しい地政学』（東洋経済新報社、２０２０年）
石津朋之・ウィリアムソン・マーレー編『日米戦略思想史』（彩流社、２００５年）
アルフレッド・Ｔ・マハン著『マハン海軍戦略』井伊信彦訳（中央公論新社、２００５年）
浅野亮・山内敏秀編『中国の海上権力』（創土社、２０１４年）
James R. Holmes, Toshi Yoshihara, "China's Navy: A Turn to Corbett?," *USNI Proceedings*, December 2010.

第19章

村田晃嗣著『米国初代国防長官フォレスタル』（中公新書、１９９９年）
村田晃嗣著『アメリカ外交　苦悩と希望』（講談社現代新書、２００５年）
石津朋之ほか編『戦略原論　軍事と平和のグランド・ストラテジー』（日本経済新聞出版、２０１０年）
エス・ゲ・ゴルシコフ著『ソ連海軍戦略』宮内邦子訳（原書房、１９７８年）
Ｊ.Ｃ.ワイリー著『戦略論の原点　軍事戦略入門』奥山真司訳（芙蓉書房出版、２００７年）
アンソニー・Ｅ・ソコール著『原子力時代の海洋力』筑土龍男訳（恒文社、１９６５年）

Michael A. Palmer, *Origins of the maritime strategy: the development of American naval strategy, 1945-1955,* Naval Institute Press, Annapolis, Maryland, 1990.
Samuel P. Huntington, "National Policy and the Transoceanic Navy," *USNI Proceedings,* May 1954.

第21章

平松茂雄著『甦る中国海軍』（勁草書房、１９９１年）
平松茂雄著『中国の海洋戦略』（勁草書房、１９９３年）
平松茂雄著『続中国の海洋戦略』（勁草書房、１９９７年）
Annual Report to Congress: Military and Security Developments involving the People's Republic of China, Office of the Secretary of Defense, 各年版

第22章

手塚正己著『凌ぐ波濤』（太田出版、２０１０年）
千々和泰明著『安全保障と防衛力の戦後史１９７１～２０１０』（千倉書房、２０２１年）
鈴木総兵衛著『聞書・海上自衛隊史話』（水交会、１９８９年）
大賀良平「海上自衛隊と私　第５回」「同　第７回」（『世界の艦船』１９９８年８月号、10月号）
堂下哲郎「ホルムズ海峡危機とわが国の対応」（政策研究フォーラム『改革者』２０１９年10月）

第23章

平松茂雄著『台湾問題―中国と米国の軍事的確執』（勁草書房、２００５年）
マイケル・ファベイ著『米中海戦はもう始まっている』赤根洋子訳（文藝春秋、２０１８年）
信田智人「序論　安倍政権は何を変えたのか」（『国際安全保障』、２０２２年３月）
Eric Heginbotham , *The U.S.-China military scorecard : forces, geography, and the evolving balance of power, 1996-2017,* RAND Corporation, 2015.

Robert S.Ross,"China's Naval Nationarism : Sources, Prospects, and the U.S.Response," *International Security*, Vol.34, No.2(Fall 2009).
「受け身の日本　いらだつ米…外交文書公開」（読売新聞２０２１年12月23日朝刊）

終章

北岡伸一・細谷雄一編『新しい地政学』（東洋経済新報社、２０２０年）
ロバート・Ｄ・カプラン著『南シナ海が〝中国海〟になる日』奥山真司訳（講談社＋α文庫、２０１６年）
秋元千明著『復活！日英同盟　インド太平洋時代の幕開け』（ＣＣＣメディアハウス、２０２１年）
小泉悠著『「帝国」ロシアの地政学』（東京堂出版、２０１９年）
堂下哲郎「東シナ海をめぐる日米協力」（政策研究フォーラム『改革者』２０２１年６月）
小泉悠「何を目指すプーチンのロシア海軍」（『世界の艦船』２０１５年６月号）
小泉悠「欧州主要国海軍の現況　ロシア」（『世界の艦船』２０１４年３月号）
川村庸也「ウクライナ情勢とロシア黒海艦隊」（『世界の艦船』２０１５年６月号）
平間洋一「混迷のロシア海軍　その現況と将来」（『世界の艦船』１９９９年２月号）
乾一宇「ボロボロになったロシア軍」（『世界週報』１９９６年７月９日）

資料「関係年表」

世界・ヨーロッパ	
1492	コロンブス、新大陸発見
1494	トルデシリャス条約
1498	ヴァスコ・ダ・ガマ、カリカット到達
1509	英、ヘンリー八世即位（～47）
1529	サラゴサ条約
1558	英、エリザベス一世即位（～1603）
1568	八十年戦争（～1648）
1580	葡、スペインに併合
1585	英西戦争（～1604）
1588	アルマダの海戦
1602	オランダ・ポルトガル戦争（～63）
1607	ジブラルタル海戦

アジア・日本	
1405	鄭和の南海遠征（～22）
1521	マゼラン、マゼラン海峡を経てセブ島到達
1571	葡、平戸に商館
1588	秀吉、海賊禁止令
1592	文禄の役（～93）
1597	慶長の役（～98）
1600	英、東インド会社設立
1602	蘭、東インド会社設立

1609　グロチウス『海洋自由論』
1617　セルデン『閉鎖海論』
1618　三十年戦争（～48）
1634　英、建艦税
1639　ダウンズ海戦
1642　ピューリタン革命（～49）
1650　蘭、無総督時代となる
1651　英、航海条例
1652　第一次英蘭戦争（～54）
1653　英、戦術準則制定
1660　英、王政復古
1665　第二次英蘭戦争（～67）
1672　第三次英蘭戦争（～74）
1688　英、名誉革命
1688　イギリス王位継承戦争（～97）
1701　イスパニア王位継承戦争（～14）
1704　英、ジブラルタル占領

1609　蘭、平戸に商館
1616　禁教令
1623　蘭、澎湖諸島占拠
1626　西、台湾北部占拠
1642　蘭、台湾を植民地
1662　鄭成功、蘭を撃破

1740　オーストリア王位継承戦争（～48）
1756　七年戦争（～63）
1760　英、カナダ獲得
1761　英、インド獲得
1775　アメリカ独立戦争（～83）
1775　米、大陸海軍創設
1793　フランス革命戦争（～1802）
1795　英海軍水路部設置
1803　ナポレオン戦争（～15）
1805　トラファルガー海戦
1812　1812年戦争
1815　ワーテルローの戦い
1819　英、シンガポール獲得
1823　米、モンロー宣言
1827　ナヴァリロの海戦
1847　ドーバー海峡海底電信線開通
1850頃　軍艦の蒸気機関、スクリュー推進定着
1853　クリミア戦争（～56）
1859　英、アームストロング砲採用

1839　アヘン戦争（～42）
1853　黒船来航
1854　日米和親条約

1861	米、南北戦争（〜65）
1866	リッサ海戦
1869	スエズ運河開通
1877	露土戦争（〜78）
1890	マハン『海上権力史論』
1895	ヴェネズエラ国境紛争（〜96）
1895	キール運河開通
1898	米西戦争
1898	米、ハワイ編入
1899	米、第一次門戸開放宣言

1855	海軍伝習所開設
1857	アロー号事件
1861	露軍艦対馬占拠事件
1861	長崎造船所開設
1863	薩英戦争
1864	四カ国艦隊下関砲撃
1868	戊辰戦争（〜69）
1869	兵部省設置
1869	箱館湾海戦
1874	台湾出兵
1875	江華島事件
1877	西南戦争
1884	清仏戦争
1894	日清戦争（〜95）
1895	三国干渉

１８９９	英海軍、無線電信開始
１９０６	英、「ドレッドノート」就役
１９０７	米、グレート・ホワイト・フリート世界周航
（～０９）	
１９１１	コルベット『海洋戦略の諸原則』
１９１４	第一次世界大戦（～１８）
１９１４	パナマ運河開通
１９１９	マッキンダー『デモクラシーの理想と現実』
１９２２	ワシントン海軍軍縮条約
１９２９	世界恐慌
１９３０	ロンドン海軍軍縮条約
１９３５	独、再軍備宣言

１９０２	日英同盟
１９０４	日露戦争（～０５）
１９０５	日本海海戦
１９０７	帝国国防方針制定
１９０９	米、パール・ハーバー海軍基地建設開始
１９１８	帝国国防方針第一次改定
１９２３	日英同盟失効
１９２３	帝国国防方針第二次改定
１９３２	日、国際連盟脱退
１９３６	帝国国防方針第三次改定

１９３９　第二次世界大戦（〜４５）
１９４４　スパイクマン『平和の地政学』
１９４６　「鉄のカーテン」演説
１９５６　スエズ危機
１９６２　キューバ危機
１９６７　エイラート事件
１９６７　第三次中東戦争
１９７９　ソ、アフガニスタン侵攻

１９４０　日独伊三国同盟
１９４１　日、南部仏印進駐、パール・ハーバー攻撃
１９４９　中国海軍創設
１９５０　朝鮮戦争（〜５３）
１９５２　海上警備隊創設
１９５４　海上自衛隊創設
１９５４　第一次台湾海峡危機
１９５８　第二次台湾海峡危機
１９６４　トンキン湾事件
１９６８　プエブロ号事件
１９６９　中ソ国境紛争
１９７５　ベトナム戦争終結
１９７９　中越紛争

1980　イラン・イラク戦争（〜88）
1982　フォークランド紛争
1984　タンカー戦争（〜88）
1989　冷戦終結
1991　湾岸戦争
1992　ソ連崩壊

1999　コソボ紛争
2001　米国同時多発テロ、対テロ戦争
2003　イラク戦争
2008　グルジア戦争
2014　露、クリミア併合
2022　露、ウクライナ侵攻

1995　第三次台湾海峡危機（〜96）

堂下哲郎（どうした・てつろう）
1982年防衛大学校卒業。護衛艦はるゆき艦長、第８護衛隊司令、護衛艦隊司令部幕僚長、第３護衛隊群司令等として海上勤務。陸上勤務として内閣危機管理室出向、米中央軍司令部先任連絡官、海幕運用2班長、統幕防衛課長、幹部候補生学校長、防衛監察本部監察官、自衛艦隊司令部幕僚長、舞鶴地方総監、横須賀地方総監等を経て2016年退官（海将）。米ジョージタウン大学公共政策論修士。現在、日本生命保険相互会社顧問。著書に『作戦司令部の意思決定―米軍「統合ドクトリン」で勝利する』『海軍式 戦う司令部の作り方―リーダー・チーム・意思決定』（並木書房）がある。

海軍戦略５００年史
―シー・パワーの戦い―

2022年11月15日　印刷
2022年11月25日　発行

著　者　堂下哲郎
発行者　奈須田若仁
発行所　並木書房
〒170-0002 東京都豊島区巣鴨2-4-2-501
電話(03)6903-4366　fax(03)6903-4368
http://www.namiki-shobo.co.jp
印刷製本　モリモト印刷
ISBN978-4-89063-428-6